普通高等教育机电类专业规划教材

机电一体化系统设计

主　编　张慧贤

副主编　布占伟　张志航

主　审　马利民

中国铁道出版社有限公司

CHINA RAILWAY PUBLISHING HOUSE CO., LTD.

内容简介

本书以“加强实践、突出应用”为理念，采用“案例式”教学方法，通过案例引导教学，所有案例均来自于工程实际项目。本书将机电一体化系统设计分为“供配电、自动生产线、运动控制、过程控制、组态监控、嵌入式、虚拟仪器信息采集及物联网系统设计”8章，每章都依托于一个工程中的“案例”，在教学中通过“先学习理论，后进行项目设计”的“理论与实践相结合”的方式实现。教学过程借助项目案例进行任务的实现。

本书可作为高等院校机械电子工程、机械设计制造及其自动化等机电类专业的“机电一体化系统设计”、“机电系统设计”等课程的教材及毕业设计参考用书，也可供相关工程技术人员参考。

图书在版编目(CIP)数据

机电一体化系统设计/张慧贤主编. —北京：中国铁道出版社有限公司，2022. 2
普通高等教育机电类专业规划教材
ISBN 978-7-113-28399-5

Ⅰ. ①机… Ⅱ. ①张… Ⅲ. ①机电一体化-系统设计-高等学校-教材 Ⅳ. ①TH-39

中国版本图书馆CIP数据核字(2021)第187023号

书　　名：机电一体化系统设计
作　　者：张慧贤

策　　划：侯　伟　　　　**编辑部电话：**(010)63551926
责任编辑：曾露平
封面设计：高博越
责任校对：焦桂荣
责任印制：樊启鹏

出版发行：中国铁道出版社有限公司(100054，北京市西城区右安门西街8号)
网　　址：http://www. tdpress. com/51eds/
印　　刷：国铁印务有限公司
版　　次：2022年2月第1版　2022年2月第1次印刷
开　　本：787 mm×1 092 mm　1/16　**印张：**12. 5　**字数：**312千
书　　号：ISBN 978-7-113-28399-5
定　　价：36. 00元

机电一体化技术是国民经济及社会发展的重要技术，与其联系紧密的制造业是国民经济最重要的支柱产业，在生产生活中广泛应用的各种自动化设备、生产线、家用电器、智能产品等都是机电一体化技术的产物。机电一体化技术是将机械、电子、传感、网络信息及其自动控制等技术群体有机融合，以实现整个系统最佳化的高新技术。机电一体化技术的发展水平，是衡量一个国家科技发展水平的标尺。中国作为制造业大国，正在向制造业强国转变，而以数字化、网络化和智能化为最新发展方向的机电一体化技术，将极大促进国内产业转型升级和经济效益的提升，是未来发展的主方向。

机电一体化系统设计是高等教育机械电子工程专业的一门专业课程，一般是机电类专业学生在学习完专业基础课及专业核心课之后，在毕业之前开设的一门关于系统设计方面的课程，目的是为了让学生能建立系统设计的理念，采用综合性、交叉性、前沿性的机电一体化技术进行系统设计。目前市场上的机电一体化系统设计教材基本上都是将学生学过的相关专业课以章节的形式分别进行重述，内容缺乏系统性、综合性与前沿性，并且内容大多注重理论及分立知识的讲解，缺乏应用性及可操作性，与当前注重数字化、网络化和智能化为最新发展方向的机电一体化技术脱节较严重，学生上课积极性不高，教学效果不理想。

编者在企业技术部门有过6年的技术研发经验，并且主持了多项国家级、省部级科研项目，与企业开展了多项“产、学、研”合作项目。自从事机电一体化系统设计课程的教学以来，发现书本知识与企业实际项目所要求的技术达成度之间存在较大差距，教材及教学内容陈旧、知识老化，与本科应用型人才的培养目标已不相适应。鉴于此，本人组织教材编写小组结合多年一线教学经验及本专业的具体情况，以“加强实践、突出应用”为引导，采用“案例式”教学方式，从“电”如何产生开始，将本教材分为4篇共8章。4篇分别为供电与生产篇、运动控制与过程控制篇、计算机组态与嵌入式开发篇、信息与网络篇；8章分别为供配电、自动生产线、运动控制、过程控制、组态监控、嵌入式、虚拟仪器信息采集及物联网系统设计。每章依托于一个工程项目中的“案例”，通过“理论与实践相结合”的方式，教学的过程相当于就是借助项目案例进行任务的实现过程，无论是从该课程的教学内容还是教学方法方面，都是一次有益的尝试。

由于应用型本科院校是以培养现代应用型人才为根本任务，“加强实践、突出应用”是应用型本科高校建设的重要目标。教材作为教学思想、培养目标、教学内容和课程体系的载体，是教学改革的主要内容，是高校应用型人才培养得以实现的重要保证。本书的编写,主要是针对机电类相关专业学生普遍存在的对“电”方面的知识比较薄弱及当前市面上的教材已无法体现该学科的“综合性”与“先进性”的现象而进行的改革。对于一些专业来说,本书的知识面可能会太“广”,会有一定的难度。但编者本人一直认为,教材的内容一定要具备“综合性”与“先进性”,永远不要低估学生的自学能力及创造能力,要给他们一个“火种”,他们定能燃起“火焰”。学习本书是为了拓展、加深对机电一体化系统设计相关知识的广度与深度,为更高层次的系统设计提供一种思维上的跨越。因此,本书在编写的初期,就站在了一个比较高的“点”上,希望通过本书的学习,能拓展本专业及其相关专业学生对系统设计的思路。对初学者而言,建议在学习的过程中,针对书中出现的知识点,一定要多查文献资料,养成良好的自学习惯,相信书中的知识点会对毕业设计以及今后的工作有所裨益。

本书由洛阳理工学院张慧贤担任主编,张慧贤编写了第1、5、6章和第8章8.1、8.2节,并对全书作了统稿;布占伟编写了第3、4章和第8章8.3节;张志航编写了第2、7章;全书由洛阳理工学院马利民教授主审。

在编写本书过程中参考了目前国内优秀的书刊和资料,在此对各位作者表示衷心的感谢!此外,上海倍伺特自动控制设备有限公司的郭兆锋高级工程师以及上海羿歌信息技术有限公司的钟卫总经理,为本书提供了一些案例支持,2019级机械电子工程专业本科毕业生张江威,为本书提供了部分毕业设计案例,在此一并表示感谢!

由于编者水平有限,书中难免存在疏漏之处,恳请广大读者批评指正。

编　者
2021年8月

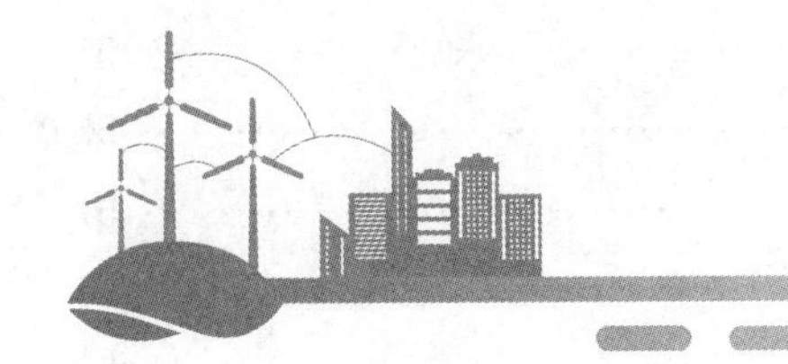

目 录

第 1 篇

供电与生产篇

现代化交通运输、工农业生产、人民生活都离不开电能，电带来了工业文明。供配电系统涉及到电能发送、传输、分配、使用几个方面，是电力系统的重要组成部分。生产线作为工业社会的典型代表，在社会化大生产中举足轻重。本篇包括两章，介绍了电力系统的构成及供配电系统的设计和自动生产线的工作原理及设计过程。

第 1 章　供配电系统设计

电能由发电厂产生，通常把发电机发出的电压经变压器变换后再送至用户。由发电、变电、送配电和用电构成的一个整体，即电力系统。供配电系统是电力系统的组成部分，该系统确保用电对象所需电能的供应和分配。

1.1　了解电力系统

1.1.1　电的产生

中国有电始于 1882 年。1949 年，全国发电装机容量 185 万 kW，年发电量 43 亿 kW · h，人均装机仅有 3 W。新中国成立后，中国政府把电力工业作为国民经济的先行工业摆在优先发展的位置，经过 70 多年的艰苦努力，特别是改革开放 40 年来的快速发展，中国电力工业取得举世瞩目的成就。到 2020 年，全国电力装机达到 21.2 亿 kW，年发电量达 7.4 万亿 kW · h，均居世界第一位，在西部、北部建成一批大型能源基地，电网大规模、远距离输电能力显著发挥，形成了大规模“西电东送”、“北电南供”的电力配置格局。

电力系统是由发电厂、送变电线路、供配电所和用电等环节组成的电能生产与消费系统。它的功能是将自然界的一次能源通过发电动力装置转化成电能，再经输电、变电和配电将电能供应到各用户。为实现这一功能，电力系统在各个环节和不同层次还具有相应的信息与控制系统，对电能的生产过程进行测量、调节、控制、保护、通信和调度，以保证用户获得安全、优质的电能。电力系统中各级电压的电力线路及与其连接的变电所总称为电力网，简称电网。电力网是电力系统的一部分，是输电线路和配电线路的统称，是输送电能和分配电能的通道。电力网是把发电厂、变电所和电能用户联系起来的纽带。

电力系统的主体结构有电源（水电站、火电厂、核电站等发电厂），变电所（升压变电所、负荷中心变电所等），输电、配电线路和负荷中心。各电源点还互相连接以实现不同地区之间的电能交换和调节，从而提高供电的安全性和经济性。输电线路与变电所构成的网络通常称为电力网络。电力系统的信息与控制系统由各种检测设备、通信设备、安全保护装置、自动控制装置以及监控自动化、调度自动化系统组成。电力系统的结构应保证在先进的技术装备和高经济效益的基础上，实现电能生产与消费的合理协调。

1. 火力发电厂

火力发电厂简称火电站或火电厂，是指用煤、油、天然气等为燃料的发电厂。其能量转换过程是：燃料的化学能→热能→机械能→电能。现代火电厂一般都考虑了“三废”（废水、废气、废渣）的综合利用，不仅发电，而且供热。这类兼供热能的火电厂称为热电厂或热电站，如图 1.1 所示。

（a）火电厂

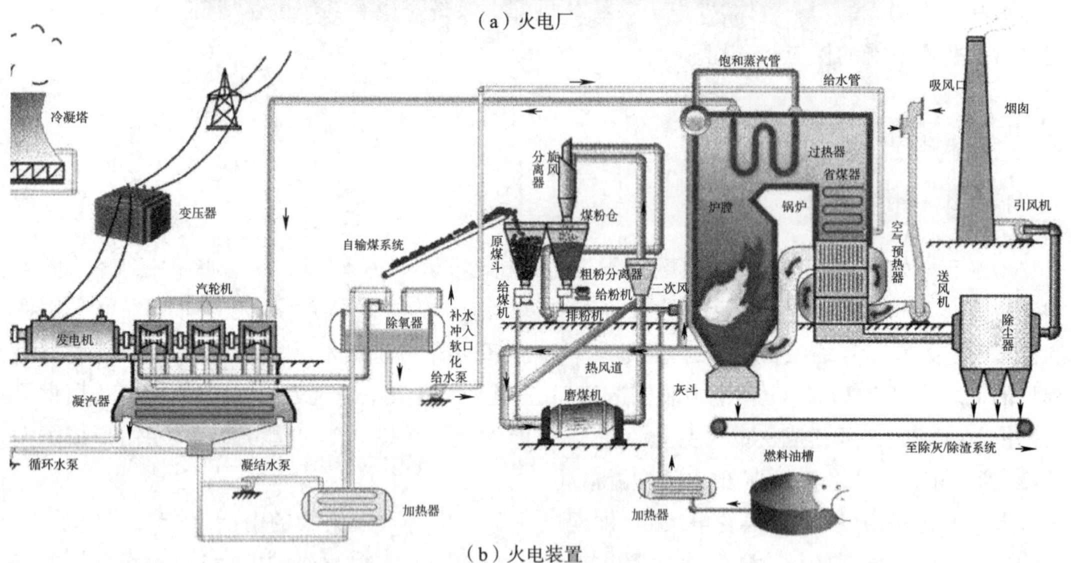

（b）火电装置

图 1.1　火力发电

2. 水力发电厂

水力发电厂简称水电厂或水电站，是把水的位能和动能转换成电能的工厂，如图 1.2 所示。它的基本生产过程是：从河流高处或其他水库内引水，利用水的压力或流速冲动水轮机旋转，将重力势能和动能转变成机械能，然后水轮机带动发电机旋转，将机械能转变成电能。电站一般主要由挡水建筑物（坝）、泄洪建筑物（溢洪道或闸）、引水建筑物（引水渠或隧洞，包括调压井）

及电站厂房(包括尾水渠、升压站)四大部分组成。主要组成部分有水工建筑物、水力机械设备、发电设备、变电设备、配电设备、输电设备和控制及辅助设备。

图1.2　水力发电厂

3. 原子能发电厂

原子能发电厂又称核电站,如图1.3所示,如我国秦山、大亚湾核电站,是利用核裂变能量转化为热能,再按火力发电厂方式发电的,只是它的“锅炉”为原子能反应堆,以少量的核燃料代替了大量的煤炭。其能量转换过程是:核裂变能→热能→机械能→电能。由于核能是巨大的能源,而且核电站的建设具有重要的经济和科研价值,所以世界上很多国家都很重视核电建设,核电占整个发电量的比重逐年增长。自1951年12月美国实验增殖堆1号(EBR-1)首次利用核能发电以来,世界核电至今已有60多年的发展历史。

图1.3　秦山核电站

到2020年我国运行核电机组共49台(不含台湾地区核电信息),装机容量5 102.716万kW(额定装机),全年共有2台核电机组完成首次装料,分别为田湾核电5号机组和福清核电5号机组。2020年,全国累计发电量为74 170.40亿kW·h,运行核电机组累计发电量为3 662.43亿kW·h,占全国累计发电量的4.94%,占比为近五年之最。与燃煤发电相比,核能全年发电相当于减少燃烧标准煤10 474.19万t,减少排放二氧化碳27 442.38万t,减少排放二氧化硫89.03万t,减少排放氮氧化物77.51万t。其中,第四季度运行核电机组累计发电量962.29亿kW·h,占第四季度全国累计发电量的4.79%。2020年,运行核电机组累计发电量比2019年同期上升5.02%;累计上网电量为3 428.54亿kW·h,比2019年同期上升了4.89%。

4. 其他类型电厂

其他类型电厂应用资源主要有:风能、太阳能、潮汐能、地热能等,如图 1.4 所示。

(a)风能　(b)太阳能　(c)潮汐能　(d)地热能

图 1.4　其他电厂发电形式

1.1.2　电力系统介绍

将各种类型发电厂中的发动机、升压降压变压器、输电线路以及各种用电设备组联系在一起构成的统一的整体就是电力系统,用以实现完整的发电、输电、变电、配电和用电,图 1.5 为从发电到供电的过程示意图。

电能是由发电厂生产的,但发电厂往往距离城市和工业中心很远,这就需要将电能经过线路输送到城市或工业企业。为了减少输电的电能损耗,输送电能时要升压,采用高压输电线路将电能输送给用户,同时为了满足用户对电压的要求,输送到用户之后还要经过降压,而且还要合理地将电能分配到用户或生产车间的各个用电设备。为了提高供电的可靠性和经济性,将发电厂通过电力网连接起来并联运行,组成庞大的联合动力系统,如图 1.6 所示。

从发电到供电的过程中,变配电所起着变换电能电压、接受电能与分配电能的作用,是联系发电厂和用户的中间环节,如图 1.7 所示。如果变电所只用以接受电能和分配电能,则称为配电所。变电所是电力网中的线路连接点,是用以变换电压、交换功率和汇集、分配电能的设施。它主要由主变压器、配电装置及测量、控制系统等构成,是电网的重要组成部分和电能传输的重要环节,对保证电网安全、经济运行具有举足轻重的作用。变配电所中用来承担输送和分配电能任务的电路,称为一次电路或电气主接线。

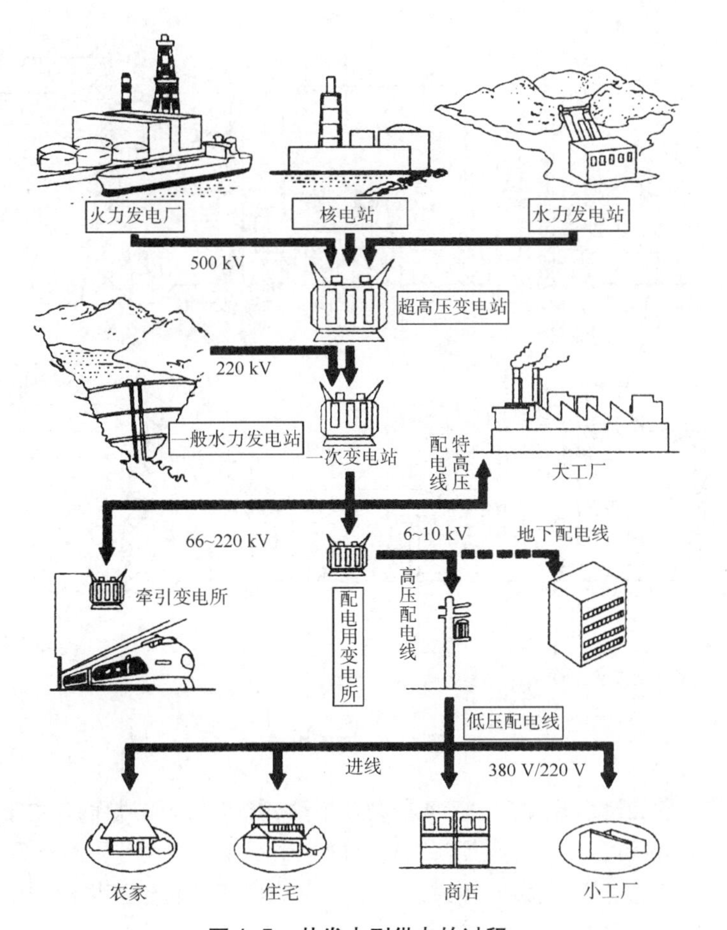

图 1.5　从发电到供电的过程

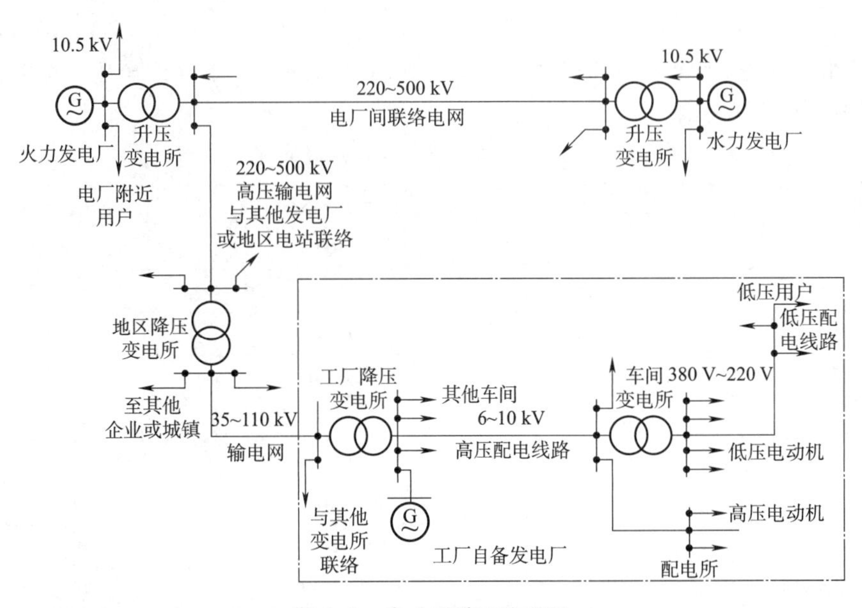

图 1.6　电力系统工作原理

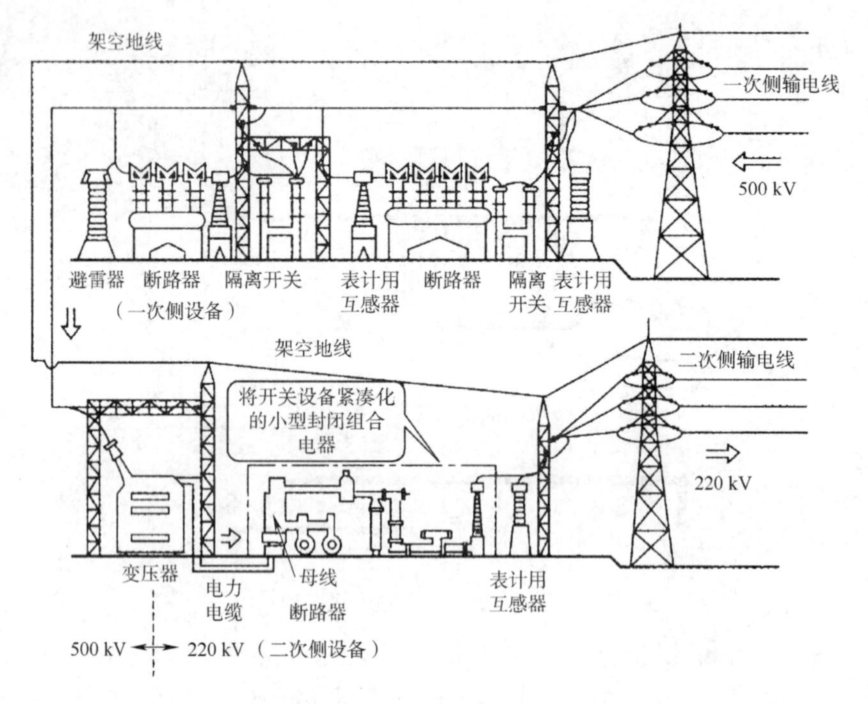

图 1.7　变配电所

电力系统的发展是研究开发与生产实践相互推动、密切结合的过程，是电工理论、电工技术以及相关科学技术、材料、工艺、制造等共同进步的集中反映。电力系统的研究与开发，还在不同程度上直接或间接地对信息、控制和系统理论以及计算技术起到了推动作用。同时，这些科学技术的进步又推动着电力系统现代化水平的日益提高。

所有的用电单位均称为电能用户，其中主要是工业企业。我国工业企业用电占全年总发电量的 60% 以上，是最大的电能用户。工业企业的电力负荷种类多，容量相差悬殊，运行特征也各种各样，用电设备的不同特征关系到供电技术措施的确定，表 1.1 为各级电压下电力线路较合理的输送容量和输送距离。

表 1.1　工厂供电电压的选择

线路电压/kV	线路结构	输送功率/kW	输送距离/km
0.38	架空线	≤100	≤0.25
0.38	电缆	≤175	≤0.35
6	架空线	≤1 000	≤10
6	电缆	≤3 000	≤8
10	架空线	≤2 000	6 ~ 20
10	电缆	≤5 000	≤10
35	架空线	2 000 ~ 10 000	20 ~ 50
66	架空线	3 500 ~ 30 000	30 ~ 100
110	架空线	10 000 ~ 50 000	50 ~ 150
220	架空线	100 000 ~ 500 000	200 ~ 300

(1)对于一般没有高压用电设备的小型工厂,设备容量在 100 kW 以下,输送距离在 600 m 以内,可选用 380 V/220 V 电压供电。

(2)对于中、小型工厂,设备容量在 100 ~ 2 000 kW,输送距离在 4 ~ 20 km 以内的,可采用 6 ~ 10 kV 电压供电。

(3)对于大型工厂,设备容量在 2 000 ~ 50 000 kW,输送距离在 20 ~ 150 km 以内的,可采用 35 ~ 110 kV 电压供电。

工厂的高压配电电压一般选用 6 ~ 10 kV。6 kV 与 10 kV 作比较,变压器、开关设备投资差不多,传输相同功率情况下,10 kV 线路可以减少投资,节约有色金属,减少线路电能损耗和电压损耗,更适应发展,所以工厂内一般选用 10 kV 作为高压配电电压。但如果工厂供电电源的电压就是 6 kV,或工厂使用的 6 kV 电动机多而且分散,可以采用 6 kV 的配电电压。3 kV 的电压等级太低,作为配电电压不经济。

工厂的低压配电电压,除因安全所规定的特殊电压外,一般采用 380 V/220 V。380 V 为三相配电电压,供电给三相用电设备及 380 V 单相用电设备,220 V 作为单相配电电压,供电给一般照明灯具及 220 V 单相用电设备。对矿山及化工等部门,因其负荷中心离变电所较远,为了减少线路电压损耗和电能损耗,提高负荷端的电压水平,也有采用 660 V 配电电压的。

1.2　高低压开关柜

1.2.1　开关柜概述

开关柜的主要作用是在电力系统进行发电、输电、配电和电能转换的过程中,进行开合、控制和保护用电设备,如图 1.8 所示。开关柜内的部件主要有断路器、隔离开关、负荷开关、操作机构、互感器以及各种保护装置等。开关柜的分类方法很多,如通过断路器安装方式可以分为移开式开关柜和固定式开关柜;按照柜体结构的不同,可分为敞开式开关柜、金属封闭开关柜和金属封闭铠装式开关柜;根据电压等级不同又可分为高压开关柜,中压开关柜和低压开关柜等。开关柜主要适用于发电厂、变电站、石油化工、冶金轧钢、轻工纺织、厂矿企业和住宅小区、高层建筑等各种不同场合。

(a)高压开关柜

(b)低压开关柜

图 1.8　高低压开关柜

高压交流金属封闭开关设备(简称高压开关柜),是指除外部连接之外,全部装配已经完成并封闭在接地的金属外壳内的3.6~550 kV三相交流开关设备和控制设备。高压开关柜是用来接受和分配用电负荷的配电开关设备,它广泛地应用于电力系统的发电厂和变电站,用于石化、冶金、铁路、矿山、城市和农村。既可根据电网运行需要将一部分电力设备或线路投入或退出运行,也可在电力设备或线路发生故障时将故障部分从电网中快速切除,从而保证电网中无故障部分的正常运行,以及设备和运行维修人员的安全。因此,高压开关柜是非常重要的配电设备,其安全、可靠地运行对电力系统具有十分重要的意义。

低压配电柜适用于变电站、发电厂、厂矿企业等电力用户的交流50 Hz,额定工作电压380~660 V,额定工作电流1 000~4 000 A的配电系统,作动力、照明及发配电设备的电能转换、分配与控制之用。低压开关柜适用于发电厂、石油、化工、冶金、纺织、高层建筑等行业,作输电、配电及电能转换之用。

1.2.2 高压开关柜

高压开关柜作为一种成套的配电装置,其中包含高压断路器、负荷开关、调节装置、内部连接件、外壳和支持件等。10 kV高压开关柜是10 kV金属封闭开关设备的简称,它是高压断路器、负荷开关、高压熔断器、接触器、隔离刀闸、接地刀闸、互感器、站用变压器以及相应的控制、信号、测量、保护、调节装置的组合,是上述开关和装置与内部连接、辅件、外壳和支持件所组成的成套设备。在220 kV及以下的变电站中,10 kV高压开关柜是组成站内10 kV供电系统的重要设备,一方面它联系着主变压器,另一方面又联系着10 kV配电出线,担负着电能传送、开断故障电流,控制负荷、后备电源等作用。

对于10 kV配电网来说,其作为连接110 kV、220 kV及以上高压供电侧和380 V、220 V低压用电侧的重要枢纽和通道,在电力系统保证供电可靠性中具有着举足轻重的作用。而10 kV高压开关柜又在10 kV配电网扮演着重要角色,因此对其运行性能提出了更高的要求。由于10 kV电压开关柜在电网中起到中流砥柱的作用,应用非常广泛,品种众多。根据供电系统中的10 kV电压开关柜里断路器中的灭弧介质不同,可以将开关柜分为SF6开关柜、少油开关柜及真空开关柜等。由于开关柜是一种综合性的成套设备,因此在运作过程中每一个环节故障都会引起供电事故,导致供电系统不能正常运行。

10 kV高压开关柜按断路器安装方式分为移开式(手车式)和固定式;按安装地点分为户内和户外;按柜体结构可分为金属封闭铠装式开关柜、金属封闭间隔式开关柜、金属封闭箱式开关柜和敞开式开关柜四大类。我国高压开关柜的发展大致可分为3个阶段的产品:第一代产品为20世纪50~60年代主要以参考苏联产品为主的GG-1A型固定式开关柜;第二代产品是从上个世纪60年代末到70年代,我国自行开发的10 kV级的GFC型、GC型手车式开关柜;第三代产品是进入上个世纪80年代以后,结合国外技术,由科研和制造单位联合研制,生产的如JYN型间隔式手车柜、KGN型铠装固定柜、KYN型铠装式手车柜、XGN型箱式固定柜、HXGN型环网柜等新型开关柜。当前,在10 kV供电系统中,一般选用手车柜(含中置柜)及固定柜两种结构的开关柜(即KYN型、XGN型)。随着科技的发展,高压柜正在向智能化、小型化、组合化等方向发展。伴随着每代产品制造工艺的升级,相应的10 kV高压开关柜的内部结构也经历了巨大变化,柜体结构经历了由焊接式框架向组装式的变迁,设备的防护等级越来越高,体积越来越小,密封性越来越好,载流量越来越大。

1. 高压开关柜的分类

1)按结构类型

铠装式:各室间用金属板隔离且接地,如 KYN 型和 KGN 型;

间隔式:各室间是用一个或多个非金属板隔离,如 JYN 型;

箱式:具有金属外壳,但间隔数目少于铠装式或间隔式,如 XGN 型。

2)按断路器的置放(图 1.9)

中置式:手车装于开关柜中部,手车的装卸需要装载车;

落地式:断路器手车本身落地,推入柜内。

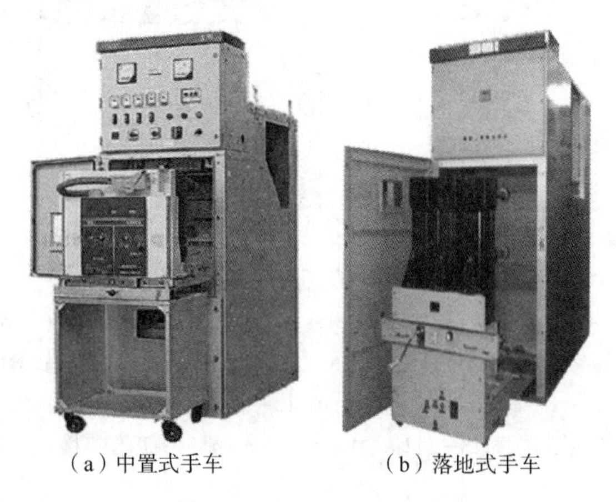

(a)中置式手车　　(b)落地式手车

图 1.9　手车式高压开关柜

3)按绝缘类型空气绝缘金属封闭开关柜;SF6 气体绝缘金属封闭开关设备(充气柜)。

此外,高压开关柜还可以按以下方式进行分类,见表 1.2。

表 1.2　高压开关柜的基本分类

分类依据	分　类
按主绝缘介质	空气绝缘型、气体绝缘型、固体绝缘型
按主母线形式	单母线柜、双母线柜、旁路母线柜
按主开关元件形式	断路器柜、负荷开关柜、负荷开关-熔断器组合电器柜、接触器
按主开关元件安装方式	固定柜、可移开式柜(手车柜)

2. 高压开关柜的组成结构

从功能来讲,高压开关柜也称高压成套配电装置,就是按不同用途的接线方案,将所需的高压设备和相关一、二次设备按一定的线路方案组装而成的一种高压成套配电装置,在发电厂和变电所中起到控制和保护发电机、变压器和高压线路的作用,也可作为启动和保护大型高压交流电动机的装置,对供配电系统进行控制、检测和保护。如图 1.10 所示的高压开关柜,其中安装有开关设备、保护电器、检测仪表和母线、绝缘子等。固定式高压开关柜柜内所有电器部件都固定在不能移动的台架上,构造简单,也较为经济,仪表在中、小型工厂大多采用。高压开关柜有固定式和手车式(移开式)两大类。在一般中、小型工厂中普遍采用较为经济的固定式高压开关柜。

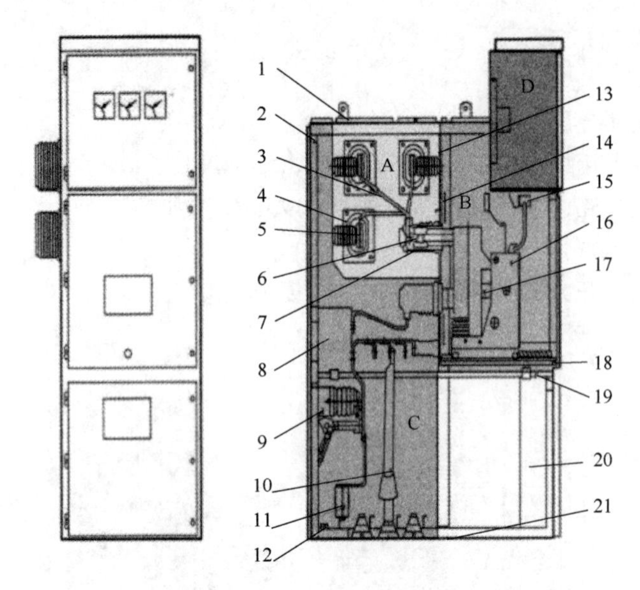

图1.10 高压开关柜的结构

A—母线室；B—(断路器)手车室；C—电缆室；D—继电器仪表室；

1—泄压装置；2—外壳；3—分支母线；4—母线套管；5—主母线；6—静电头装置；7—静电头盒；8—电流互感器；9—接地开关；10—电缆；11—避雷器；12—接地母线；13—装卸式隔板；14—隔板(活门)；15—二次插头；16—断路器手车；17—加热去湿器；18—可抽出式隔板；19—接地开关操作机构；20—控制小线槽；21—底板

我国现在大量生产和广泛应用的固定式高压开关柜主要为GG-1A(F)型。这种防误操作型开关柜装设了防止电器误操作和保障人身安全的闭锁装置，即所谓“五防”：①防止误分、误合断路器；②防止带负荷误拉、误合隔离开关；③防止带电误挂地线；④防止带接地线误合隔离开关；⑤防止人员误入带电间隔。

箱式固定柜外形示意图如图1.11所示。

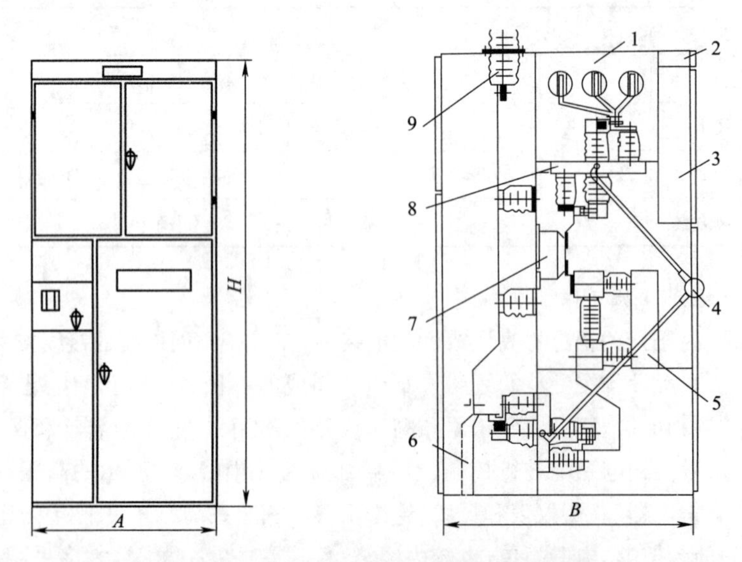

图1.11 GG-1FQ箱式固定柜外形示意图

1—母线室；2—小母线通道；3—仪表室；4—操作及联锁机构；5—整体式真空断路器；6—电缆出线；7—电流互感器；8—隔离开关；9—架空出线

手车式(或移开式)高压开关柜是一部分电器部件固定在可移动的手车上,另一部分电器部件装置在固定的台架上,如图1.12所示。当高压断路器出现故障需要检修时,可随时将其手车拉出,然后推入同类备用小车,即可恢复供电。因此采用手车式开关柜检修方便安全,恢复供电快,可靠性高,但价格较贵。

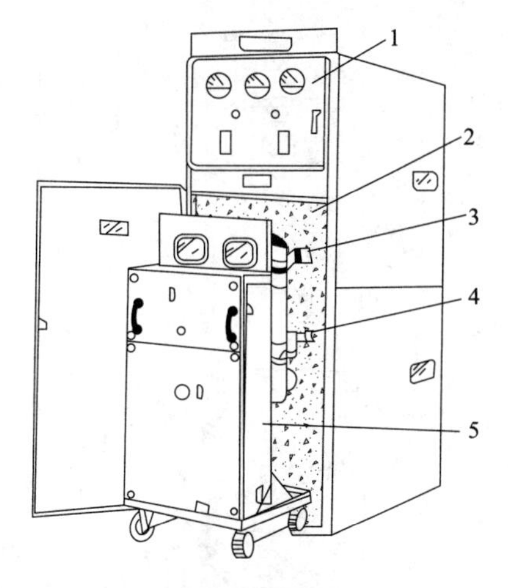

图1.12　GC-10(F)型手车式高压开关柜的外形结构图

1—仪表屏;2—手车室;3—上触头;4—下触头(兼起隔离开关作用);5—SN10-10型断路器手车

高压开关柜的全型号表示和含义如下:

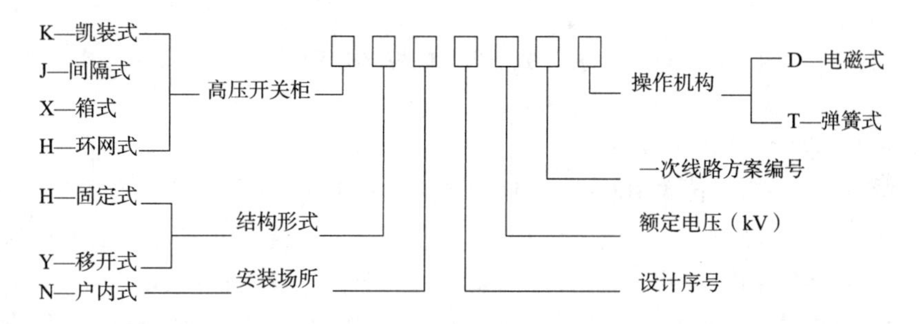

1.2.3　低压开关柜

1. 低压开关柜的分类

低压成套配电装置一般称为低压配电屏,包括低压配电柜和配电箱,是按一定的线路方案将有关一、二次设备组装而成的低压成套设备,在低压系统中可作为控制、保护和计量装置。低压成套配电装置按其结构形式分为固定式和抽屉式两种。目前使用较广的固定式低压配电柜有PGL、GGL、GGD等型号,其中GGD是国内较新产品,全部采用新型电器部件,具有分断能力强、热稳定性好、接线方案灵活、组合方便、结构新颖及外壳防护等级高等优点。固定式低压开关柜适用于动力和照明配电。

抽屉式低压开关柜的安装方式为抽出式,每个抽屉为一个功能单元,按一、二次线路方案要求将有关功能单元的抽屉式叠装安装在封闭的金属柜体内,这种开关柜适用于三相交流系统,可作为电动机控制中心的配电和控制装置。图1.13为GCK型抽屉式低压配电柜结构示意图。

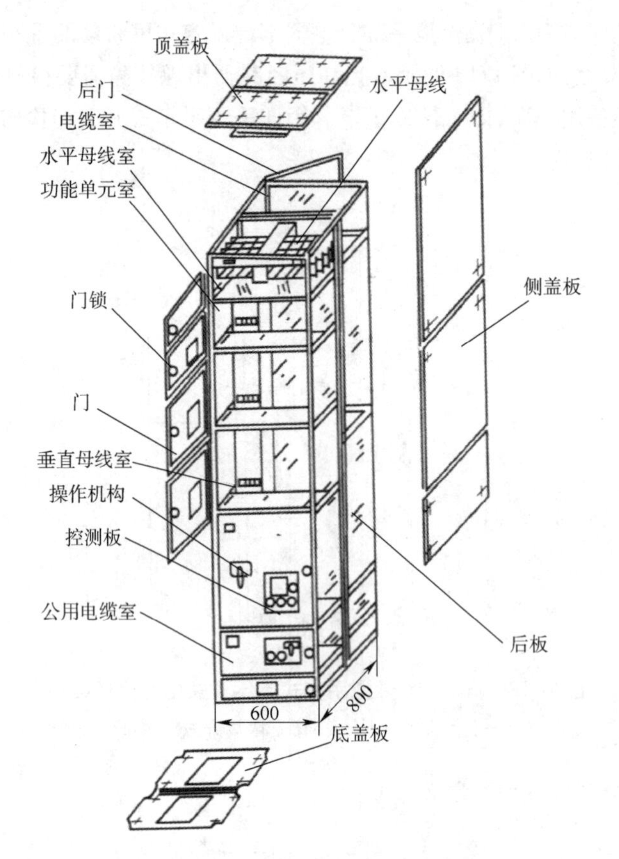

图 1.13　GCK 型抽屉式低压配电柜结构示意图(单位:mm)

2. 低压开关柜的组成结构

对于电器开关柜产品,国家 IEC 标准(IEC 38, IEC 298, IEC 439)和欧洲标准规定:小于或等于 1.0 kV 的电压称为低压。低压成套开关设备在低压供电系统中负责电能的控制、保护、测量、转换和分配。凡是使用电气设备的地方都应配备低压设备,我国电能的 80% 左右都是通过低压成套开关设备供出。低压成套开关设备的发展基于材料工业、低压电器、加工工艺和设备、基础设施建设和人民的生活水平,所以低压成套开关设备的水平侧面反映了一个国家的经济实力与科学技术发展水平。

低压成套电器开关柜用于各种供配电系统,由各种通断、监测、控制、调节、保护基本功能单元组合而成。目前市场上流行的低压配电柜的品种有十几种,有固定面板式、固定分隔式、抽出式、混装式、智能型等,是由许多个功能相同或不同的功能模块单元构成,根据用户的需求不同,组合形式千变万化,但各功能模块单元却具有很大通用性。目前市场上流行的开关柜型号很多,典型的型号有 GGD、GCK、GCS、MNS、MCS 等。

柜体机电产品的结构主要包括柜体和若干内部电气、电子功能部件等,如图 1.14 所示。

(1)柜体结构:各种柜体机电产品均有一个结构非常相似的柜体,一般采用钣金结构,主要由顶框、底框、前后框架、前后门、侧门、横梁、隔板等组装而成,起支承、容纳、分隔、屏蔽以及保护等作用。柜体钣金结构件设计着重考虑的是构件结构的合理性、零部件装配或拆卸的方便性、板材的利用率、空间分配、整体刚度、散热性能、屏蔽性能、柜体的通用性以及钣金件加工工

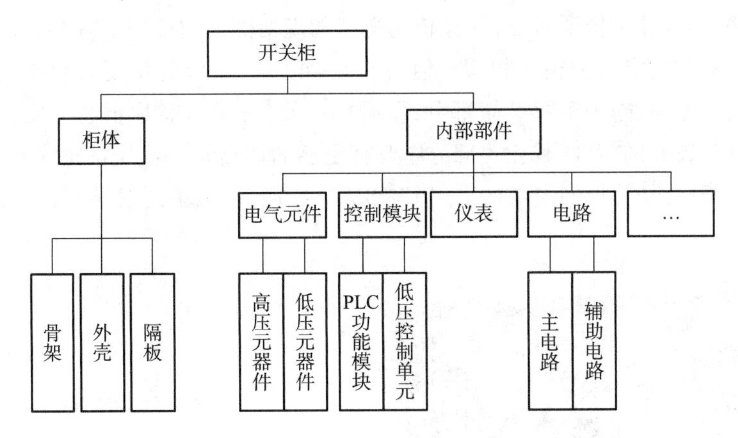

图 1.14　开关柜产品的主要结构

艺等问题。柜体一般作为整体部件按标准化、系列化和通用化进行设计，形成标准的、具有一定通用性的柜体。柜体式结构具有增强安全防护、电磁屏蔽、削弱设备工作噪音、减少设备地面面积占用等优点。

(2)内部功能部件：开关柜产品的主功能是电力分配与控制，主要依靠内部配置的各种电气功能部件来实现。开关柜的功能部件一般是外构标准的接插件，因此，产品设计时重点是考虑各种功能部件的组合配置问题，包括功能组合、参数匹配、接口匹配以及其他客户需求匹配等。

低压开关柜通常是由各种不同功能的模块单元组合到标准系列的柜体而成，如图 1.15 所示。

图 1.15　低压开关柜

通常从结构形式上将低压开关柜分为固定式和抽出式。其中固定式能满足各电器元件可靠地固定于柜体中确定的位置。柜体外形一般为立方体，如屏式、箱式等，也有棱台体，如台式等。这种柜有单列，也有排列。为了保证柜体形状尺寸，往往采取各构件分步组合方式，一般是先组成两片或左右两侧，然后再组成柜体，或先满足外形要求，再顺次连接柜体内各支件。抽出式是由固定的柜体和装有开关等主要电气元件的可移装置部分组成，如图 1.16 所示。可移部分移换时要轻便,移入后定位要可靠,并且相同类型和规格的抽屉能可靠互换,抽出式中的柜体部分加工方法基本和固定式中柜体相似。但由于互换要求,柜体的精度必须提高,结构的相关部分要有足够的调整量,至于可移装置部分,要既能移换,又要可靠地承装主要元件,所以要有较高的机械强度和较高的精度,其相关部分还要有足够的调整量。低压抽出式开关柜的标准柜体尺寸如表 1.3 所示,开关柜的主结构采用 KS(8MF)型钢,构架采用拼装和部分焊接的两种结构形式。

(a) 抽出式开关柜本体

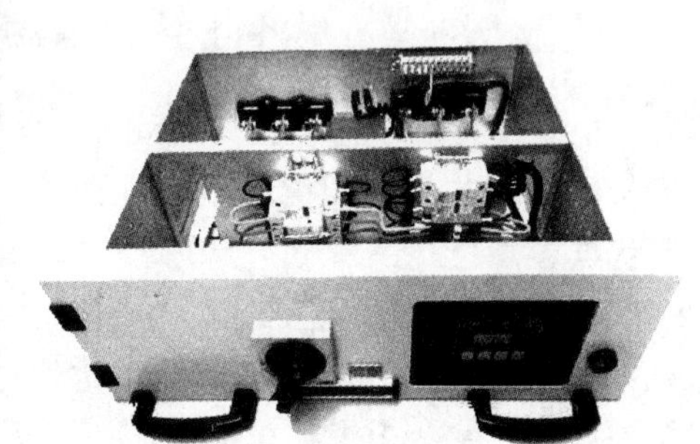

(b) 开关柜抽屉

图 1.16　低压抽出式开关柜

表 1.3　低压抽出式开关柜的标准柜体尺寸

高/mm	2 200									
宽/mm	400		600		800			1 000		
深/mm	800	1 000	800	1 000	600	800	1 000	600	800	1 000

目前,低压电气结构设计有新的发展,ABB 公司推出的新系列接触器产品提出低压配电系统一体化设计的新概念,新型的塑壳断路器面板上都有一个小门,各种功能模块通过这个小门可安装于操作机构两侧空余的间隙内,以缩小整个开关柜的体积。日本三菱和富士新系列的塑壳断路器把各种电流规格的产品设计成同一高度以利于开关柜的布置,施耐德公司的 Masterpact 从 800 A 到 3 200 A 的产品采用同一个框架尺寸,这样不但便于安装,并且使零部件的通用性增强。

1.2.4　开关柜设计

1. 设计流程

通常企业将产品设计部门划分为“产品开发设计部”和“工程项目部”,根据产品的新增或更改设计内容的难易程度和工作量大小确定由哪个部门来承担产品设计任务。产品开发设计部门完成新产品的开发设计和非标的工程项目设计更改任务,其产品设计难度和工作量相对较大,其现行的一般设计流程如图 1.17 所示。工程项目部门主要完成工程项目的常规性设计工作,设计难度和工作量相对较小,其现行的一般设计流程如图 1.18 所示。

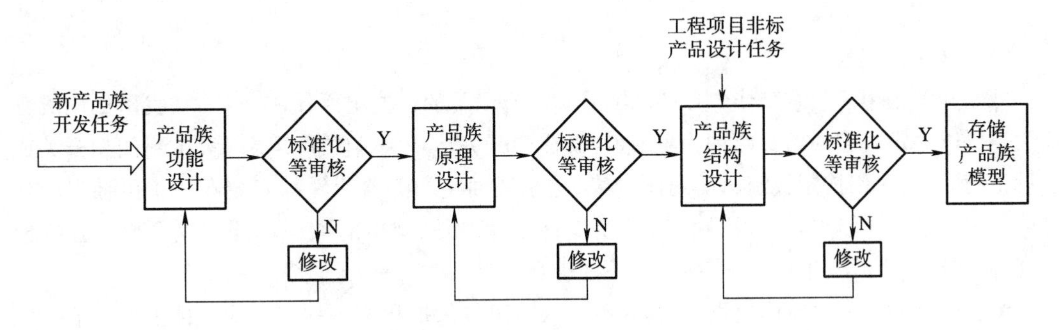

图1.17　“产品开发设计部”现行的一般设计流程

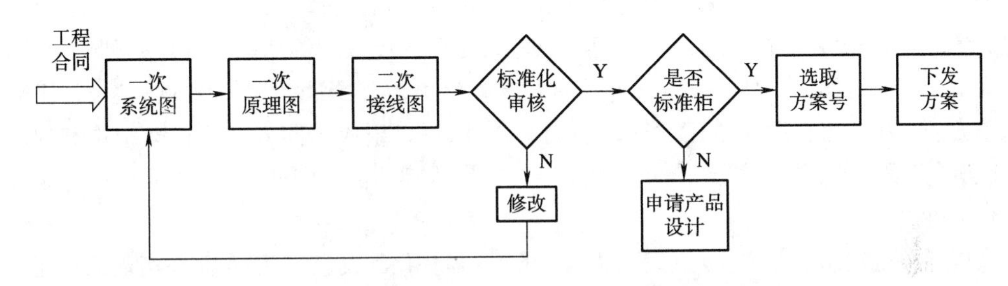

图1.18　“工程项目部”现行的一般设计流程

在分析研究了企业现行一般设计流程后，制订了系统的设计流程，该流程适用于新产品开发设计和工程项目产品设计等各种产品设计类型，不同设计类型的运行流程相差不大，以工程设计为例说明其基本运行流程，图1.19为基本的系统运行流程。合同产品设计一般从接受标准格式的用户需求文件开始，系统对用户需求文件具有初步解析能力，通过对文件的分析和简单推理，最大限度地实现需求与功能单元模块的匹配，并从数据库提取，将选出的模块列表显示给设计人员，设计人员可进行进一步查询，也可进行修改调整，最终确定各功能单元模块和基本柜型，并可汇总统计各种物料以及与功能模块对应的各种设计文档。在各功能单元选定之后，就可调用功能单元辅助排列系统，辅助排列系统采用所见即所得的可视化设计方式，通过拖拽式操作来完成各功能单元模块在面板上的位置布置，排列完成即可得到相应的面板开孔信息，生成面板开孔图和面板排列图。

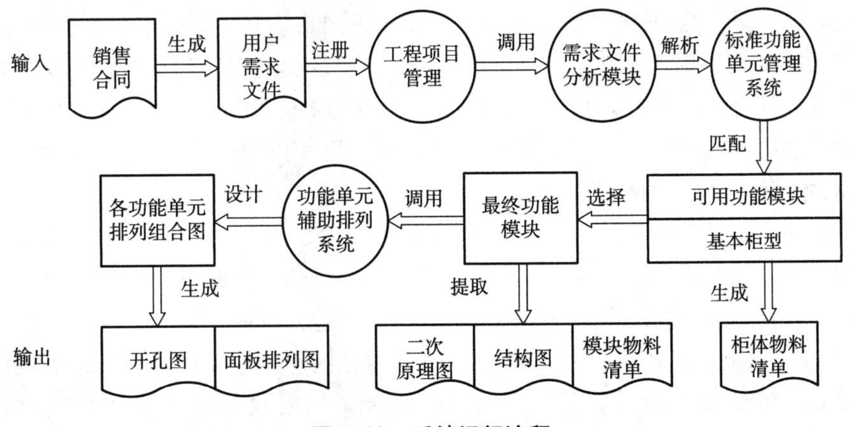

图1.19　系统运行流程

2. 设计过程

1)功能单元建模

低压开关柜用于额定工作电压380 V及660 V以下的供配电系统中,目前在我国低压成套开关柜仍以固定式和抽出式两种为主,抽出式成套开关柜是一种防护等级较高的封闭型开关成套设备,其结构采用钢制板制成的封闭外壳,进出线回路的电器元件都安装在一个可抽出的功能单元中。这些功能单元的设计采用了模块化设计,相同规格的抽屉单元室完全可以互换使用,即使在短路事故发生后,其互换性也不能破坏。

低压产品的可视化模块化设计,使得设计人员可以像搭积木一样来完成柜体上各功能单元模块的选择和位置排列,设计人员可以调出事先由自动匹配模块匹配好的各个功能单元模块进行排列,也可以从模块管理数据库中查询选取模块进行排列。设计人员可以方便的拖动模块,调整放置位置,系统还提供了越界提示、重叠提示、保存设计进度等功能。模块排列完成后,可立刻显示、保存、打印该产品的模块统计信息和物料清单,大大缩短了设计时间,使设计工作变得简单方便。用户可根据需要任意选用不同组装件,可以组成不同方案的柜架结构和抽屉单元,分别可实现保护、操作、转换、控制、调节、测定、指示等功能。因此,功能单元的设计是低压开关柜关键之一。

低压开关柜定制设计主要是基于"功能单元"的模块化配置来实现的,而要实现的功能模块的辅助选择、辅助排列、物料统计以及面板自动开孔等功能也均需要"功能单元"提供基础信息,因此,在本系统设计中,"功能单元"的模块化建模尤为重要。模块是构成产品的一部分,具有独立功能,相同种类的模块在产品族中可以重用和互换,相关模块的排列组合就可以形成最终的产品。模块化则是一个将系统或工程按一定规则进行分解和整合的动态过程,是使用模块的概念对产品或系统进行规划和组织。模块化产品具有以下特点:①模块化具有层次性。衡量一个系统能否算作是模块化系统的主要依据,就是看系统是否具有层次性,即清晰而简明的层次结构。产品是由各种部件、子部件和零件构成的完成特定功能的一个有机整体,具有明显的层次性。②模块化具有独立性。模块必须具有很强的独立性,而且相互依存相互作用。模块的独立包括功能的独立和物理结构的独立两个方面。组成产品的各部件在功能和结构上的相对独立是对产品进行模块拆分和模块重用的前提。③模块化具有整体性。尽管模块的设计、制造是独立的,但它们是作为整体发挥作用的。模块是系统的组成部分,系统依靠模块之间的有机联系实现特定的功能。模块化的设计一定不是针对某一个产品而设计的,模块化设计必须要面向产品系列、产品族进行规划。通过模块的不同搭配实现不同功能和不同性能的各种产品,这在一定程度上可以解决产品规格品种、设计制造周期、设计质量和成本之间的矛盾。④模块具有互换性。由于模块的规划和设计是面向产品族的,互换性就是模块的生命力,那些实现相同功能但具有不同性能的各个模块,相互之间应该具很强的互换性,只有这样才能实现模块的配置和模块的重用,才能体现模块的真正价值。

功能单元的建模要充分考虑后续数据使用的需求。要实现产品设计物料的自动统计,在功能单元模型中必须能完整表达其所含各种物料的基本信息;要实现辅助模块选择功能,就必须对模块的标识、功能、主要参数等进行描述,以便根据使用要求进行自动匹配;要实现功能单元的辅助排列、自动获取面板开孔信息,就需要对功能单元的总体形状尺寸和开孔形状尺寸等进行描述。因此,功能单元建模主要就是对功能单元总体描述、尺寸形状描述和元件信息描述。功能单元总体描述包括代号、功能、额定电流、额定电压等;尺寸形状描述包含对功能单元的外形轮廓尺寸、面板上开孔形状、尺寸等信息;元件信息描述包括元件名称、规格、数量、供应商、材料、加工方式等,如图 1.20 所示。

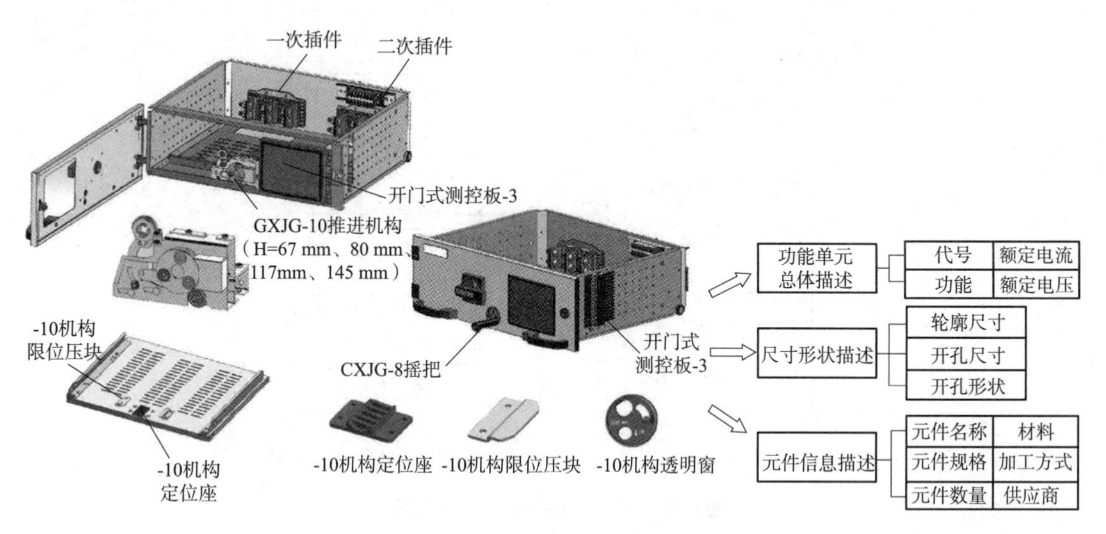

图 1.20 功能单元建模

2)面板开孔图的自动生成

开孔图是用来表达在开关柜面板零件上所开设的各种仪表安装孔、操作机构所需安装孔、指示器安装孔等。开孔图需要根据开关柜功能单元的实际配置情况来确定。“开孔图生成模块”可从配置好的开关柜自动输出面板的开孔信息,并驱动三维模型在 SolidWorks 环境中完成三维模型对应的孔特征生成,最后由三维模型再生成二维的开孔图。

SolidWorks 提供了三维模型与二维工程图之间的全相关功能,为参数化的二维工程图生成提供了很好的手段。通过开孔信息,驱动面板三维模型形成各个所需的孔特征之后,理论上就能较容易地获得所需的开孔二维工程图。但要自动地将新生成的各种孔标注完善、标注合理就会有一定的难度。二维工程图自动生成,大多使用模板文件法,开孔图的生成也采用模板文件法,SolidWorks 生成工程图的一般步骤包括:①建立用户的文件模板(包括零件、装配体及工程图模板)并添加到用户指定的模板文件夹;②在实体建模环境,运用自定义模板绘制三维实体,添加模型配置的属性并保存文件;③在工程图设计环境,运用自定义工程图模板,通过已有的三维模型文件生成用户所需的工程图;④运用插入模型项目方法,自动完成工程图标注及注释;⑤手动调整视图、标注及注释并添加技术要求等;⑥保存文件。

对于本系统中的开孔图,要求尽可能由计算机自动来完成其工程图的生成。因此,还需要对 SolidWorks 进行二次开发,将工程图生成的各个步骤自动化。为了简化编程,可以事先手动完成一部分基础工作,如图 1.21(a)所示,包括工程图和模板文件的定义、准备面板的未开孔的通用化三维模型文件以及未开孔的面板工程图文件。一次性完成这些文件后,就可以通过编程重复调用了,实现开孔图的参数化建模。当按照工程项目的实际需求,产生开孔信息后,通过编程自动生成工程图的过程如图 1.21(b)所示,其基本原理是利用开孔信息、面板轮廓尺寸信息,调用事先完成的通用三维模型文件,通过对 SolidWorks 的 API 编程实现了轮廓尺寸的驱动和孔特征的驱动,再调用事先完成的通用二维工程图文件,利用三维与二维的自动关联,实现二维开孔工程图文件的生成。

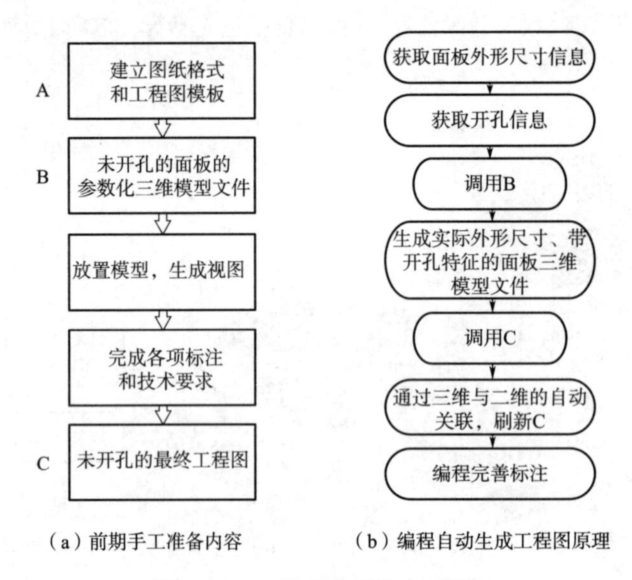

（a）前期手工准备内容　　　（b）编程自动生成工程图原理

图 1.21　二维开孔图的生成原理

1.3　案例：了解 10 kV 配电系统的运行过程

配电系统是指将高电压通过变压器降压至用户所需电压等级并且配置有保护、计量、分配于一起的室内综合系统。工厂采用的高压配电电压通常为 10 kV，一方面它联系着主变，另一方面又联系着 10 kV 配电出线，担负着电能传送、开断故障电流、控制负荷和后备电源等作用。本案例介绍工厂 10 kV 配电系统及城市轨道交通供配电系统的组成及设计过程。电力系统配电系统如图 1.22 所示。

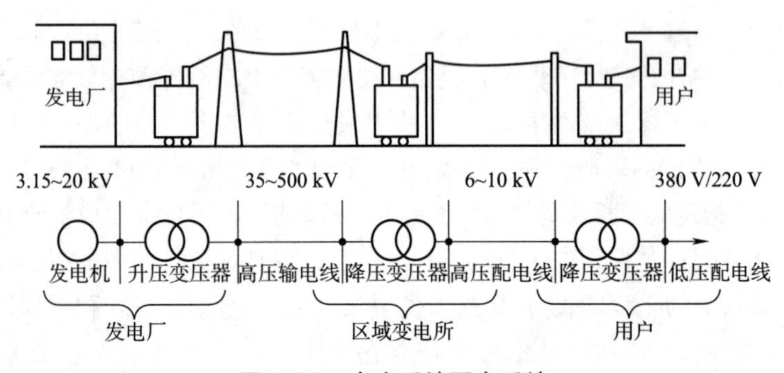

图 1.22　电力系统配电系统

1.3.1　工厂配电系统概述

1. 大型工厂配电

对于大型工厂及某些电源进线电压为 35 kV 及以上的中型工厂，一般经过两次降压。也就是电压进厂以后，先经总降压变电所，其中装有较大容量的电力变压器，将 35 kV 及以上的电压降为 6～10 kV 的配电电压，然后通过高压配电线将电能送到各车间变电所，也有的经高压配电所再送到车间变电所最后经配电变压器降为一般电压用电设备所需的电压，其系统如图 1.23、图 1.24 所示。

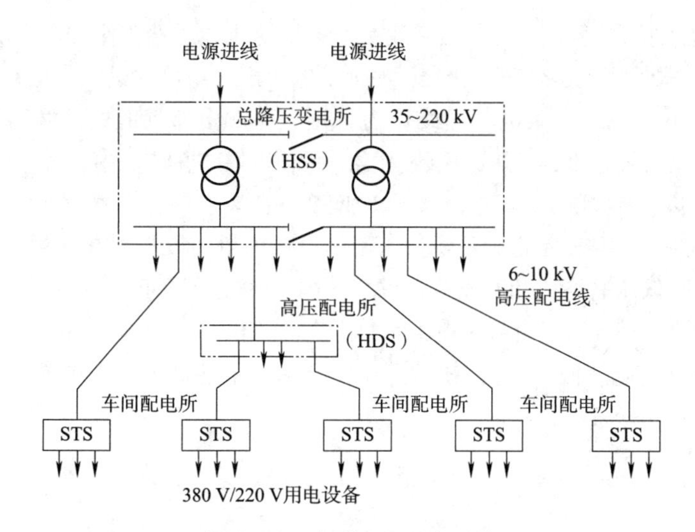

图 1.23　大型工厂配电系统

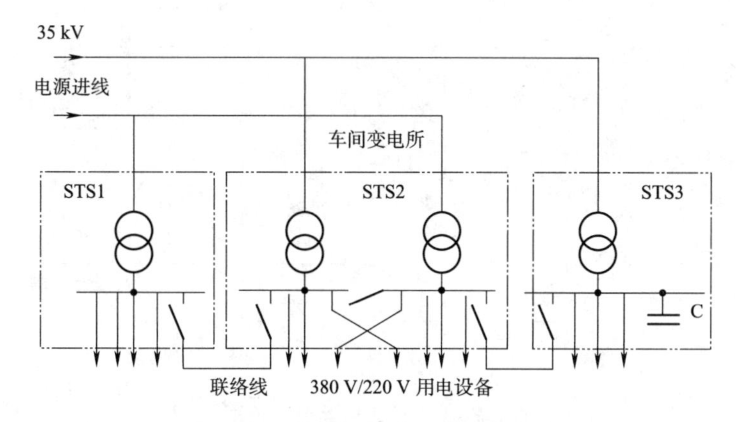

图 1.24　大型工厂直配式配电系统

有的 35 kV 进线的工厂，只经一次降压，即 35 kV 线路直接引入靠近负荷中心的车间变电所，经车间变电所的配电变压器直接降为低压用电设备所需的电压，如图 1.24 所示。这种供电方式，称为高压深入负荷中心的直配式。这种直配方式，可以省去一级中间变压，从而简化供电系统接线，节约了投资和有色金属，降低了电能损耗和电压损耗，提高了供电质量。然而这要求根据厂区的环境条件是否满足 35 kV 架空线路深入负荷中心的“安全走廊”要求而定，否则不易采用，以确保供电安全。

2. 中型工厂配电

一般中型工厂电源进线电压是 6 ~ 10 kV。电能先经高压配电所集中，再由高压配电线路将电能分送到各车间变电所，或高压配电线路供给高压用电设备。车间变电所内装设有电力变压器，将 6 ~ 10 kV 的高压降为低压用电设备所需的电压（380 V/220 V），然后由低压配电线路分送给各用电设备使用。

图 1.25 为某中型工厂配电系统图，可以看出，该厂的高压配电所有两条 6 ~ 10 kV 的电源进线，分别接在高压配电所两段母线上。这两段母线间装设有一个分段隔离开关，形成了“单母线分段制”。在任一电源进线发生故障或进行检修而被切除后，可以利用分段隔离开关来恢复对

整个配电所的供电,即分段隔离开关闭合后由另一条电源进线供给整个配电所。这类接线的配电所通常的运行方式是:分段隔离开关闭合,整个配电所由一条电源进线供电,其电源通常来自公共电网(电力系统),而另一条电源进线作为备用。通常由邻近的电源线路取得备用电源。图 1. 25 所示高压配电所有四条高压配电线,供给三个车间变电所,其中 1 号车间变电所和 3 号车间变电所都只装有一台配电变压器,而 2 号车间变电所装有两台,并分别由两段母线供电,其低压侧又采用单母线分段制,因此对重要低压用电设备可由两段母线交叉供电。此外,车间变电所的低压侧,设有低压联络线相互连接,以提高供电系统运行的可靠性和灵活性。此外,该高压配电所还有一条高压配电线,直接供电给一组高压电动机;另一条高压线,直接与一组并联电容器相连。3 号车间变电所低压母线上也连接有一组并联电容器。这些并联电容器都是用来补偿无功功率以提高功率因数用的。

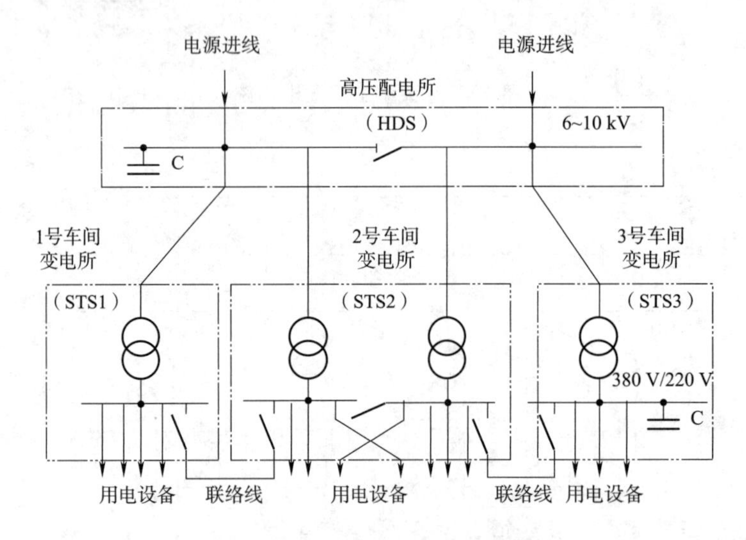

图 1. 25　中型工厂配电系统图

3. 小型工厂配电

对于小型工厂,由于所需容量不大于 1 000 kV · A 或稍多,因此通常只设 1 个或 2 个降压变电所,将 6 ~ 10 kV 电压降为用电设备所需的电压,如图 1. 26 所示。

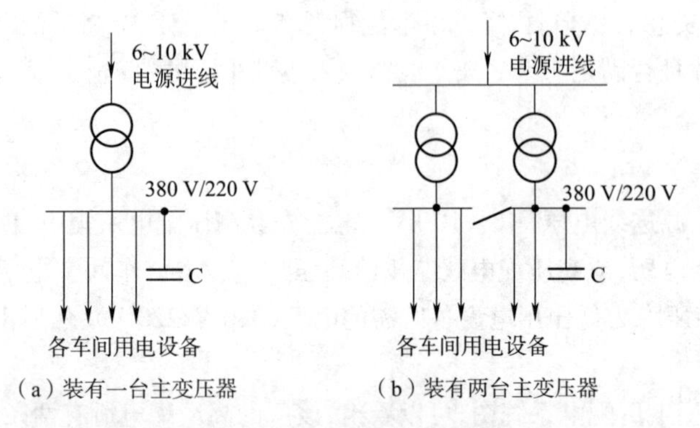

(a) 装有一台主变压器　(b) 装有两台主变压器

图 1. 26　小型工厂配电系统

如果工厂所需容量不大于160 kV·A时,一般采用低压电源进线,因此工厂只需设一个低压配电间,如图1.27所示。

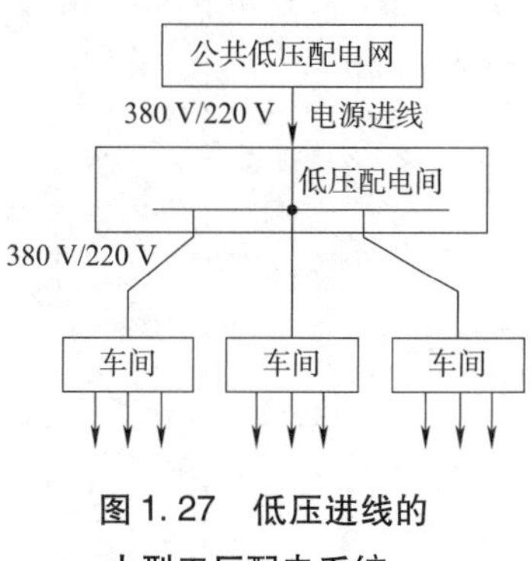

图1.27 低压进线的小型工厂配电系统

4. 工厂供电电压的选择

工厂供电电压主要取决于当地电网的供电电压等级,同时也要考虑工厂用电设备的电压、容量和供电距离等因素。由于在输送同样的功率和相同的输送距离条件下,线路电压越高,线路电流就越小,因而线路采用的导线或电缆截面可越小,从而可减少线路的初期投资和有色金属消耗量,且可减少线路的电能损耗和电压损耗。我国的《供电营业规则》规定:供电企业(电网)供电的额定电压,低压有单相220 V,三相380 V;高压有10 kV、35 kV、66 kV、110 kV、220 kV。其规定:除发电厂直配电压可采用3 kV或6 kV外,其他等级的电压都要过渡到上述额定电压。如果用户需要的电压等级不在上列范围时,应自行采用变压措施解决。用户需要的电压等级在110 kV及以上时,其受电装置应作为终端变电所设计,其方案需经省电网经营企业审批。

工厂采用的高压配电电压通常为10 kV。如果工厂拥有相当数量的6 kV用电设备,或者供电电源电压就是6 kV,则可考虑采用6 kV电压作为工厂的高压配电电压。对6 kV用电设备数量不多,则应选择10 kV作为工厂的高压配电电压,而6 kV高压设备则可通过专用的10/6.3 kV的变压器单独供电。

1.3.2 城市轨道交通配电系统概述

城市轨道交通是城市电网的用电大户,据粗略统计,一条常规的20 km的轨道交通一年的用电量大约在1亿kW·h,我们在准备轨道交通建设时,就要考虑轨道交通的供电,城市轨道交通供电系统如图1.28所示。

图1.28 城市轨道交通系统

1. 轨道交通配电系统组成

1)供电系统

城轨供电电源一般取自城市电网,通过城市电网一次电力系统和轨道交通供电系统实现输送或变换，最后以适当的电压等级一定的电流形式（直流或交流电）供给给各用电设备，如图 1.29 所示。

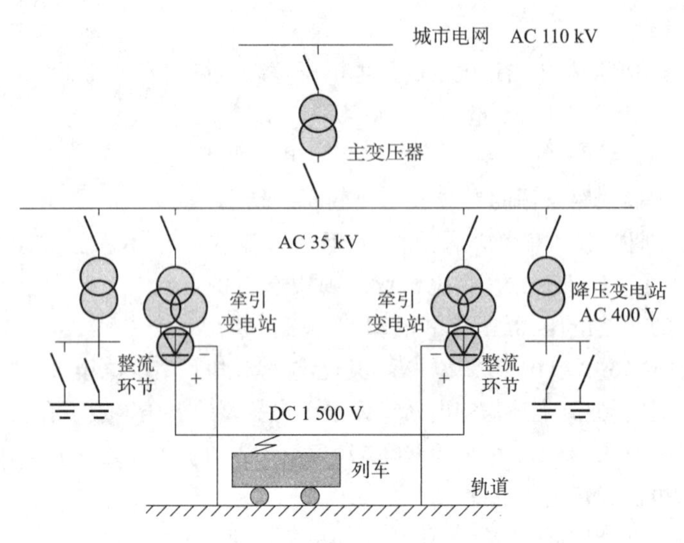

图 1.29 轨道交通供电系统示意图

2）通信系统

城市轨道交通的通信系统是传递语言、文字、数据、图像等多种信息的综合业务数字系统。通信系统是轨道交通运营指挥、企业管理、公共安全治理、服务乘客的网络平台，它是轨道交通正常运转的神经系统，为列车运行的快捷、安全、准点提供了基本保障。通信系统在正常情况下应保证列车安全高效运营、为乘客出行提供高质量的服务保证；在异常情况下能迅速转变为供防灾救援和事故处理的指挥通信系统。

3）信号系统

城市轨道交通的信号系统，如图 1.30 所示，是保证列车运行安全和提高线路通过能力的重要设施，通常由列车运行自动控制系统（ATC）和车辆段信号控制系统两大部分组成，用于列车进路控制、列车间隔控制、调度指挥、信息管理、设备工况监测及维护管理，由此构成一个高效综合自动化系统。

（a）信号灯

（b）信号系统

图 1.30 轨道交通信号系统

4)其他

轨道交通附属系统有自动售检票、暖通空调、屏蔽门、自动扶梯和电梯等车站设施和防火、灭火、给排水系统、综合监控系统,检票机、售票机如图 1.31 所示。

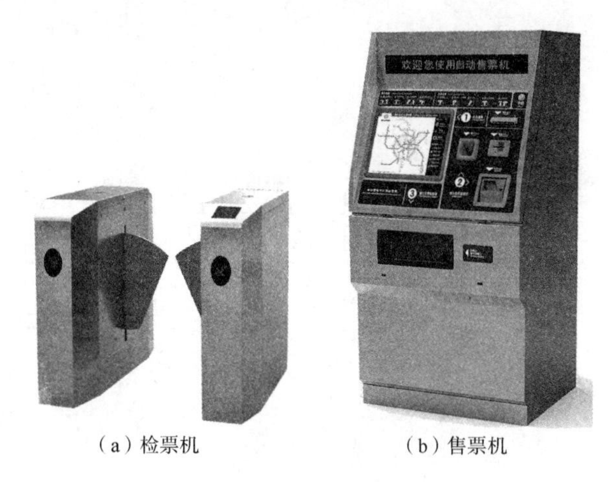

(a)检票机　　(b)售票机

图 1.31　轨道交通附属系统

2. 供电系统及其功能

城市轨道交通供电系统,是工程中重要的机电设备系统之一,是城市轨道交通运营的动力源泉,负责电能的供应和传输,为电动列车牵引供电和提供车站、区间、车辆段、控制中心等其他建筑物所需要的动力照明用电。它担负着为电动车辆和各种运营设备提供电能的重要任务,也是城市电网的用电大户。

1)轨道交通外部供电系统

轨道交通供电系统是从发电厂(站)经升压、高压输电网、区域变电站至主降压变电站部分,构成了轨道交通外部供电系统,如图 1.32 所示。

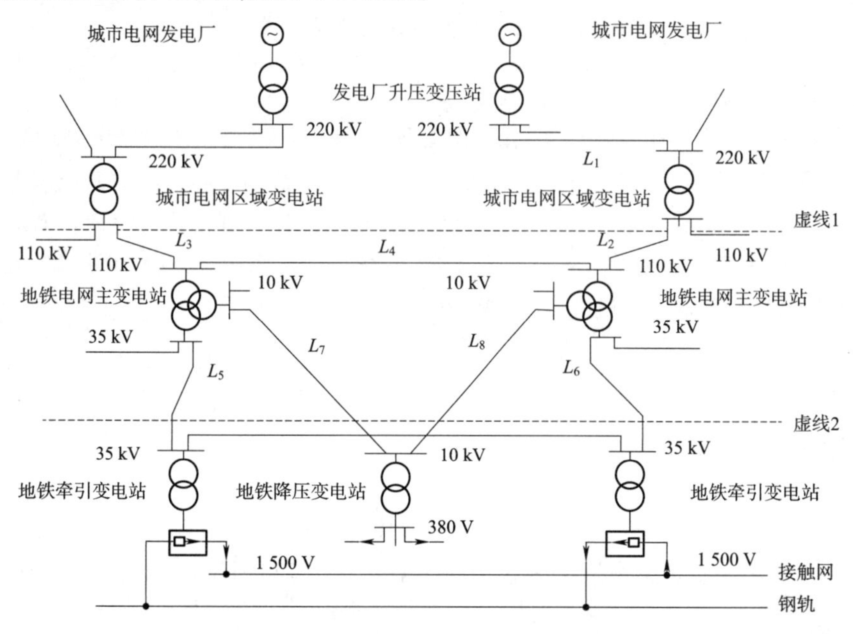

图 1.32　轨道交通外部供电系统

2)轨道交通牵引供电系统

牵引供电系统一般为主降压变电站及其以后部分,包括:直流牵引变电所、馈电线、接触网、走行轨及回流线等,如图 1.33 所示。

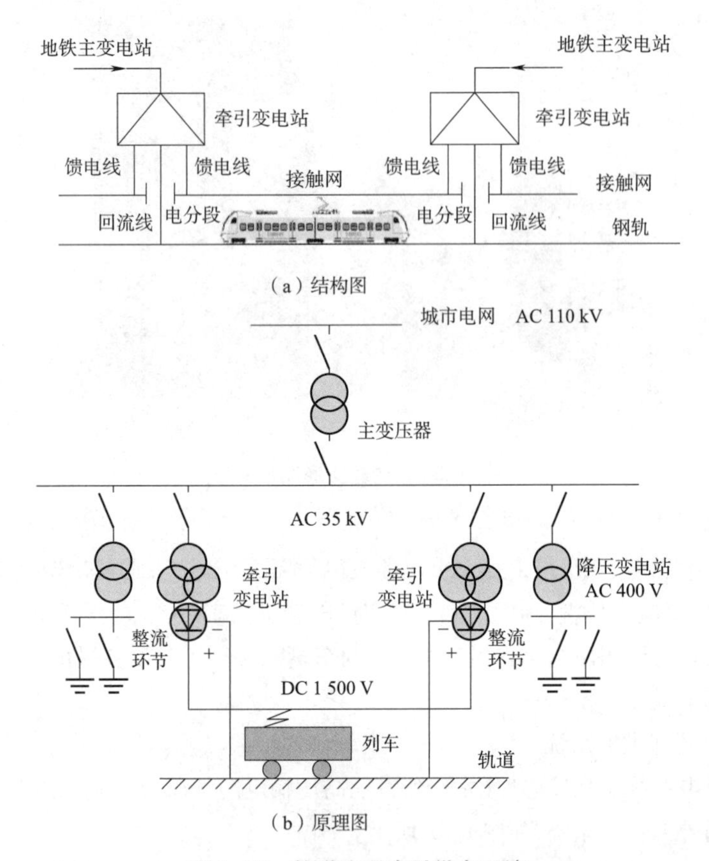

图 1.33 轨道交通牵引供电系统

3)为车站、区间各种运营设备提供电能

地铁车站一般分为站厅、站台、公共区、设备区,主要低压供电系统设备(包括低压开关柜、应急照明电源装置、低压配电箱)多数集中在设备区内。地铁车站和区间的低压供电系统设备均采用交流 380 V/220 V 电源供电,电源取自降压变电所及跟随式降压变电所。低压供电系统设备的正常运行决定了地铁的安全性、可靠性和舒适度。图 1.34(a)为供电系统结构图,图 1.34(b)为轨道交通低压侧供电系统实物图。

3. 供电系统的组成部分

供电系统包括主变电所/电源开闭所、中压供电网络、低压变电所、牵引网系统、电力监控系统、杂散电流防护系统及供电维修车间等。

1)主变电所/电源开闭所

110/35 kV 主变电所是将从城市电网引入的 110 kV 电源,经主变压器变换为中压 35 kV 电源。通过 35 kV 馈出回路,向轨道交通各牵引变电所、降压变电所供电,高压主变电所如图 1.35 所示。

35 kV 电源开闭所将从城市电网引入的 35 kV 电源进行再分配,通过 35 kV 馈出回路,向轨

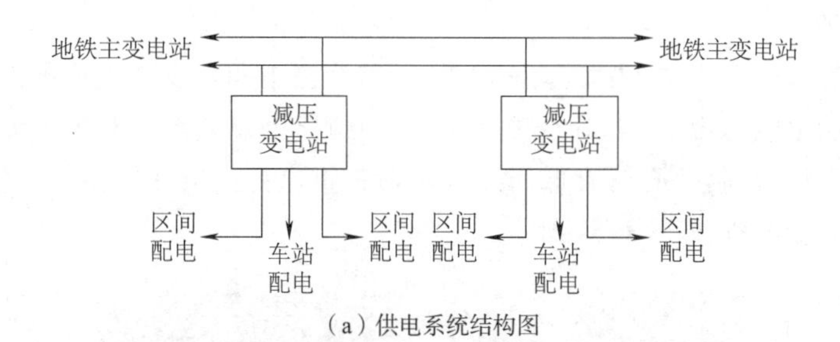

（a）供电系统结构图

（b）供电系统实物

图1.34　轨道交通低压侧供电系统

图1.35　高压主变电所

道交通牵引变电所、降压变电所供电。

2）中压供电网络

将主变电所/开闭所馈出的35 kV回路，通过中压电缆以分区环网供电方式，为每座牵引变电所、降压变电所提供两路电源，使每座牵引变电所、降压变电所都有可靠的电源保证。为了保证主变电所解列的故障情况下，相邻主变电所/电源开闭所能通过中压环网越区为解列主变电所/电源开闭所供电范围内的负荷救援供电，在主变电所/电源开闭所间的供电分区交界的变电所设置应急联络开关，在故障情况下通过应急联络开关进行应急支援供电。

3)低压变电所

牵引变电所引入两个独立的中压交流电源,并将交流电源转变为直流电能,承担着向电动列车提供直流牵引电能的功能。低压变电所将中压电能转换为低压 380 V/220 V 电能,向车站、区间、车辆段、停车场、控制中心所有低压用电负荷提供电源。按变压器装设位置和环境的不同,分为室内、室外变电所,如图 1.36 所示.

(a)室外

(b)室内

图 1.36　低压变电所

4)牵引网系统

牵引网由接触网(正极)和回流网(负极)构成。供电网由架空接触网及其附件、有关电气设备及电缆等组成。回流网由走行轨、有关电气设备及电缆等组成。牵引网系统是沿线路敷设专为电动车辆授给电能的系统,如图 1.37 所示。

(a)接触轨

(b)柔性架空接触网

(c)下部授流接触轨

(d)刚性架空接触网

图 1.37　牵引网系统

牵引网是沿轨道交通线路安装的向电力机车供电的特殊形式的输电线路,且属于无备用的供电设备。因而,科学合理、因地制宜地选择牵引网供电制式对保证城市轨道交通安全可靠运营及节能减排十分重要。牵引网按照悬挂方式的不同可以分为接触轨和架空接触网两种类型,在国内外的应用均非常广泛。每个城市采用何种制式,应根据城市和工程特点及充分的论证最终决定。

5)电力监控系统

电力监控系统是以计算机、通信设备、测控单元为基本工具,为变配电系统的实时数据采集、开关状态检测及远程控制提供了基础平台。它可以和检测、控制设备构成任意复杂的监控系统,在变配电监控中发挥核心作用,可实现对变电站全方位的控制和管理,满足变电站无人或少人值守的需求。电力监控系统可降低运作成本,提高生产效率,加快变配电过程中异常的反应速度,为变电站安全、稳定、经济运行提供坚实的保障。

电力监控系统主要包括系统硬件及实时历史数据库、工业自动化组态软件、电力自动化软件、"软"控制策略软件、通信网关服务器、OPC 产品、Web 门户工具等,可以广泛地应用于企业信息化、DCS 系统、PLC 系统、SCADA 系统。轨道交通电力监控系统可以对全线各个车站的电力设备进行全面、有效的自动化监控及管理,确保设备长期处于高效、节能、可靠的最佳运行状态,创造舒适的地下环境,并且确保能在紧急情况下及时协调车站设备的运行,充分发挥各种电力设备应有的作用,保证全线安全稳定运行。轨道交通电力监控系统如图 1.38 所示。

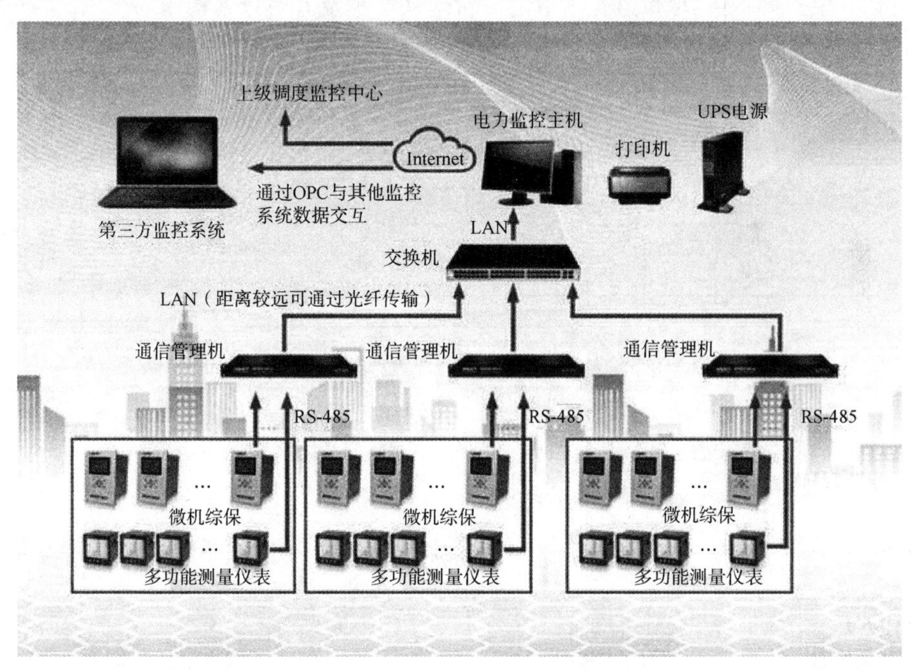

图 1.38　轨道交通电力监控系统

轨道交通电力监控系统集成于综合监控系统,中心级功能全部由综合监控系统实现。综合监控系统主要由控制中心综合监控、车站综合监控、车辆段/停车场综合监控、网络管理、培训管理、设备维护管理等组成,如图 1.39 所示。

6)杂散电流防护系统

如图 1.40 所示,杂散电流腐蚀防护系统的功能主要是减少因直流牵引供电引起的杂散电

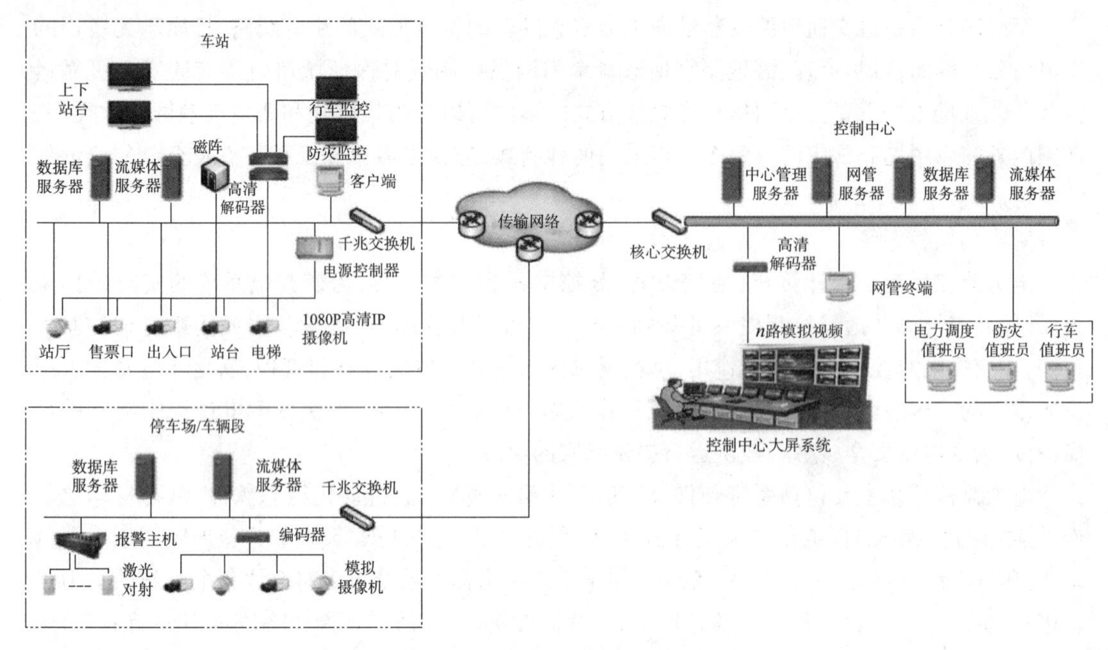

图 1.39　轨道交通综合监控系统

流数量并防止其对外扩散，尽量避免杂散电流对地铁本身及其附近结构钢筋、金属管线的电化学腐蚀，并对杂散电流进行监测。

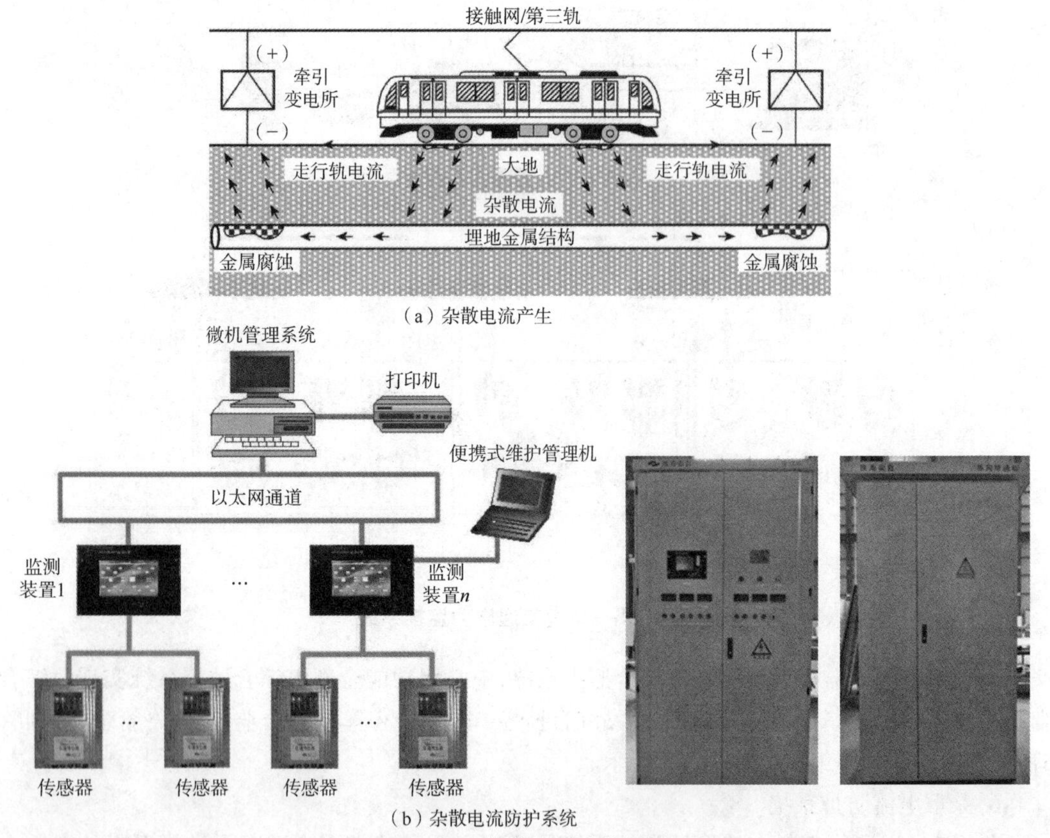

（a）杂散电流产生

（b）杂散电流防护系统

图 1.40　杂散电流防护系统

杂散电流防护系统主要包括杂散电流监测系统、排流柜、单向导通装置等设施；杂散电流监测系统主要由参考电极、智能传感器、杂散电流监测装置、微机管理系统、便携式测试装置等组成，对直流牵引供电列车运行时泄漏到道床及其周围土壤介质中的电流进行监测，适用于城轨交通中的地铁、轻轨及矿山等直流牵引供电轨道线路。

7）供电维修车间

如图1.41所示的供电维修车间的主要功能是负责供电系统设备的运行管理、检测、试验、维护检修、事故抢修、材料供应、设备的大修委外等工作，以保证地铁安全可靠和不间断的供电。

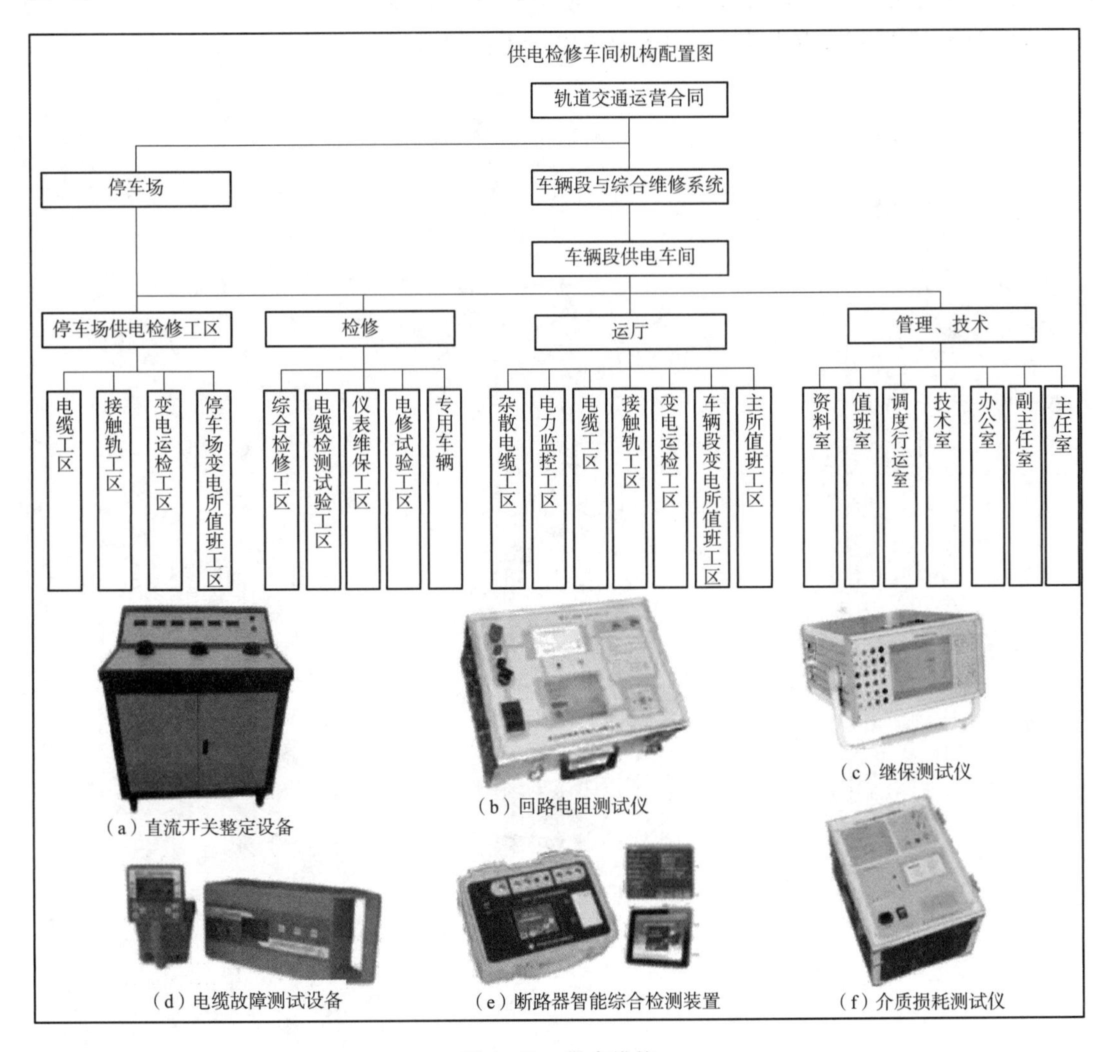

（a）直流开关整定设备　（b）回路电阻测试仪　（c）继保测试仪
（d）电缆故障测试设备　（e）断路器智能综合检测装置　（f）介质损耗测试仪

图1.41　供电维修

为了检修方便及在发生故障、事故后能迅速进行抢修，车辆段内设置供电维修车间，停车场设置供电检修工区。车间的组织机构尽量简化，根据实际需要可只设生产管理人员。

随着科技进步和社会的发展，轨道交通的供电技术也在不断发展和进步，系统呈现多样化的特点，对于各个系统的选择需根据城市特点和线路特点来选择。

习　题

(1)电能产生的方式有哪些,各有何特点?

(2)电力系统的构成要素及功能是什么?

(3)高压开关柜与低压开关柜的作用是什么,各有什么不同?

(4)开关柜的设计流程是什么?

(5)以轨道交通系统为例,叙述10 kV配电系统的设计过程。

(6)简述10 kV/3 150 A高压断路器的工作原理及设计过程。

第2章　自动生产线设计

自动生产线是在流水生产线的基础上发展起来的,它能进一步提高生产率和改善劳动条件。自动生产线是机电一体化系统的典型代表,是组织集约化大规模生产的工具。自动生产线是机械、传感、控制及信息的综合体,通过自动生产线,可以实现集约化大规模生产的要求。本章主要介绍自动生产线的分类及组成和自动生产线的设计流程及选型,并通过实际案例的形式,介绍了塑壳断路器自动检测生产线的设计过程。

2.1　了解自动生产线

2.1.1　自动生产线介绍

1769年,英国人乔赛亚·韦奇伍德开办埃特鲁利亚陶瓷工厂,在场内实行精细的劳动分工,他把原来由一个人从头到尾完成的制陶流程分成几十道专门工序,分别由专人完成。这样一来,原来意义上的"制陶工"就不复存在了,存在的只是原挖泥工、运泥工、扮土工、制坯工等制陶工匠变成了制陶工场的工人,他们必须按固定的工作节奏劳动,服从统一的劳动管理。根据上述资料可以明确看出韦奇伍德的这种工作方法已经完全可以定义为"流水线"。

流水线又称为装配线,一种工业上的生产方式,指每一个生产单位只专注处理某一个片段的工作,以提高工作效率及产量。按照流水线的输送方式可以分为:皮带流水装配线、板链线、倍速链、插件线、网带线、悬挂线及滚筒流水线这七类流水线。一般流水线由牵引件、承载构件、驱动装置、涨紧装置、改向装置和支承件等组成。流水线可扩展性高,可按需求设计输送量、输送速度、装配工位、辅助部件(包括快速接头、风扇、电灯、插座、工艺看板、置物台、24 V电源、风批等),因此广受企业欢迎;流水线是人和机器的有效组合,最充分体现设备的灵活性,它将输送系统、随行夹具和在线专机、检测设备有机组合,以满足多品种产品的输送要求。

自动生产线是在流水生产线的基础上发展起来的,它能进一步提高生产率和改善劳动条件,因此在轻工业生产中发展很快。按工艺路线排列的若干自动机械,用自动输送装置连成一个整体,并用控制系统按要求控制的、具有自动操纵产品的输送、加工、检测等综合能力的生产线称作自动生产线,简称自动线或生产线。如啤酒灌装自动线、纸板纸箱自动生产线、香皂自动成型包装生产线等。图2.1为某国内大型啤酒灌装生产线,制造企业引进德国技术生产的40 000瓶/小时啤酒灌装线,主要完成上料、灌装、封口、检测、打标、包装、码垛等几个生产过程,实现集约化大规模生产的要求。

在大批量生产条件下,由于产品结构稳定,产量大,一般都具有工步、工序自动化和流水作业的基础,这为采用高生产率的自动化生产线提供了有利的条件。因此,在机械制造、电子、轻工等行业使用了大量的类型各异的自动化生产线。

与流水线相比,自动化生产线的特点有:

图 2.1　啤酒灌装生产线

(1)产品或零件在各工位的工艺操作和辅助工作以及工位间的输送等均能自动进行,具有较高的自动化程度;

(2)具有固定节拍的自动线,生产节奏性更为严格,产品或零件在各加工位置的停留时间相等或成倍数,而且产品对象通常是固定不变的,或在较小范围内变化,改变品种时要花费许多时间进行设备的人工调整;

(3)随着控制技术的不断发展,自动化生产线的柔性越来越大,可适应多品种、中大批量生产的需求;

(4)全线具有统一的控制系统,普遍采用机电一体化技术;

(5)自动化生产线初始投资较多。

自动生产线的建立已为产品生产过程的连续化、高速化奠定了基础。当今出现的自动生产线,逐渐采用了系统论、信息论、控制论和智能论等现代工程基础科学,应用各种新技术来检测生产质量和控制生产工艺过程的各环节。今后不但要求有更多的不同产品和规格的生产自动线,并且还要实现产品生产过程的综合自动化,即向自动化生产车间和自动化生产工厂的方向发展。

2.1.2　自动生产线的分类及组成

1. 自动生成线的分类

1)按自动生产线总体布局形式分类

按自动生产线总体布局形式,可分为:直线型、曲线型、封闭(或半封闭)环(或矩框)型和树枝型(或称为分支式)。

(1)直线型。

将各种自动机加工设备及装置,按产品加工工艺要求,由传送装置将它们连接成一直线摆列的自动线,工件由自动线的一端上线,由另一端下线。这种排列形式的自动线称为直线型自动线,简称直线型。

根据自动机、传送装置、储存装置布置的关系,直线型又可分成同步顺序组合、非同步顺序组合、分段非同步顺序组合和顺序—平行组合自动线,如图 2.2 和图 2.3 所示。

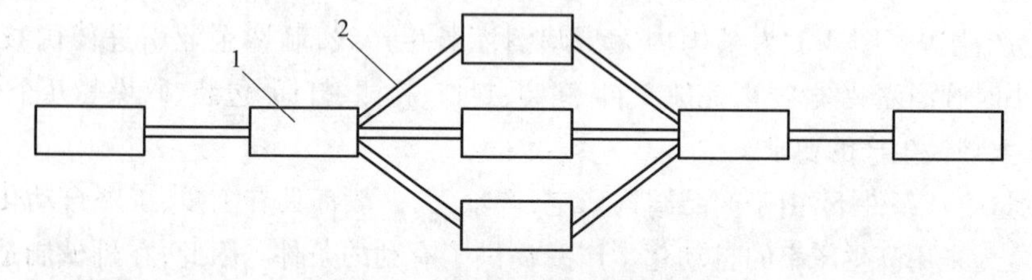

图 2.2　顺序-平行组合自动线

1—自动机;2—传送装置

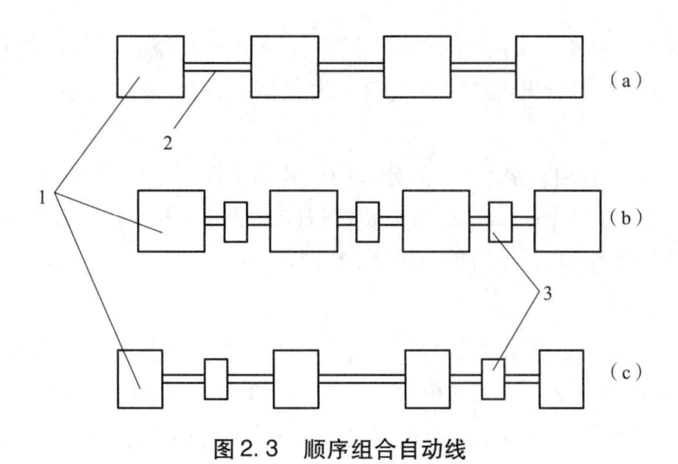

图2.3　顺序组合自动线

1—自动机;2—传送装置;3—储存装置

(2)曲线型。

工件沿曲折线(如蛇形、之字形、直线与弧线组合等)传送,其他与直线型相同。

(3)封闭(或半封闭)环(或矩)型。

工件沿环型或矩型线传送,如图2.4所示。

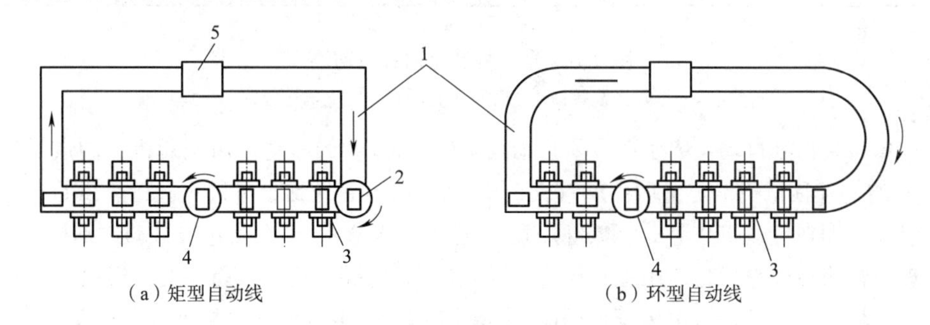

(a)矩型自动线　　(b)环型自动线

图2.4　封闭(或半封闭)环(或矩框)型自动线

1—输送装置;2、4—转向装置;3—自动机;5—随行夹具

(4)树枝型(或称为分支式)。

工件传送路线如同树枝,有主干和分支。

2)按自动线生产节拍特性分类

按自动线生产节拍特性可分为:刚性自动线(或称固定节拍自动线)和柔性自动线(或称非固定节拍自动线)。自动线完成一个工作循环所需要的时间称为自动线的生产节拍。

(1)刚性自动线(或称固定节拍自动线)。

刚性自动线如图2.3(a)所示,这种自动线中各自动机用运输系统和检测系统等联系起来,以一定的生产节拍进行工作。其缺点是当某一台自动机或个别机构发生故障时,将会引起整条线停止工作。

(2)柔性自动线(或称非同步自动线)。

柔性自动线如图2.3(b)所示,这种自动线中各自动机之间增设了储料器。当后一工序的自动机出现故障停机时,前一道工序的自动机可照样工作,半成品送到储料器中储存;如前一道工序的自动机因故障停机,则由储料器供给所需半成品,使后面的自动机能继续工作下去。可见,柔性自动线比刚性自动线有较高的生产率。但是,储料器的增加,不但使投资加大,多占用场地,同时也增加了储料器本身出现故障的机会。因此,应全面考虑各方面因素,合理选用和设置自动线种类。

如图2.3(c)所示,这种自动线中一部分自动机利用刚性(同步)联系,另一部分则采用柔性(非同步)联系,即把不容易出故障的相邻自动机按刚性联系,如灌装机与压盖机直接联系成灌装压盖机;而在故障率较高的自动机前后设置储料器。

2. 自动生产线实例

图2.5为立式框型返回式自动线,该自动线由上下两层组成,下层为加工段,上层为返回输送段。工件3由下层左端上线,由下输送装置2依次传至各个自动机4进行加工,到下层右端时,由提升机6将工件送到上层,由上输送装置5再将工件返回送给降落机1,降落机将工件送出生产线。

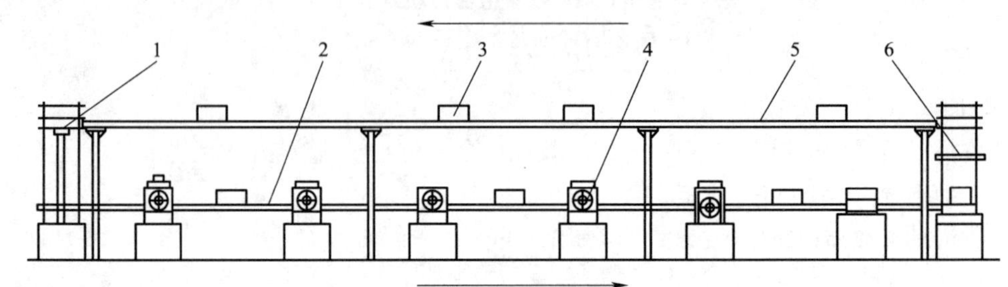

图2.5 立式框型返回式自动线

1—降落机;2—下输送装置;3—工件;4—自动机;5—上输送装置;6—提升机

图2.6为某物流自动包装生产线。自动线工作时,成卷的塑料带由制袋机2制成袋后送给填料机3,物料经称量机1定量后由填料机3装入袋中,然后送到封口机4进行热压封口变成实包。实包被顺倒在传送带9上,经重量检测器5进行二次测重,不合格包被自动选别机6送到支道上处理。合格包经整形机7压辊整形后,再经过金属物探测机8进行检测。通过这几项检测合格的包,经计数器计数后,由传送带送出,或者直接装车,或者由码垛机堆码放置。

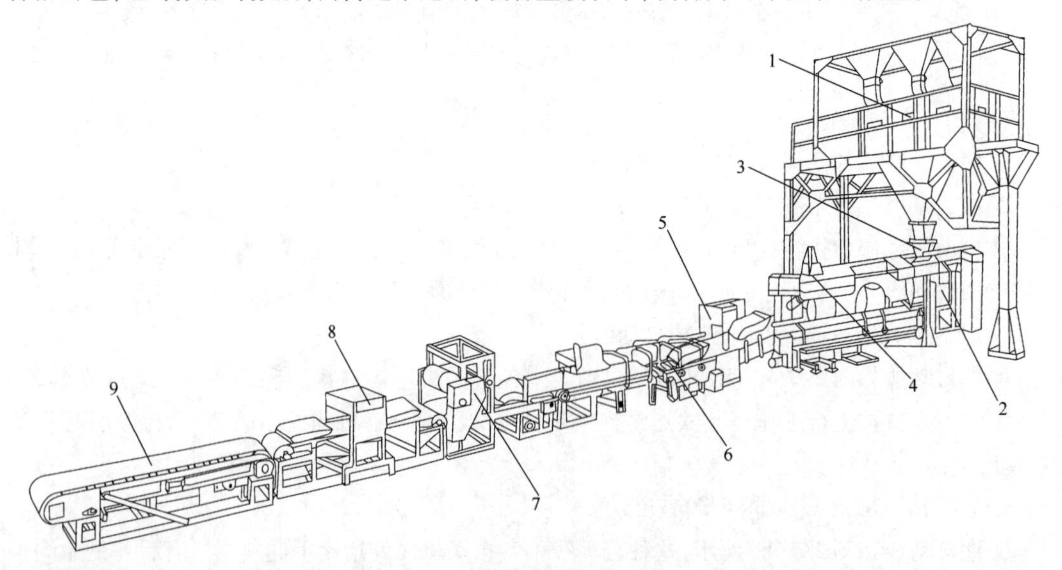

图2.6 包装自动线

1—称量机;2—制袋机;3—填料机;4—封口机;5—重量检测器;6—自动选别机;7—整形机;8—金属物探测机;9—传送带

3. 自动生产线的基本组成

自动生产线主要由基本设备、运输储存装置和控制系统三大部分组成,如图 2.7 所示。其中运输储存装置和控制系统是区别流水线和自动生产线的重要标志。

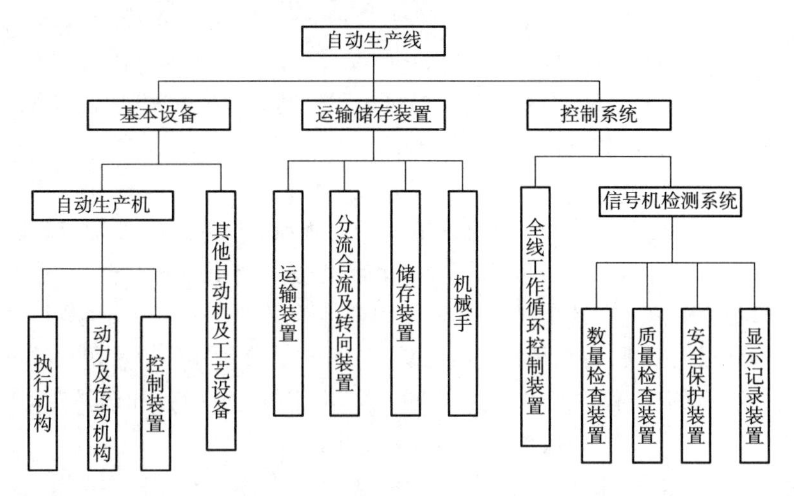

图 2.7　自动生产线的组成

(1)基本设备主要指自动生产机及其他自动机及工艺设备。其中,自动生产机是最基本的工艺设备,主要由三部分组成:执行机构、动力及传动机构和控制装置。

执行机构是实现自动化操作与辅助操作的系统。动力及传动机构给自动生产机提供动力源,并能将动力和运动传递给各个执行机构或辅助机构。控制装置的功能是控制自动生产机的各个部分,将运动分配给各执行机构,使它们按时间、顺序协调动作,由此实现自动生产机的工艺职能,完成自动化生产。

(2)运输储存装置是自动生产线上的必要辅助装置,主要包括输送装置、分流合流及转向装置、储存装置和机械手四大部分。

(3)控制系统由两部分组成:全线工作循环控制装置和信号及检查系统。其中,全线工作循环控制装置根据确定的工作循环来控制自动生产机及运输储存装置工作。信号及检测系统主要由数量检测、质量检查、安全保护及显示记录四部分组成,实现信号采集、检测及其他辅助控制功能。

自动生产线对控制系统的要求如下:

(1)满足自动生产线工作循环要求并尽可能简单。

(2)控制系统的构件要可靠耐用,安装正确,调整、维修方便。

(3)线路布置合理、安全,不能影响自动生产线整体效果和工作状态。

(4)应在关键部位,对关键工艺参数(如压力、时间、行程等)设置检测装置,以便当发生偶然事故时,及时发信、报警、局部或全部停车。

通常,在自动生产线的终端,由人驾驶运输工具(如铲车)将生产成品运往仓库或集装箱运输车上,个别的也可设置移动式堆码机来完成最后工序。

自动生产线各个单元的执行机构基本上以气动执行机构为主,但输送单元的机械手装置整体运动则采取步进电动机驱动、精密定位的位置控制,该驱动系统具有长行程、多定位点的特点,是一个典型的一维位置控制系统。分拣单元的传送带驱动则采用了通用变频器驱动三相异

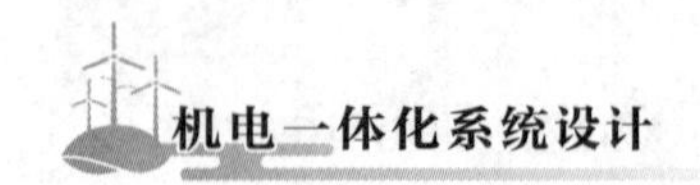

步电动机的交流传动装置。位置控制和变频器技术是现代工业企业应用最为广泛的电气控制技术。自动生产线中应用了多种类型的传感器,分别用于判断物体的运动位置、物体通过的状态、物体的颜色及材质等。

4. 自动生产线的主要技术

自动生产线所涉及的技术领域是广泛的,它的发展与许多技术相互渗透。自动化生产线所涉及的专业核心技术主要包括:机械传动技术、可编程控制应用技术、气动技术、传感技术、机器人技术、伺服技术、变频技术和自动化软件技术等。

1)机械传动技术

自动化生产线常用的机械传动部件有螺旋传动轮传动、同步带、高速带传动以及各种非线性传动部件等,其主要功能是传递转矩和转速。因此,它实质上是一种转矩、转速变换器。其目的是使执行元件与负载之间在转矩、转速方面得到最佳匹配。自动生产线机械传动部件对伺服系统的伺服特性有很大影响,特别是其传动类型、传动方式、传动刚性以及传动的可靠性对机电一体化系统的精度、稳定性和快速响应性有重大影响。因此,应设计和选择传动间隙小、精度高、体积小、重量轻、运动平稳、传递转矩大的传动部件。

2)可编程控制器应用技术

可编程控制器是一种以顺序控制为主,网络控制为辅的控制器。它不仅可以实现逻辑计算、记忆的功能,还能大规模控制开关量。

可编程控制器(Programmable Logic Controller,PLC)采用一类可编程的存储器,用于其内部存储程序,执行逻辑运算、顺序控制、定时、计数与算术操作等面向用户的指令,并通过数字或模拟式输入/输出控制各种类型的机械或生产过程。

PLC 以其高抗干扰能力、高可靠性、高性价比且编程简单而广泛应用于自动生产线设备中,担负着生产线的大脑——微处理单元的角色,为完成自动线顺序控制功能的首选控制器,并不断完善以适应自动线上的过程控制、数据处理、网络通信等更高的控制要求。图 2.8 为西门子 S7-200MART 系列 PLC。

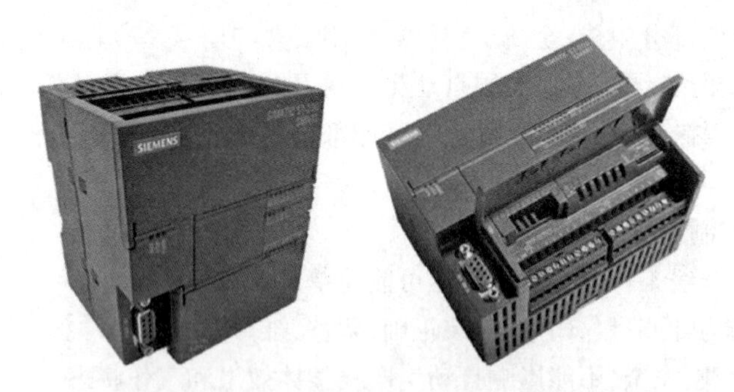

图 2.8　西门子 S7-200SMART 系列 PLC

PLC 选型根据输入输出(I/O)点数来确定。首先分配 I/O 点:然后画出 PLC 与输入输出设备的连接图,设计控制柜和操作台的电气布置图与安装接线图;接着进行程序设计,程序包括控制程序、初始化程序、检测故障维修程序、状态显示程序、保护和自锁程序;最后进行联机调试。

自动生产线控制器是由程序计数器、指令寄存器、指令译码器、时序产生器和操作控制器组成的,它是发布命令的"决策机构",即完成协调和指挥整个计算机系统的操作。

3）气动技术

气压传动的动力介质来自于自然界取之不尽的空气，环境污染小，工程实现容易，所以气压传动是一种易于推广普及的实现工业自动化的应用技术。

气动系统结构如图2.9所示，采用空气作为介质，具有传动反应快的特点，且气动元件制作容易，成本小。气动元件有气源、电磁阀、气缸等。气源处理元件有空气过滤器、减压阀、油雾器，组装在一起称为三联件（FRL）。电磁阀能改变气体流动方向和通断。电磁阀的几位是指阀的工作位置，用图形符号中的方框数目表示；几通看外部接口数有几个；单控或双控主要看无电控信号时阀芯的位置是否复位。若复位是单控电磁阀，反之是双控。气缸分为单作用气缸、双作用气缸。气缸根据用途分为活塞式气缸、回转气缸、薄型导向型气缸等等。

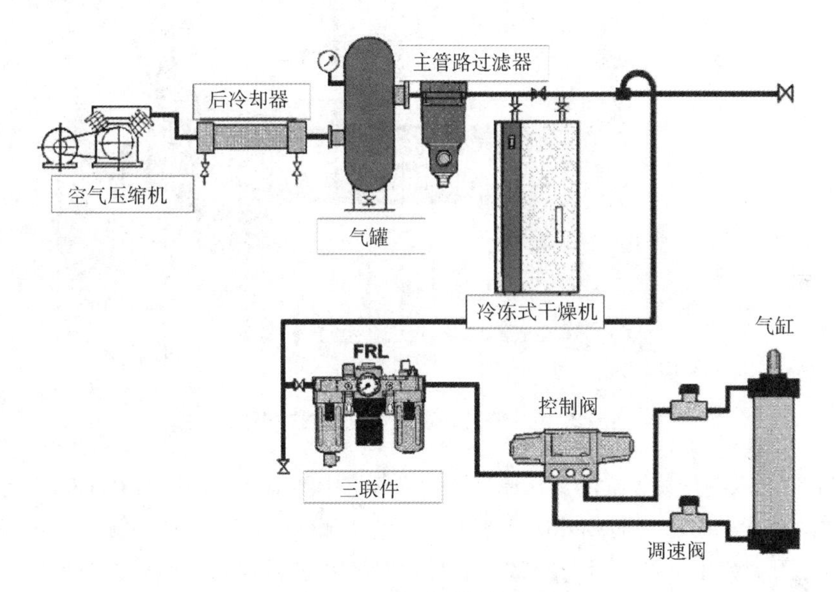

图2.9　气动系统结构

4）传感技术

传感技术随着材料科学的发展，形成了一个新的科学领域，在自动生产线中监视各种复杂的自动控制程序，起到自动线的触觉作用，是实现自动检测和自动控制的首要环节。

传感器是实现自动检测和自动控制的主要部件。在自动机械的许多位置都需要对工件的有无、工件的类别、执行机构的位置与状态等进行检测确认，这些检测确认信号都是控制系统向相关的执行机构发出操作指令的条件，当传感器确认上述条件不具备时，机构就不会进行下一步的动作。需要采用传感器的场合如下：

①气缸活塞位置的确认；

②工件暂存位置确认是否存在工件；

③机械手抓取机构上工件的确认；

④装配位置定位夹具内工件的确认。

在现代工业生产尤其是自动化生产过程中，要用各种传感器来监视和控制生产过程中的各个参数，使设备工作在正常状态或最佳状态，并使产品达到最好的质量。传感器是一种检测装置，能感受到被测量的信息，并能将感受到的信息，按一定规律变换成为电信号或其他所需形式的信息输出，以满足信息的传输、处理、存储、显示、记录和控制等要求。自动生产线中常用的几种传感器如下。

(1)接近传感器。

①磁性开关。

在气动系统中，常用磁性开关来检测气缸活塞位置，即检测活塞的运动行程。只是这些气缸的缸筒要求采用导磁性弱、隔磁性强的材料，如硬铝、不锈钢等。在非磁性体的活塞上安装一个永久磁铁的磁环，这样就提供了一个反映气缸活塞位置的磁场，在气缸外侧某一位置安装上磁性开关，则可用来检测气缸活塞是否在该位置上，从而实现活塞运动行程的检测。图 2.10 给出两个安装在直线气缸上磁性开关。

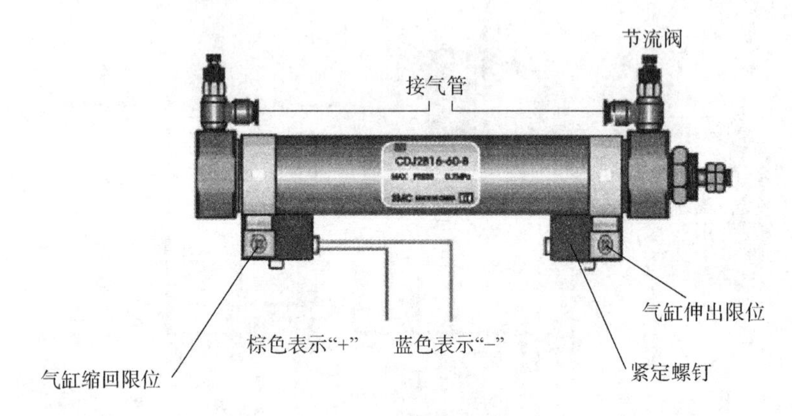

图 2.10　安装在直线气缸上磁性开关

图 2.11 为带磁性开关气缸的工作原理图。当气缸中随活塞 5 移动的磁环 6 靠近开关时，舌簧开关 8 的两根簧片被磁化而相互吸引，触点闭合；当磁环移开开关后，簧片失磁，触点断开。触点闭合或断开时发出电控信号，在 PLC 的自动控制中，可以利用该信号判断推料及顶料缸的运动状态或所处的位置，以确定工件是否被推出或气缸是否返回。

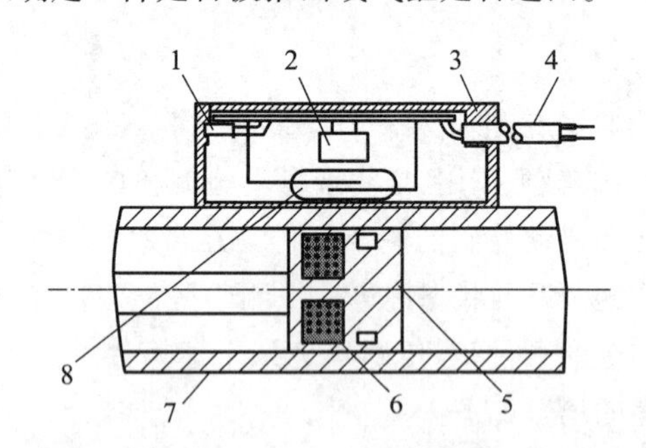

图 2.11　带磁性开关气缸的工作原理图

1—动作指示灯；2—保护电路；3—开关外壳；4—导线；5—活塞；
6—磁环（永久磁铁）；7—缸筒；8—舌簧开关

在磁性开关上设置的 LED 显示用于显示其信号状态，供调试时使用。磁性开关动作时，输出信号"1"，LED 亮；磁性开关不动作时，输出信号"0"，LED 不亮。磁性开关的安装位置可以调整，调整方法是松开它的紧定螺钉，让磁性开关顺着气缸滑动，到达指定位置后，再旋紧紧定螺钉。

磁性开关有蓝色和棕色2根引出线，使用时蓝色引出线应连接到PLC输入公共端，棕色引出线应连接到PLC输入端。磁性开关的内部电路如图2.12(a)中虚线框内所示，电气符号图如图2.12(b)所示。

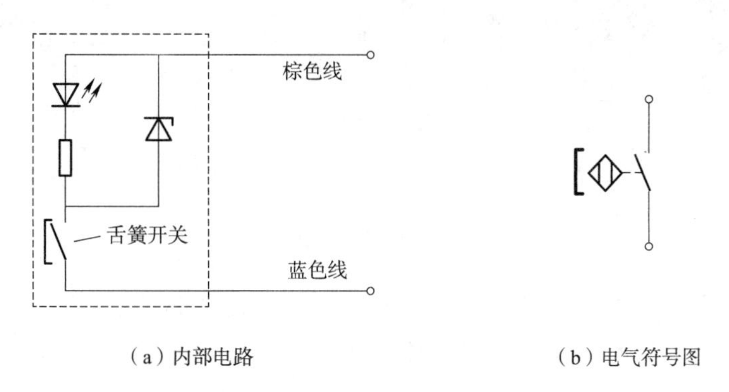

(a)内部电路　　(b)电气符号图

图2.12　磁性开关内部电路及电气符号图

②电容式接近开关。

电容式接近传感器是一个以电极为检测端的静电电容式接近开关，它由高频振荡电路、和具有检波、放大、整形及输出开关量等功能的调理电路组成。检测电极与大地之间存在一定的电容量，它成为振荡电路的一个组成部分。当被检测物体接近检测电极时，检测电极电容 C 发生变化，使振荡电路停止振荡。振荡电路的振荡与停振这两种状态被调理电路转换为开关信号后向外输出。电容式接近传感器工作原理框图以及电气符号图如图2.13所示。

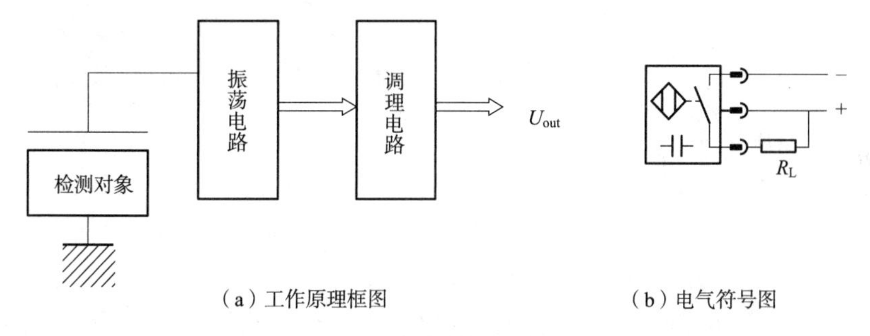

(a)工作原理框图　　(b)电气符号图

图2.13　电容式接近传感器

电容式接近开关理论上可以检测任何物体，即既能检测金属物体，也能检测非金属物体。但当检测过高介电常数物体时，检测距离要明显减小，这时即使增加灵敏度也起不到效果；此外，电容式接近开关受环境影响较大，使用时应注意抗干扰措施。

③电感式接近开关。

电感式接近开关是利用电涡流效应制造的传感器。电涡流效应是指当金属物体处于一个交变的磁场中，在金属内部会产生交变的电涡流，该涡流又会反作用于产生它的磁场的一种物理效应。如果这个交变的磁场是由一个电感线圈产生的，则这个电感线圈中的电流就会发生变化，用于平衡涡流产生的磁场。利用这一原理，以高频振荡器(LC振荡器)中的电感线圈作为检测元件，当被测金属物体接近电感线圈时产生了涡流效应，引起振荡器振幅或频率的变化，由传感器的信号调理电路(包括检波、放大、整形、输出等电路)将该变化转换成开关量输出，从而达到检测目的。电感式接近传感器工作原理框图及电气符号图如图2.14所示。

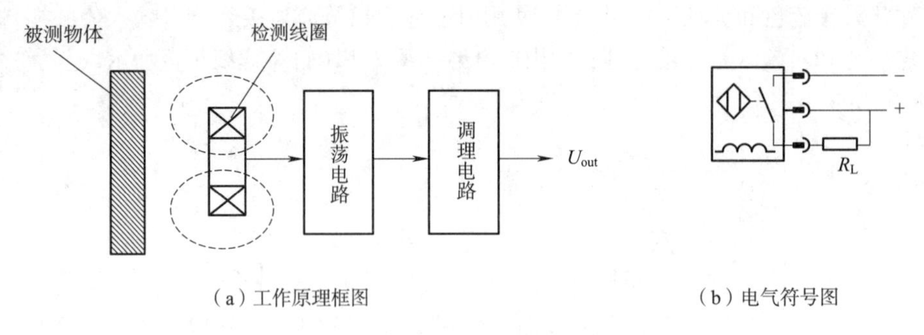

（a）工作原理框图　　（b）电气符号图

图 2.14　电感式接近传感器

在接近开关的选用和安装中,必须认真考虑检测距离和设定距离,保证生产线上的传感器可靠动作。安装距离注意说明如图 2.15 所示。

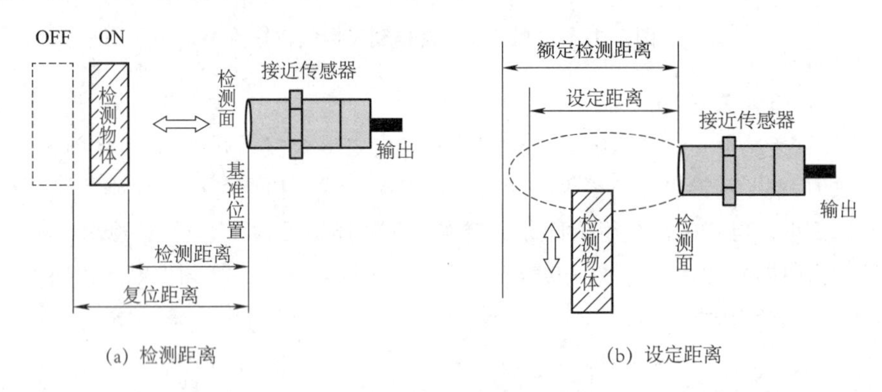

(a) 检测距离　　(b) 设定距离

图 2.15　安装距离注意说明

④光电式接近开关。

光电式接近传感器是利用光电效应做成的,用以检测物体的有无和表面状态的变化等的传感器。其中,输出形式为开关量的传感器为光电式接近开关(简称光电开关)。

光电式接近开关主要由光发射器和光接收器构成。如果光发射器发射的光线因检测物体不同而被遮掩或反射,到达光接收器的量将会发生变化。光接收器的敏感元件将检测出这种变化,并转换为电气信号,进行输出。大多数光电开关都是采用波长接近可见光的红外线光波,按照接收器接收光的方式的不同,光电式接近开关可分为对射式、漫射式和反射式三种,如图 2.16 所示。

漫射式光电开关是利用光照射到被测物体上后反射回来的光线而工作的,由于物体反射的光线为漫射光,故称为漫射式光电接近开关。它的光发射器与光接收器处于同一侧位置,且为一体化结构。在工作时,光发射器始终发射检测光,若接近开关前方一定距离内没有物体,则没有光被反射到接收器,接近开关处于常态而不动作;反之若接近开关的前方一定距离内出现物体,只要反射回来的光强度足够,则接收器接收到足够的漫射光就会使接近开关动作而改变输出的状态。图 2.16(b)为漫射式光电接近开关的工作原理示意图。常见的漫射式光电接近开关有圆柱形和方形,如图 2.17 所示。

⑤光纤式接近开关。

光纤式接近开关由光纤单元和放大器两部分组成。其工作原理示意图如图 2.18 所示。投光器和受光器均在放大器内，投光器发出的光线通过一条光纤内部从端面（光纤头）以约 60°的角度扩散，照射到检测物体上；同样，反射回来的光线通过另一条光纤的内部回送到受光器。

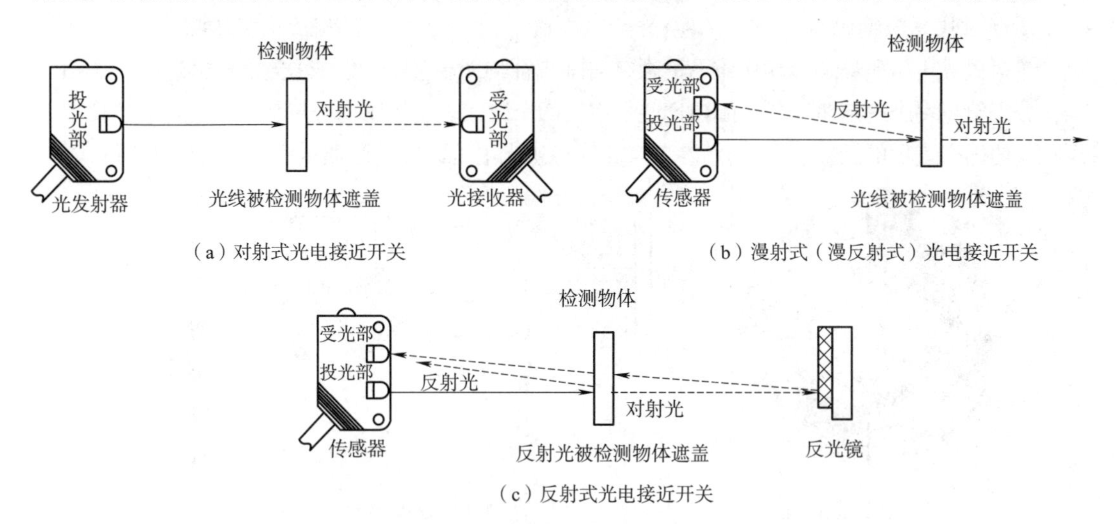

图 2.16　光电式接近开关工作原理示意图

图 2.17　漫射式光电接近开关

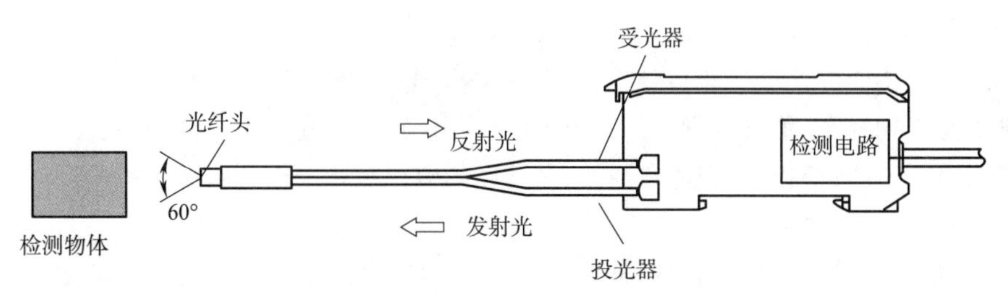

图 2.18　光纤传感器工作原理示意图

光纤式光电接近开关的放大器的灵敏度调节范围较大。当光纤传感器灵敏度调得较小时，对反射性较差的黑色物体光电探测器无法接收到反射信号；而反射性较好的白色物体，光电探测器就可以接收到反射信号。反之，若调高光纤传感器灵敏度，则即使对反射性较差的黑色物体，光电探测器也可以接收到反射信号。

光纤传感器由于检测部（光纤头）中完全没有电气部分，抗干扰等耐环境性良好，并且具有光纤头可安装在很小空间的地方，传输距离远，使用寿命长等优点。

(2)旋转编码器。

旋转编码器是通过光电转换，将输出至轴上的机械或几何位移量转换成脉冲或数字信号的传感器,主要用于速度或位置(角度)的检测。一般来说,根据旋转编码器产生脉冲的方式的不同,可以分为增量式、绝对式以及复合式三大类,这里只介绍常用的绝对式和增量式两种类型。

①绝对式光电编码器。

绝对式光电编码器通过输出唯一的数字码来表征绝对位置、角度或转数信息。这唯一的数字码被分配给每一个确定角度。一圈内这些数字码的个数代表了单圈的分辨率。因为绝对的位置是用唯一的码来表示的,所以无需初始参考点。绝对式光电编码器的原理示意图如图 2. 19 所示。

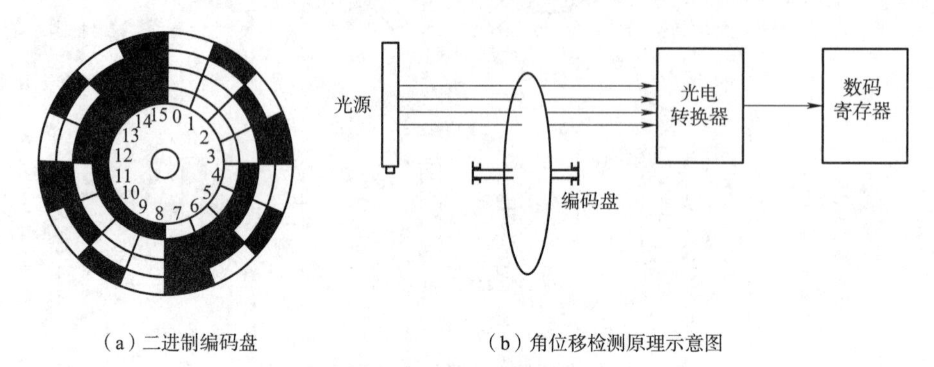

(a)二进制编码盘　　(b)角位移检测原理示意图

图 2. 19　绝对式光电编码器的原理示意图

图 2. 19(a)是一个二进制编码的绝对式光电编码盘,圆盘分为 2^n 等分(图中为 16 等分);并沿径向分成 n 圈,各圈对应着编码的位数,称为码道。如图 2. 19(a)所示的编码盘是一个 4 位二进制编码盘,其中透明(白色)的部分为“0”,不透明(黑色)的部分为“1”。由不同的黑、白区域的排列组合即构成与角位移位置相对应的数码,如“0000”对应“0”号位,“0011”对应“3”号位等。码盘的材料大多为玻璃,也有用金属与塑料的。

应用编码盘进行角位移检测的原理示意图如图 2. 19(b)所示,对应码盘每一码道,有一个光电检测元件(图中为 4 码道光电编码盘)。当编码盘处于不同角度时由透明和不透明区域组成的数码信号,由光电元件的受光与否,转换成电信号送往数码寄存器,由数码寄存器即可获得角位移的位置数值。

光电编码盘检测的优点是非接触检测,允许高转速,精度也较高,单个码盘可做到 18 个码道。其缺点是结构复杂、价格较贵、安装较困难。但由于光电编码盘允许高转速,高精度,且输出为数字量,便于计算机控制,因此在高速、高精度的数控机床中得到广泛应用。

②增量式光电编码器。

增量式旋转编码器通过输出电脉冲来表征位置和角度信息。一圈内的脉冲数代表了分辨率。位置的确定则是依靠累加相对某一参考位置的输出脉冲数得到的。当初始上电时,需要找一个相对零位来确定绝对的位置信息。

增量式光电编码器的结构是由光栅盘和光电检测装置组成,如图 2. 20 所示。光栅盘是在一定直径的圆板上等分地开通若干个长方形狭缝。由于光电码盘与电动机同轴,电动机旋转时,光栅盘与电动机同速旋转,经发光二极管等电子元件组成的检测装置检测输出若干脉冲信号,其原理示意图如图 2. 21 所示;因此,根据脉冲信号数量,便可推知转轴转动的角位移数值。

为了提供旋转方向的信息,增量式编码器通常利用光电转换原理输出三组方波脉冲 A 相、B 相和 Z 相,如图 2. 22 所示。A 相、B 相两组脉冲相位差 90°。当 A 相脉冲超前 B 相时为正转方向,而当 B 相脉冲超前 A 相时则为反转方向。Z 相为每转一个脉冲,用于基准点定位。

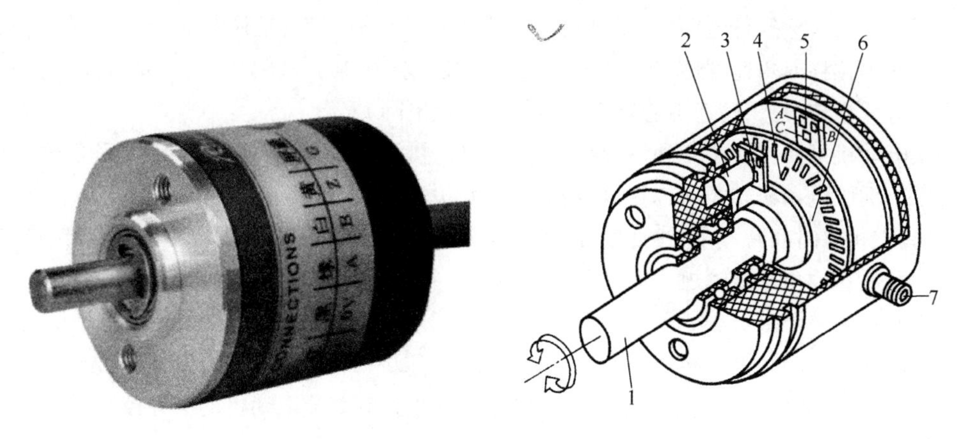

图 2.20　增量式光电编码器及结构示意图

1—转轴;2—LED;3—光栅盘;4—零标志位光槽;5—光敏元件;6—码盘;7—电源及信号连接座

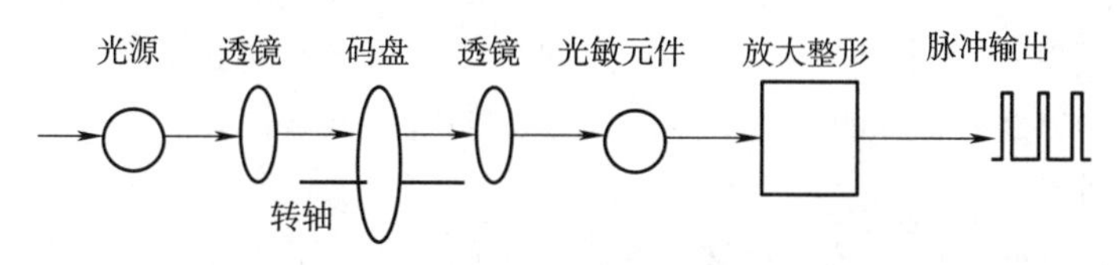

图 2.21　增量式光电编码器原理示意图

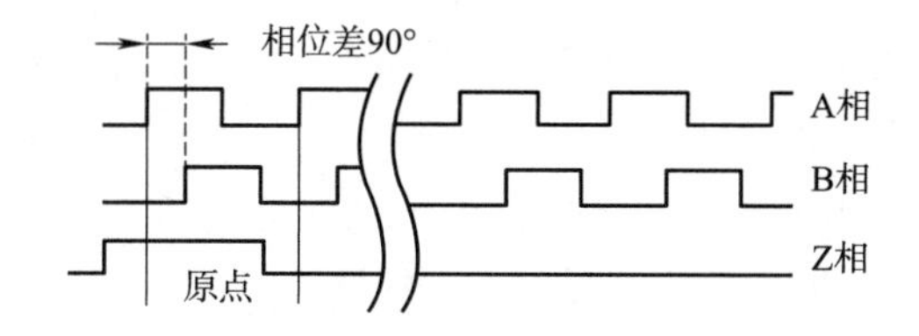

图 2.22　增量式编码器输出的三组方波脉冲

5)电动机驱动技术

自动生产线中常用的电动机有:直流电动机、三相异步电动机、步进电动机和伺服电动机。

直流电动机的优点主要有:良好的调速性能和较大的气动转矩和过载能力等。其在生产机械方面应用广泛,如大型轧钢设备、大型精密机床、矿井卷扬机和电缆设备等方面。

三相异步电动机的优点在于良好的工作性能和较高的性价比。三相异步电动机的调速方法有变频调速、变极调速和改变转速差率调速。其中,变频调速由于调速性能优越、能平滑调速、调速范围广及效率高等诸多优点,随着变频器性价比的提高和应用的推广,越来越成为最有效的调速方式。

常用的步进电动机分为:永磁式、反应式和混合式。步进电动机的运行特性不仅与步进电动机本身和负载有关,而且与配套使用的驱动装置有着十分密切的关系。现在使用的绝大部分部件采用硬件环形脉冲分配器,与功率放大器集成在一起,共同构成步进电动机的驱动装置,可实现脉冲分配和功率放大两个功能。步进电动机驱动装置上还设置有多种功能选择开关,用于实现具体工程应用项目中驱动器步距角的细分选择和驱动电流大小的设置。

伺服电动机又称执行电动机，在自动生产线中用做执行元件，把所收到的电信号转换成电动机轴上的角位移或角速度输出。其分为直流和交流伺服电动机两大类，主要特点是，当信号电压为零时无自转现象，转速随着转矩的增加而匀速下降。

伺服电动机可使控制速度和位置精度非常准确，可以将电压信号转化为转矩和转速以驱动控制对象。伺服电动机转子转速受输入信号控制，并能快速反应，在自动控制系统中，用作执行元件，且具有机电时间常数小、线性度高、始动电压低等特性，可把所收到的电信号转换成电动机轴上的角位移或角速度输出。

6）变频技术

变频器起着自动线上交换器的作用。变频器（Variable-Frequency Drive，VFD）是应用变频技术与微电子技术，通过改变电动机工作电源频率方式来控制交流电动机的电力控制设备。

变频器主要由整流（交流变直流）、滤波、逆变（直流变交流）、制动单元、驱动单元、检测单元、微处理单元等组成。

变频器靠内部绝缘栅双极型晶体管（Insulate Gate Bipolar Transistor，IGBT）的开断来调整输出电源的电压和频率，根据电动机的实际需要来提供其所需要的电源电压，进而达到节能、调速的目的，另外，变频器还有很多的保护功能，如过流、过压、过载保护等。

7）自动化软件技术

自动化软件（Automation Software）被称为自动线的心脏。由于工业控制系统的管控一体化趋势，使得工业控制系统与传统IT管理系统以及互联网相连通，内部也越来越多地采用了通用软件、通用硬件和通用协议。比较常见的是SCADA自动化软件。

SCADA自动化系统（Supervisory Control and Data Acquisition），就是我们所说的数据采集与监控系统。它主要是受计算机技术的支撑，对各种生产过程进行调度自动化控制的系统。SCADA自动化软件，可以在无人看管的情况下，自动化地对生产进行长时间的精准监控，并且从中获取有效的信息数据，为监管的管理者提供有力的评价参考。

2.2 自动生产线的设计流程

2.2.1 常见自动生产线的设计流程

自动生产线是现代工业的趋势，但是自动生产线不仅仅是把几台机器连在一起。没有合理的自动生产线设计，再先进的机械臂凑在一起，也达不到预想的事半功倍的效果。由于自动化生产线包括各种各样的自动化专机和机器人，所以自动化生产线的设计制造过程比较复杂。

合理的自动生产线设计是自动化生产线能够成功运行的前提，而自动生产线也离不开各类数据的传递，如何通过有效的设计，将感应到的数据进行有效的关联，整个生产节奏就会变得混乱，错误百出。自动生产线设计的一般流程，如图2.23所示。

目前从事自动化装备行业的相关企业通常是按以下步骤进行的。

1. 熟知产品的生产工艺

熟知产品生产工艺才能更好的依据产品的特点和特殊性来设计生产线，同时生产工艺也是一个产品装配过程的完整体现，通常生产工艺会对产品生产过程中的每一步进行详细要求、说明，并规定相应的合格标准。因此熟知产品的生产工艺是设计前必做的准备。生产工艺多以工艺指导书的形式体现。

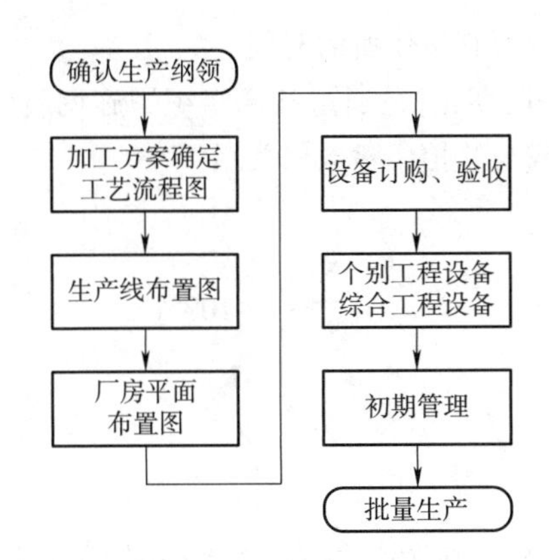

图 2.23　生产线设计的一般流程

2. 自动生产线节拍分析

自动生产线是由自动化机器体系实现产品工艺过程的一种生产组织形式，所有的机器设备都按照统一的节拍运转，生产过程是高度连续的。自动生产线的产品生产节拍决定着自动生产线所产生的产品的质量。自动生产线的生产效率主要指的是自动化生产线在单位时间内所生产出半成品所需要的时间，其是评价一个自动生产线是否合格的重要指标之一，在自动生产线的设计过程中需要对各个工位进行节拍分析并整合小节拍工位对自动化生产线中的瓶颈工位予以消除减少自动生产线设计中的冗余工序环节，提高生产效率。

自动生产线中的生产节拍主要由工艺操作时间和辅助作业时间所组成，在自动生产线的生产节拍的设计时要首先对生产线的平衡率进行一定的设计计算。在完成了对于生产线平衡率计算的基础上再对生产线节拍进行计算，这是由于自动生产线中的节拍最长的工位将会对其他工位的运行产生较为严重的限制，因此，自动生产线中的生产节拍主要是由自动生产线运行过程中运行时间最长的工位节拍所决定的。在对自动生产线进行设计的过程中需要对最长工位进行分析以确定是否能缩短其运行时间从而有效的减少节拍瓶颈，从而使得自动生产线中的各工位的运行节拍保持一定的均衡。

（1）节拍：指生产线连续出产两件相同制品的时间间隔。它决定了生产线的生产能力、生产速度和效率。

$$节拍时间\ r = 净运作时间\ T_{净}(时段)/产量\ Q(时段)$$

例 1：某制品生产线计划年销售量为 20 000 件，另需生产备件 1 000 件，废品率 2%，两班五天制工作，每班 8 h，时间有效利用系数 95%，求生产线的节拍。（假期：国庆 3 天，春节 3 天；元旦，端午，清明，五一，中秋各 1 天，除法定假期 11 天，全年的工作日有 250 天。）

解：

$$T_{净} = 250 \times 8 \times 2 \times 60 \times 95\%\ \text{min} = 228\ 000\ \text{min}$$

$$Q = (20\ 000 + 1\ 000)件/(1 - 2\%) = 21\ 429\ 件$$

$$r = T_{净}/Q = 228\ 000\ \text{min}/21\ 429\ 件 = 10.6\ \text{min}/件$$

（2）工作站、瓶颈时间、周期时间。

工作站：一个或多个作业员在同一个工作地共同完成相同产品加工工艺中某一特定作业的操作组合。

瓶颈时间：生产线作业工时最长的工作站的标准工时称之为瓶颈工时，它决定生产线的产出速度。

周期时间:完成某工作站内所有工作所需时间。

(3)生产线平衡:又称工序同期化,是通过技术组织措施调整生产线的作业时间,使工作站的周期时间等于生产线节拍,或与节拍成整数倍关系。

(4)平衡率 ε

$$\varepsilon = \frac{\sum t_i}{S \cdot r} \times 100\%$$

式中:t_i——工作站 i 的时间, h;

S——合计人数;

r——瓶颈工时,h

含大型设备的生产线 ε 目标值在 85% 左右;无大型(贵重)设备的生产线 ε 目标值在 95% 左右。

例 2:一玩具厂的玩具车在生产线(安排 5 个工作站,每站配置 1 人)上作业,作业每天需生产 500 辆,每天生产时间为 420 min,生产步骤及时间见表 2.1,求生产线平衡率。

表 2.1 生产步骤及时间

作业	工时(s)	描述	作业前提条件
A	45	安装后轮支架,拧紧四个螺母	—
B	11	插入后轴	A
C	9	拧紧后轴支架螺栓	B
D	50	安装前轴,拧紧四个螺母	—
E	15	拧紧前轴螺栓	D
F	12	安装 1 号后车轮,拧紧轮轴盖	C
G	12	安装 2 号后车轮,拧紧轮轴盖	C
H	12	安装 1 号前车轮,拧紧轮轴盖	E
L	12	安装 2 号前车轮,拧紧轮轴盖	E
J	8	安装前轴车把手,拧紧螺钉	F、G、H、L
K	9	上紧全部螺钉	
总计	195		

解: 工作站周期(节拍) = 每天的工作时间/每天的产量

= 60 s × 420 min/500 辆 = 50.4 s/辆

平衡率 ε = 周期时间/(合计人数 × 工作站周期) = 195/(5 × 50.4) = 77%

3. 确定产品的设计方案

根据节拍来进行工序同期化,计算场地、设备的需要量。计算工人的数量,提前配备操作员工。通过多个方案对比,寻找最优方案,要求方案简单易用,易于实现,尽可能少的人工操作。计算自动生产线上的传送带的长度和速度,在满足所有功能工况的前提下考虑成本、效率。确定方案后进行生产线的三维模型设计,绘制二维工程图。

(1)根据产品的结构形式来确定生产线的传送方式及零部件的上下料方式。常用的传送方式主要有倍速链输送、皮带输送、转盘输送、滚轮输送、振动盘供料、机械手供料等;其次需要确定产品的分隔与换向,通常在工位上需要安装或检测零件时,对产品进行分隔且脱离传送并进行精确定位,以实现在没有其他外力干扰的情况下对产品进行装配、加工、检测。而产品的换向分为 X、Y、Z 三个自由度方向的变换,可通过转向气缸、分度盘、凸轮分度器及特定机械工装来实现旋转功能。分隔过程中由于各工位节拍不一致,会有等待现象,如果等待时间过长需要设计暂时存料的料垛。

(2)对于涉及到多个型号产品的自动化装备线需要考虑增加快换工装,对于日后更新新产品来说不仅可以节省生产成本,还可以快速反应产品的需求,以减少库存,降低累积成本。快换工装通过定位销及销套来实现精准定位。

(3)绘制气动原理图,确定各工位的举升、夹紧、直线运动、转动等方案后,需要依工作站的运行方式绘制气动原理图,对于举升等受重力因素影响或在紧急停电停气的情况下禁止工装运动的场合需要在气动元件进出气口增加气控单向阀,阀片需要选择三位五通中空阀,这样可以避免在停电停气的情况下气动元件误操作造成危险。

(4)绘制现场工艺布局图,依照产品的生产工艺,确定产品装配的各工位后,需要依照现场情况合理布局各工位位置,绘制现场工艺布局,将各个工位有序的串联或并联到一起。同时需要依据客户需要布局现场气源气路、电控线槽等走线方式,大致分为地面布线和桥架上布线,需要计算气管、电线、线槽等有效长度,在采购时通常需预留10%,以避免在实际生产过程中不能有效利用出现短缺。

(5)设计原则,在满足功能的前提下,需要考虑人工操作舒适化,工艺步骤最少化,设计过程最简化,设计成本最小化。通常设计过程中需要采购的定位销、销套、把手、传感器、PLC 等外购标准件尽量统一,便于统一管理、互换,且美观。

(6)特殊专机应用,对于拧紧螺钉需要采购专用的拧紧枪;铆接铆钉用专用的铆钉枪;特殊铆钉需要用专用的压机;助力需要用平衡吊;适时距离需要用伺服电动机带动滚珠丝杠。这些特殊用途专机有专门厂家生产,可以直接采购,避免设计周期超时和经验上的不足。

(7)设计生产线的三维模型,绘制二维工程图。

2.2.2 自动生产线的设备选型

1. 设备选型的基本原则

设备选型就是从多种可以满足需要的不同型号、规格的设备中,经过技术经济分析、评价和比较,选择出一种最佳的,以做出购买决策。合理选择设备,能使有限的投资发挥更大的经济效益。

设备选型的基本原则是:生产上适用,技术上先进,经济上合理。

所谓生产上适用是指设备适合企业现在所生产的产品及未来将开发的产品的生产工艺的需要。只有生产上适用的设备才能发挥其良好的投资效益。技术先进必须以生产上适用为前提,既不可脱离我国的国情和企业的实际需要片面地追求所谓技术上先进,同时也要往前看,考虑到企业未来产品更新换代的需要,防止选择技术上即将落后或将被淘汰的设备。最后还要把生产上适用、技术上先进和经济上合理统一起来,以获得最大经济效益。通常技术上先进的生产设备其生产能力和产品质量都较高,但某些生产设备技术上非常先进,自动化程度很高,适用于大批量连续生产,如果在生产量不够大的情况下使用,往往造成负荷不足,不能充分发挥设备的能力。并且,这类生产机的价格通常都很高,维持费用也很大,从总的经济效益上来看并不合算。所以在选择生产设备时应将适用性、先进性和经济性综合权衡,选择最佳方案。

2. 设备选型应考虑的因素

1)设备的技术先进性

随着科学技术的迅猛发展,各种高新技术不断进入生产的各个领域,生产机械也在向着高速、自动控制和多功能的方向发展,全自动生产线及机器人、机械手等都得到广泛的应用。产品更新换代速度加快,要求生产设备对产品的变化有更强的适应性。生产机的能力不仅应满足现有生产条件的要求,同时也应顾及到产品的更新换代要求。所以,设备选型时,在生产适用的前提下,应尽可能地根据企业发展的实际情况选择技术先进、生产能力较高的新型设备。一般来说,大批量生产的企业,如啤酒、饮料、卷烟等行业,应选择自动化程度较高、生产能力配套的自动生产线,同时注意对产品变化的适应性。多品种、产品变化快的企业,如食品厂等,应按照经济合理的原则,积极采用适应范围广的组合生产机,以适应生产工艺变化的要求。可以说,产品批量的大小和产品生产工艺技术要求是选择生产设备时的基本依据和具体因素。

2)设备的可靠性

设备的可靠性是保证产品的生产质量、保持设备生产能力的先决条件。人们都希望生产设备能无故障工作,以达到预期的生产目的,因此,设备选型时应要求新设备具有足够的可靠性。

可靠性的定量表示是可靠度。可靠度就是指系统、机器或零部件在规定条件下,规定时间内无故障地执行规定机能的概率。这里规定条件是指环境、负荷、操作、运行及养护方法等;规定时间是指设计年限;故障是指系统、机器及零部件丧失其规定机能。

可靠性很大程度上取决于设备的设计,因此,在选择生产机时必须考虑生产机的设计质量。首先是设备结构的合理性,如生产机的结构设计、机构选择、构件尺寸、比例、材料选择、磨损等。还要考虑设备的自身防护性,如防震、防污染、过载保护、自动补偿、误操作防止、润滑结构等以及控制部分的合理性。

一般情况,设备的可靠性愈高,设备费用(设置费用和维持费用)也愈高。如果为此降低对设备可靠性的要求,只考虑设备的输出能力而忽视设备的有效利用率,或只强调设备投资少,片面追求设备数量而忽视设备可靠性,都将造成设备的停机损失和维修费用增加,这是不经济的。

3)设备的消耗性

生产机的选择还应注意设备对能源及原材料的消耗情况。

在能源消耗方面,要执行国家能源政策规定标准,在保证产品生产的前提下,设备的能源消耗越低越好。同时要注意选择可以使用低品位、低价能源及可使能源再生的新能源设备。另外还要注意,设备所使用的能源应是本企业、本地区能够保证供应的。这样可使能源的管理费用大为降低。

在原材料消耗方面,应注意对生产材料的有效利用率,并尽量减少对生产物品的损耗。

4)设备的操作性

设备的操作性包括操作方便和操作可靠两个方面。操作方便就是要求生产机的操作结构设计符合人体工程学的要求,符合人的能力和习惯,使操作人员的动作尽可能简单方便,最大程度减轻操作者的负担。操作的可靠性是指能避免误操作发生的可能性。

设备的操作性可从以下几个方面考虑。

(1)生产机的操作结构应符合人的形体尺寸要求。操作装置的结构、尺寸应使操作人员在操作过程中容易触及并便于操作,特别是选择进口设备时,更要注意适合我国人体尺寸要求。

(2)生产机的操作系统要符合人的生理特点,包括人体承受负荷能力、耐久性、动作节奏、动作速度等，生产机的操作要求不可超出规定限度。

(3)生产机的操作显示系统应能减轻操作人员神经系统负担。提示信号应符合人的心理和生理的感受，尽可能采用音响信号，以减轻人的视觉负担。尽量减少信号的频率和密度。显示系统直观、准确，尽可能采用计算机、中心控制，以减轻人的劳动强度。

(4)设备的成套性，这是形成生产能力的重要标志。它主要包括：单机配套，指随机工具、附件、部件、备件配套。机组配套，指主机、辅机、控制设备配套。项目配套，指项目所需设备的成套配套，如工艺、动力、输送及其他设施的配套。

(5)设备的灵活性，主要指：适应性，即能适应不同的工作环境条件，适应生产能力的波动变化。通用性，即能适应不同规格产品的生产工艺要求。

结构紧凑，体积小，重量轻。

(6)劳保、安全性。选择生产机时还应注意生产设备本身所具有的劳动保护装置和技术安全措施。尤其对于高温、高压、高噪声、强振、强光、辐射、污染等条件下的工作人员健康和安全，必须放到重要位置加以考虑，并要求设备有可靠、严格的防范措施。

决不允许选择不符合国家劳动保护、技术安全和环境保护政策、法令和法规的设备，以免给企业和社会带来后患和损失。

(7)设备的维修性，又称适修性、可维修性、易维修性。它表示系统、机器、零部件等在维修过程中的难易程度和性质。可以用维修度、平均修复时间或修理费来衡量维修性的好坏。

维修度是指能够修理的系统、机器及零部件按规定条件进行修理时，在规定时间内完成维修的概率。

选择生产机时，对设备的维修性可从以下几方面衡量。

①结构合理：生产机结构总体布局符合可达性原则、各零部件和结构就易于接近，便于检查、维修。

②结构简单：在满足相同使用需要的前提下结构简单，需维修的零部件越少越好并且要易于拆装，能迅速更换易损件，无需高级维修工。

③结构先进：生产机应尽可能采用参数自动调整，磨损自动补偿。

④标准性：设备应是尽可能多地采用标准零部件和元器件的，以便于维修、更换。

⑤组合性：设备容易被拆成几个独立的部件、装置和组件，并且不用特殊手段即可装配成为整机。

⑥状态监测与故障诊断能力：利用设备上的仪器、仪表、传感器和配套仪器，监测生产机各部位的温度、压力、电流、电压、振动频率、功率变化、成品检测等各项参数的动态，以判断生产机运行的技术状态及故障部位。

⑦从设计上考虑无维修或减少维修度的可能性。如目前许多电器产品都是采用无维修设计。

大量选用维修性好的设备，将大大减少停机时间，节约维修费用，减少停机损失。

(8)设备的经济性。进行设备投资的根本目的是为了获得良好的经济效益，但不能脱离生产工艺对设备的技术要求片面追求经济性。

在选择设备时往往容易产生这样的倾向，似乎设备价格越低越好，或者以同样的费用购买设备的数量越多越好，但事实证明如此未必合理。价格低的设备往往可靠性、耐用性和维修性不好。这样做的结果导致了维修费用和停机损失增加，因而并不能获得良好的投资效益。

衡量生产机的经济性,应以设备的寿命周期费用为依据,不能只看原始价格。应在寿命周期费用最合理的基础上追求投资的最佳效益。因此,选择生产机时,对设备的经济性评价要从两个方面进行:一方面要对选型方案作寿命周期费用比较;另一方面要运用工程经济学知识作造型方案的投资效益分析比较,以选择经济上最为合理的方案。

3. 生产机选型步骤

生产机的选型(包括确定制造厂家)应注意广泛地调查,认真分析、研究、比较,从而确定合适的选择对象。通常可采取三步选择法进行选择。

第一步"筛选"。筛选是在广泛收集市场货源信息的基础上进行的。货源信息来源包括:产品样本、目录、广告、展销会资料、用户厂家提供的情况、制造销售部门的推销情报、有关专业人员提供的信息等。将以上信息进行分类汇编,从中找出一些可供选择的机型和厂家,这就是为设备选型提供信息的预选过程。

第二步"细选"。细选是在筛选的基础上进行的。首先对筛选出来的机型和厂家进行调查、联系、询问,详细了解其产品的各种技术参数(效率、精度、性能、消耗等),制造厂家的质量信誉及用户的反映和评价,供货情况、订货渠道、价格及附件情况。然后进行分析、比较,再从中选出认为较为理想的机型和厂家。

第三步"最后选择"。首先在细选的基础上同有关厂家进行接洽,做进一步深入的专题性调查和了解。对需要进一步落实的关键设备要到制造厂家或有关用户进行实地考查,进行深入细致的观察和了解,并进行必要的试验,对关键问题(如附件、工具、图样资料、备件供应、设备结构和精度、性能改善可能性、价格、交货期等问题)同厂家进行商讨,并详细记录,然后由设备、工艺技术、设计和使用等部门共同评价,选择出理想的机型和厂家作为第一方案。同时也要作第二方案、第三方案,以便在订货过程中产生新情况时选择替代。最后经主管部门领导决策,批准、签订合同。

2.3 案例:塑壳断路器自动检测生产线设计

HSMI-125、HSMI-160 系列塑壳断路器(以下简称断路器)是国内某大型开关制造企业设计开发的新型断路器之一,具有结构紧凑、体积小、短路分断能力高等特点。其中 HSMI-125 系列产品外形尺寸为 120 mm×76 mm×70 mm,质量为 900 g;HSMI-160 系必品外形尺寸为 120 mm×90 mm×70 mm,质量为 1 100 g,如图 2.24 所示塑壳断路器的外形图。

图 2.24 塑壳断路器

2.3.1　设计步骤

自动检测生产线的设计，一般根据以下步骤进行：

(1)熟悉产品的生产工艺。

(2)确定生产线的布置方式。

(3)确定生产线设计方案。

(4)生产线的设备选型。

(5)生产线软硬件集成开发。

(6)设备安装、调试与整定、运行。

2.3.2　设计要求

为了满足产品大规模生产的需要，该企业需要委托自动化装备制造商专门设计制造该产品的自动化检测、装配、校核，要求在生产线上同时实现上述两种系列断路器的瞬时检延时调诚、延时检验三大类型装配检测工序。

1. 生产效率要求

该企业提出的生产能力为单班产量500件。

2. 节拍设计

根据该生产能力，考虑设备按90%的实际利用率计算有效工作时间，每条生产线的节拍时间计算如下：

$$\text{每天有效工作时间} = 8\ \text{h} \times 0.9 \times 3\ 600\ \text{s/h} = 25\ 920\ \text{s}$$

$$\text{节拍时间} = 25\ 920\ \text{s}/500\ \text{件} = 52\ \text{s/件}$$

根据自动生产线节拍时间的定义，计算结果表明在该生产线上各专机的节拍时间必须都不能超过52 s。

为达到这一节拍要求，在设计过程中进行了以下工作：

①在不影响产品制造的前提下根据用户提出的工艺方案重新调整设计了生产工艺流程；

②对少数初步估计专机占用时间超过52 s的工序进行分解，将耗时长的复杂工序分解为两个或多个工序由多台专机进行。

经过上述工作，最后确定生产线整体设计方案，工程完成后将整条生产线的节拍时间降低到45 s/件，满足了企业提出的节拍要求。

3. 工艺流程

最后确定自动生产线详细工艺流程为：条码打印及贴标→触头开距超程检测、脱扣力检测→瞬时测试→触头及螺钉装配→触头压力检测→条码阅读与产品翻转→单相延时调试①→缓存冷却降温→单相延时调试②→缓存冷却降温→单相延时调试③→缓存冷却降温→螺母装配→自动点漆→三相串联延时校验→可靠性检测→耐压测试。

2.3.3　设计方案

1. 设计工件自动输送系统

采用平行设置的三条皮带输送线，用于产品的自动输送，如图2.25所示。其中两条输送线输送方向相同,由各台专机的机械手交替在这两条输送线上取料和卸料,取料的输送线作为装配校检件上料道,卸料的输送线作为合格品下料道,简单的、占用时间较少的工序(如自动贴标、自动漆等)则直接在同一条输送线上进行。第三条输送线专门用于不合格品的输送,其输送方向与另两条输送线相反,称为不合格品卸料道。

图 2.25　皮带输送线

2. 设计输送系统与各专机的连接及控制

各专机按最后确定的工艺流程依次在输送线上方排布,调试完成后将各专机与输送线之间的相对位置通过铝型材连接固定。工件在通过输送线进入每台专机区域后先设置活动挡块或固定挡块,供各专机的取料机械手抓取工件。当抓取工件和卸下工件在同一条输送线上进行时,该挡块必须采用活动挡块;当抓取工件和卸下工件分别在两条输送线上进行时,该挡料机构就可以采用简单的固定挡块,在档块上同时设置检测工件用的接近开关传感器。

3. 设计工件的姿态方向控制

由于工件形状为标准的矩形,所以工件在输送线上始终以卧式、立式两种姿态输送。在整条生产线上设计采用了以下 3 种姿态换向机构:

(1)挡杆——在输送皮带上方设置固定挡杆,工件经过时为重心位置发生改变自动由立式姿态翻转为外式姿态。

(2)气缸翻转机构——气缸驱动定位夹具,实现工件 90°往复翻转。

(3)机械手手指翻转机构——在气动手指的夹块上设计轴承回转机构,通过在工件上选取适当的部位夹取工件,使工件在重力作用下实现 180°自动翻转。

4. 设计工件的暂停与分隔控制

由于工件的质量较大,整条生产线上各专机的上下料机械手全部采用气动手指夹取工件。为了方便机械手夹取工件,在每台专机机械手的取料位置(工件暂停位置)设计一个挡料机构;如果专机完成工序操作后仍然由原输送皮带向前输送,该挡料机构就设计为活动挡块;如果专机完成工序操作后改由另一条输送皮带向前输送,该挡料机构就可以简单地设计为固定挡块。

除设计挡料机构外,在工件进入挡料位置之前,还必须设计分料机构,保证每次只放行一个工件。

根据上述要求,最后在输送线上采用 19 处固定挡块、8 处活动挡块、11 处分料机构,有关工件在输送线上的分料、阻挡、上下料及输送方法如图 2.26 所示。

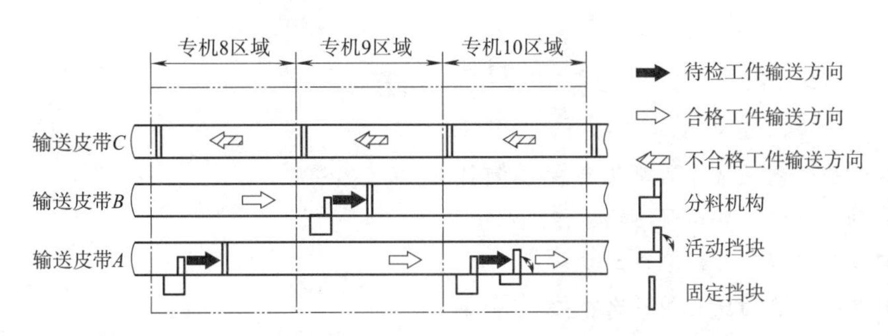

图2.26　工件的分料、阻挡、上下料、输送方法示意图

5. 部分人工操作工序的处理设计

在产品的整个生产流程中,部分零件的装配工序如果采用自动化装配方式将会使设备过于复杂,设备造价太高,因此上述少数工序的装配采用人工操作,在输送线上留出人工操作的空间。考虑今后根据需要换为自动装配时,只要将相应的自动化装配单元安装在预留位置即可。所以该生产线是以自动操作为主、人工操作为辅的半自动化生产线。

6. 机械结构设计

在总体方案设计完成后就直接进行各专机的详细机械结构设计。在总体方案设计中已经确定了各个专机的取料位置、取料时工件的姿态方向、专机工序操作的具体内容、操作完成后工件卸料的位置与姿态方向。

根据上述条件进行各专机的详细机械结构设计。与通常自动化专机结构设计的区别在于:在自动生产线上需要将各专机取料与卸料位置、工件姿态方向控制、对工件的传感器检测确认等工作通过输送系统有机地组合成一个系统。

各专机按具体工艺要求独立地完成特定的工序操作,在专机的机械结构设计过程中,最典型的专机结构由输送线上方的 *X-Y* 两坐标上下料机械手、定位夹具、装配(或检测)执行机构、传感检测等部分组成,工件的输送、暂存、检测确认等功能则作为输送系统的内容一起设计完成。最终设计结果如图2.27所示。

图2.27　塑壳断路器自动检测线

习　题

(1)自动生产线通常分为哪几类,各有何特点?

(2)自动生产线主要由哪些要素组成?

(3)自动生产线对控制系统的要求是什么?

(4)光电编码器的优点是什么?

(5)在自动生产线上,需要采用传感器的场合有哪些,试举例说明。

(6)什么是自动生产线的节拍,如何计算节拍?

(7)常用的生产线的传送方式及零部件上下料方式有哪些?

(8)试举例说明自动生产线设备选型的基本原则。

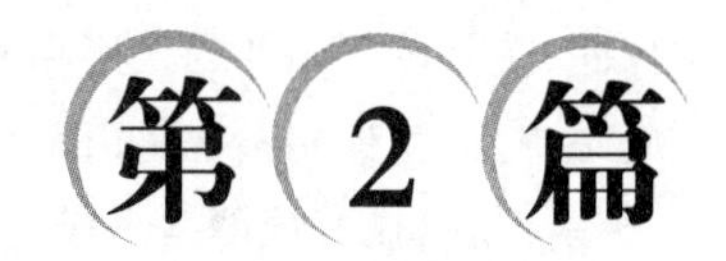

第 2 篇 运动控制与过程控制篇

机电一体化控制系统从宏观上分为运动控制系统和过程控制系统，这两种控制系统以控制理论为基础，使机电系统的控制参数按照预定的目标运行，完成既定的任务。本篇包括两章，介绍了运动控制系统的功能及设计和过程控制系统的功能、过程控制仪表及其过程控制系统的设计过程。

第 3 章　运动控制系统设计

运动控制系统是对机械运动部件的位置、速度等进行实时的控制管理，使其按照预期的运动轨迹和规定的运动参数进行运动，运动控制被广泛应用在包装、印刷、纺织和装配工业中。本章介绍了运动控制系统的组成与分类，运动控制系统的功能与运动形式，并通过实际案例的形式，介绍了勾心刚度测试仪运动控制系统的设计过程。

3.1　运动控制的概念与分类

自动控制系统包含两大类型：运动控制系统和过程控制系统。过程控制系统是以表征生产过程的参量为被控制量，使之接近给定值或保持在给定范围内的自动控制系统。运动控制系统是以运动机构作为控制对象的自动控制系统，其输出量（被控量）是速度、位移等参数。运动控制系统方框图如图 3.1 所示。

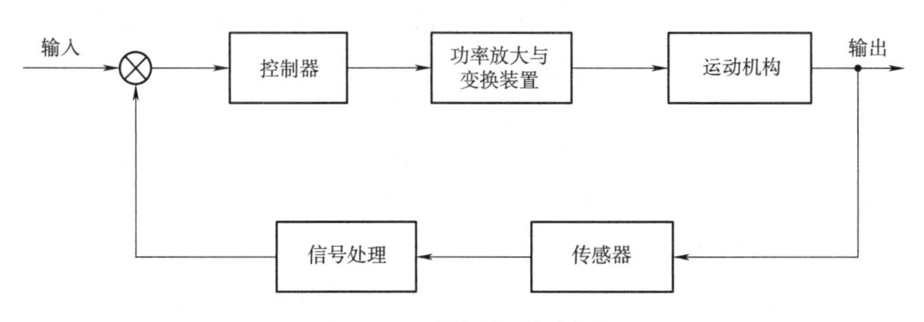

图 3.1　运动控制系统方框图

3.1.1　运动控制系统的概念

运动控制（Motion Control）通常是指在复杂条件下将预定的控制方案、规划指令转变成期望的机械运动,实现机械运动精确的位置控制、速度控制、加速度控制、转矩或力的控制。运动控制起源于早期的伺服控制,简单地说,运动控制就是对机械运动部件的位置、速度等进行实时的控制,使其按照预期的轨迹和规定的运动参数(如速度、加速度参数等)完成相应的动作。实际应用中,运动控制系统是由运动控制器、功率放大驱动器、伺服电动机、起反馈作用的传感器和一些传动机械系统部件组成。

按照使用动力源的不同,运动控制主要可分为以电动机作为动力源的电气运动控制、以气体和流体作为动力源的气液运动控制和以燃料(煤、油等)作为动力源的热机运动控制等。据资料统计,在所有动力源中,90%以上来自于电动机。电动机在现代化生产和生活中起着十分重要的作用,所以在这几种运动控制中,电气运动控制应用最为广泛。

电气运动控制是由电动机拖动发展而来的,电力拖动或电气传动是以电动机为对象的控制系统的通称。运动控制系统多种多样,但从基本结构上看,一个典型的现代运动控制系统的硬件主要由上位机、运动控制器、功率驱动装置、电动机、执行机构、传感器和反馈检测装置等部分组成。其中,运动控制器是指以中央逻辑控制单元为核心、以传感器为信号敏感元件、以电动机或动力装置和执行单元为控制对象的一种控制装置。

3.1.2 运动控制系统的分类

运动控制系统的核心为运动控制器,运动控制器就是控制电动机的运行方式的专用控制器。运动控制在机器人和数控机床的领域内的应用要比在专用机器中的应用更复杂,因为后者运动形式更简单,通常被称为通用运动控制(GMC)。运动控制器是决定自动控制系统性能的主要器件。对于三菱系列,运动CPU就是运动控制器。对于简单的运动控制系统,采用单片机设计的运动控制器即可满足要求,且性价比较高。

随着微电子技术与计算机技术的快速发展,各种功能越来越强大的新型可编程逻辑器件不断涌现,使得实现运动控制功能的控制器变得越来越多。从硬件实现的角度分析,运动控制器的硬件可以按照运动控制器核心器件的组成和数据的传递形式进行分类。目前国内的运动控制器生产商提供的产品大致可以分为以下三类。

1. 以单片机、PLC或微机处理器作为核心

以单片机、PLC或微机处理器作为核心的运动控制器,这类运动控制器速度较慢,精度不高,成本相对较低。在一些只需要低速点位运动控制和轨迹要求不高的轮廓运动控制场合应用。图3.2为以单片机为核心的运控控制系统。

2. 以专用芯片作为核心处理器

以专用芯片作为核心处理器的运动控制器,这类运动控制器结构比较简单,但这类运动控制器只能输出脉冲信号,工作于开环控制方式。这类控制器对单轴的点位控制场合是基本满足要求的,但对于要求多轴协调运动和高速轨迹插补控制的设备,这类运动器不能满足要求。由于这类控制器不能提供连续插补功能,也没有前瞻功能,特别是对于大量的小线段连续运动的场合,不能使用这类控制器。另外,由于硬件资源的限制,这类控制器的圆弧插补算法通常都采用逐点比较法,这样一来圆弧插补的精度不高。

3. 基于计算机(PC)总线的以DSP(数字信号处理)和FPGA(现场可编程阵列)作为核心处理器

图3.3为基于PC总线的以DSP和FPGA作为核心处理器的开放式运动控制器,这类运动

控制器以 DSP 芯片作为运动控制器的核心处理器,以 PC 作为信息处理平台,运动控制器以插卡形式嵌入 PC,即“PC + 运动控制器”的模式。这样将 PC 的信息处理能力和开放式的特点与运动控制器的运动轨迹控制能力有机结合在一起,具有信息处理能力强、开放程度高、运动轨迹控制准确、通用性好的特点。这类控制器充分利用了 DSP 的高速数据处理能力和 FPGA 的超强逻辑处理能力,便于设计出功能完善、性能优越的运动控制器。这类运动控制器通常都能提供板上的多轴协调运动控制和复杂的运动轨迹规划、实时地插补运算、误差补偿、伺服滤波算法,能够实现闭环控制。由于采用 FPGA 技术来进行硬件设计,方便运动控制器供应商根据客户的特殊工艺要求和技术要求进行个性化的定制,形成独特的产品。

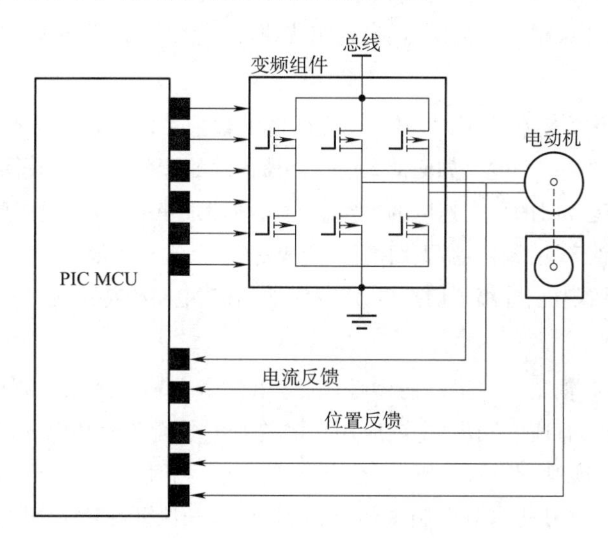

图 3.2　以单片机为核心的运控控制系统

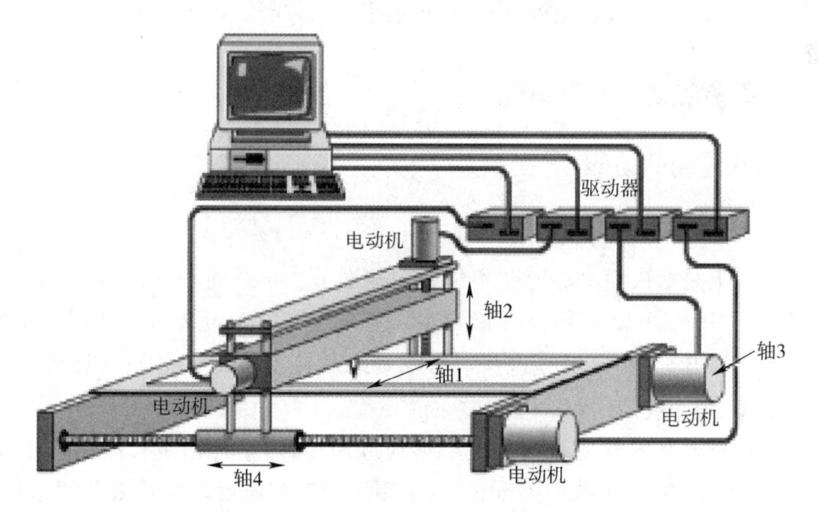

图 3.3　以 PC 为控制器的运动控制系统

3.1.3　运动控制系统典型应用

根据运动控制的特点和应用,运动控制可分为点位控制、连续轨迹控制和同步控制 3 种运动控制基本方式。

1. 点位控制

这种运动控制的特点是仅对终点位置有要求,与运动的中间过程即运动轨迹无关。相应的运动控制器要求具有快速的定位速度,在运动的加速段和减速段,采用不同的加减速控制策略。在加速运动时,为了使系统能够快速加速到设定速度,往往提高系统增益和加大加速度,在减速的末段采用S曲线减速的控制策略。为了防止系统到位后震动,规划到位后,又会适当减小系统的增益。所以,点位运动控制器往往具有在线可变控制参数和可变加减速曲线的能力。典型应用有:PCB钻床、SMT、晶片自动输送、IC插装机、引线焊接机、纸板运送机驱动、包装系统、码垛机、激光内雕机、激光划片机、坐标检验、激光测量与逆向工程、键盘测试、来料检验、显微仪、定位控制、PCB测试、焊点超生扫描检测、自动织袋机、地毯编织机、定长剪切和折弯机控制等。

2. 连续轨迹控制

连续轨迹控制又称为轮廓控制,主要应用在传统的数控系统和切割系统的运动轮廓控制中。相应的运动控制器要解决的问题是如何使系统在高速运动的情况下,既保证系统加工的轮廓精度,还要保证刀具沿轮廓运动时的切向速度的恒定。对小线段加工时,有多段程序预处理功能。其典型应用有:数控车床、铣床、雕刻机、激光切割机、激光焊接机、激光雕刻机、数控冲压机床、快速成型机、超声焊接机、火焰切割机、等离子切割机、水射流切割机、电路板特型铣、晶片切割机等。

3. 同步控制

同步控制是指多个轴之间的运动协调控制,可以是多个轴在运动全程中进行同步,也可以是在运动过程中的局部有速度同步,主要应用在需要有电子齿轮箱和电子凸轮功能的系统控制中。工业应用有印染、印刷、造纸、轧钢、同步剪切等行业。相应的运动控制器的控制算法常采用自适应前馈控制,通过自动调节控制量的幅值和相位,来保证在输入端加一个与干扰幅值相等、相位相反的控制作用,以抑制周期干扰,保证系统的同步控制。其典型应用有:套色印刷、包装机械、纺织机械、飞剪、拉丝机、造纸机械、钢板展平、钢板延压、纵剪分条等。

3.2 运动控制的功能与形式

3.2.1 运动控制的功能

1. 运动规划功能

运动规划实际上是形成运动的速度和位置的基准量。合适的基准量不但可以改善轨迹的精度,而且其影响作用还可以降低对转动系统以及机械传递元件的要求。通用运动控制器通常都提供基于对冲击、加速度和速度等这些可影响动态轨迹精度的量值加以限制的运动规划方法,用户可以直接调用相应的函数。

对于加速度进行限制的运动规划产生梯形速度曲线;对于冲击进行限制的运动规划产生*S*形速度曲线。一般来说,对于数控机床而言,采用加速度和速度基准量限制的运动规划方法,就已获得一种优良的动态特性。对于高加速度、小行程运动的快速定位系统,其定位时间和超调量都有严格的要求,往往需要高阶导数连续的运动规划方法。

2. 多轴插补、连续插补功能

通用运动控制器提供的多轴插补功能在数控机械行业获得广泛应用。近年来,由于雕刻市场,特别是模具雕刻机市场的快速发展,推动了运动控制器的连续插补功能的发展。在模具雕刻中存在大量的短小线段加工,要求线段之间加工速度波动尽可能小,速度变化的拐点要平滑过渡,这样要求运动控制器有速度前瞻和连续插补的功能。固高科技公司推出的专门用于小线段加工工艺的连续插补型运动控制器,该控制器在模具雕刻、激光雕刻、平面切割等领域获得了良好的应用。

3. 电子齿轮与电子凸轮功能

电子齿轮和电子凸轮可以大大地简化机械设计,而且可以实现许多机械齿轮与凸轮难以实现的功能。电子齿轮可以实现多个运动轴按设定的齿轮比同步运动,这使得运动控制器在定长剪切和无轴转动的套色印刷方面得到很好应用。

另外,电子齿轮功能还可以实现一个运动轴以设定的齿轮比跟随一个函数,而这个函数由其他的几个运动轴的运动决定;一个轴也可以以设定的比例跟随其他两个轴的合成速度。电子凸轮功能可以通过编程改变凸轮形状,无需修磨机械凸轮,极大简化了加工工艺。这个功能使运动控制器在机械凸轮的淬火加工、异型玻璃切割和全电动机驱动弹簧等领域有良好的应用。

4. 比较输出功能

比较输出功能指在运动过程中,位置到达设定的坐标点时,运动控制器输出一个或多个开关量,而运动过程不受影响。如在AOI(自动光学检测仪)的飞行检测中,运动控制器的比较输出功能使系统运行到设定的位置即启动CCD(电荷耦合器件)快速摄像,而运动并不受影响,这极大地提高了效率,改善了图像质量。另外,在激光雕刻应用中,固高科技的通用运动器的这项功能也获得了很好地应用。

5. 探针信号锁存功能

该功能可以锁存探针信号产生的时刻,各运动轴的位置,其精度只与硬件电路相关,不受软件和系统运行惯性的影响,在CCM(摄像头模组)测量行业有良好的应用。另外,越来越多的OEM(代工生产)厂商希望他们自己丰富的行业应用经验集成到运动控制系统中去,针对不同应用场合和控制对象,个性化设计运动控制器的功能。固高科技公司已经开发可通用运动控制器应用开发平台,使通用运动控制器具有真正面向对象的开放式控制结构和系统重构能力,用户可以将自己设计的控制算法加载到运动控制器的内存中,而无需改变控制系统的结构设计就可以重新构造出一个特殊用途的专用运动控制器。

3.2.2　运动控制的形式

运动控制器是以中央逻辑控制单元为核心、以传感器为信号元件,以电动机/动力装置和执行单元为控制对象的一种控制装置,运动控制系统通常有开环控制和闭环控制两种形式。

如图3.4所示,为开环运动控制系统的典型构成。在开环控制系统中,系统的输出量对控制作用没有影响,既不需要对输出量进行测量,也不需要将输出量反馈到系统的输入端与输入量进行比较。采用步进电动机的位置控制系统就是开环控制系统的例子。步进驱动与控制器只是按照指令位置运动,不必对输出信号(即实际位置)进行测量。

在闭环控制系统中,作为输入信号与反馈信号之差的作用误差信号被传送到控制器,以便减小误差,并且使系统的输出达到希望的值。闭环控制系统的优点是采用了反馈,因而使系统的响应对外部干扰和内部系统的参数变化均不敏感。这样,对于给定的控制对象,有可能采用不太精密且成本较低的元件构成精确的控制系统,采用交流伺服电动机的位置控制系统。

图 3.5 是闭环控制系统的一个例子，安装在电动机轴上的编码器不断检测电动机轴的实际位置（输出量），并反馈回伺服驱动器与参考输入位置进行比较，PID 调节器根据位置误差信号，控制电动机正转或反转，从而将电动机位置保持在希望的参考位置上。

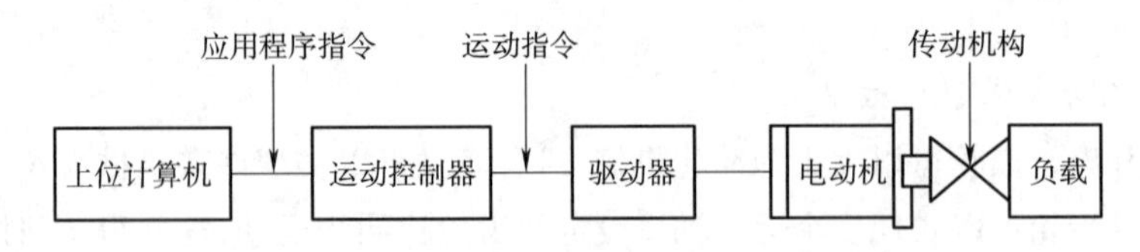

图 3.4　典型的开环运动控制系统结构

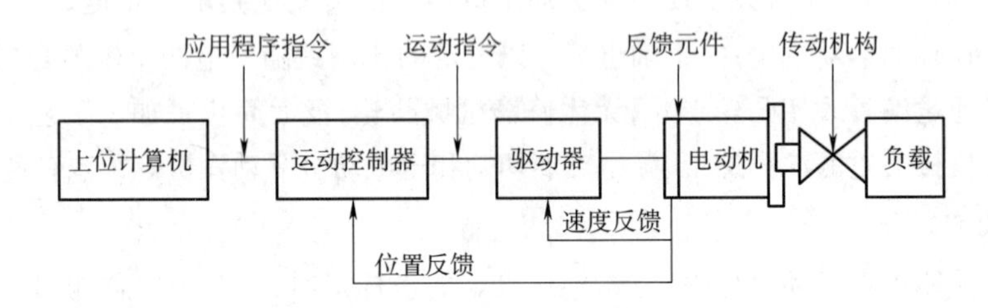

图 3.5　典型的闭环运动控制系统结构

3.2.3　电动机驱动技术概述

控制系统的执行必须依赖执行机构，执行机构主要采用的电力驱动机构。电动机驱动控制的发展主要经历了三个主要发展阶段：

第一个发展阶段（20 世纪 60 年代以前），此阶段是以步进电动机驱动的液压伺服马达或以功率步进电动机直接驱动为中心的时代，伺服系统的位置控制为开环系统。

第二个发展阶段（20 世纪 60～70 年代），这一阶段是直流伺服电动机的诞生和全盛发展的时代，由于直流电动机具有优良的调速性能，很多高性能驱动装置采用了直流电动机，伺服系统的位置控制也由开环系统发展成为闭环系统。

第三个发展阶段（20 世纪 80 年代至今），这一阶段是以机电一体化时代作为背景的，由于伺服电动机结构及其永磁材料、控制技术的突破性进展，出现了无刷直流伺服电动机（方波驱动）、交流伺服电动机（正弦波驱动）等新型电动机。

进入 20 世纪 80 年代后，因为微电子技术的快速发展，电路的集成度越来越高，对伺服系统产生了很重要的影响，交流伺服系统的控制方式迅速向微机控制方向发展，并由硬件伺服转向软件伺服，智能化的软件伺服将成为伺服控制的一个发展趋势。伺服系统控制器的实现方式在数字控制中也在由硬件方式向着软件方式发展；在软件方式中也是从伺服系统的外环向内环、进而向接近电动机环路的更深层发展。

3.3　案例：勾心刚度测试仪运动控制系统设计

钢勾心是皮鞋的重要部件，鞋跟高度 20 mm 以上且跟口高 8 mm 以上的皮鞋需检测钢勾心。钢勾心在皮鞋中的安装位置是夹在外底与内底之间，或夹在内底与半托底之间，在外面看不到，但它却决定了皮鞋，特别是中、高跟皮鞋的内在质量。

3.3.1　设计步骤

运动控制系统的设计,一般根据以下步骤进行:

(1)系统总体设计。

根据被控对象的工作原理进行设计,做出机械结构和电气控制方案。根据控制技术参数选择控制类型,根据系统的复杂程度,以及成本要求决定采用开环或闭环方案。

(2)系统硬件设计。

主要包含控制器选型,传感检测装置和电机等执行机构选型。

(3)软件设计和调试。

主要包括软件流程图设计,代码编写和实际运行调试等。

3.3.2　运动控制系统的设计流程

(1)系统总体设计:根据被控对象的工作原理进行设计,做出机械结构和电气控制方案。

(2)根据控制技术参数选择控制类型,根据系统的复杂程度以及成本要求决定采用开环或闭环方案。

(3)进行系统硬件设计:主要包含控制器选型、传感检测装置和电动机等执行机构选型。

(4)进行软件设计和调试:主要包括软件流程图设计、代码编写和实际运行调试等。

3.3.3　勾心刚度测试仪运动控制系统设计

以步进电动机在勾心刚度测试仪中的应用为例。鞋勾心是用于加固鞋底及腰窝部位的条状钢质零件,其纵向刚度对鞋类质量有重要影响。所以,生产厂商和质量监督部门均需对勾心纵向刚度进行检测。为此,国家质量监督检验检疫总局和标准化委员会发布了国家标准GB/T 3903. 34—2019《鞋类　勾心试验方法　纵向刚度》,国家轻工业局发布了轻工行业标准QB/T 1813—2000《皮鞋勾心纵向刚度试验方法》。本勾心刚度测试仪就是按照这两个标准的要求而设计。

1. 系统总体设计

1)测试原理

勾心刚度测试仪的机械结构示意图如图3.6所示。将勾心的下端固定,在它的上端加载,使其产生悬臂梁式的弯曲变形,测量勾心的弯曲挠度,据此计算其纵向抗弯刚度,它取决于勾心金属材质和横截面而不是长度。测试时向勾心的头部均匀缓和地施加向下的力,在力为2 N、4 N、6 N、8 N时分别测量对应的勾心垂直形变长度a_1、a_2、a_3、a_4。两个标准规定的测试方法有所不同,一种是施加的力持续加大到8 N;另一种是力加到2 N时停住,测量完a_1后将2 N力移去,再施加4 N的力测量a_2,重复同样的方法测量a_3、a_4。然后按相应公式计算纵向刚度需分别测量3个样品,最后计算刚度平均值。

2)结构

勾心被夹紧在夹具上,调整水平调节螺母可以使勾心的前后端处于水平线上。滑套、力传感器和顶杆装配成一体,可以上下移动。转轴与步进电动机经同步带连接传动。当步进电动机正转时,转轴和螺杆随之正转,带动滑套向下移动,通过顶杆将力施加于勾心前端,力传感器同时测出所施加的力并送给控制器。此时勾心产生形变,上方的测微计(精度为0.001 mm)可以准确地测出微小的形变并传送给控制器。支架作为滑套和电动机等部件的支承，必须十分稳固，不过由于勾心长度不一，支架是可以左右调节的，以保证顶杆都能处于前端规定的位置。当支架左右移动时，百分表可以测出位置的变化，将其输出传送给控制器就能间接算出臂长。触摸屏是人机交互界面。

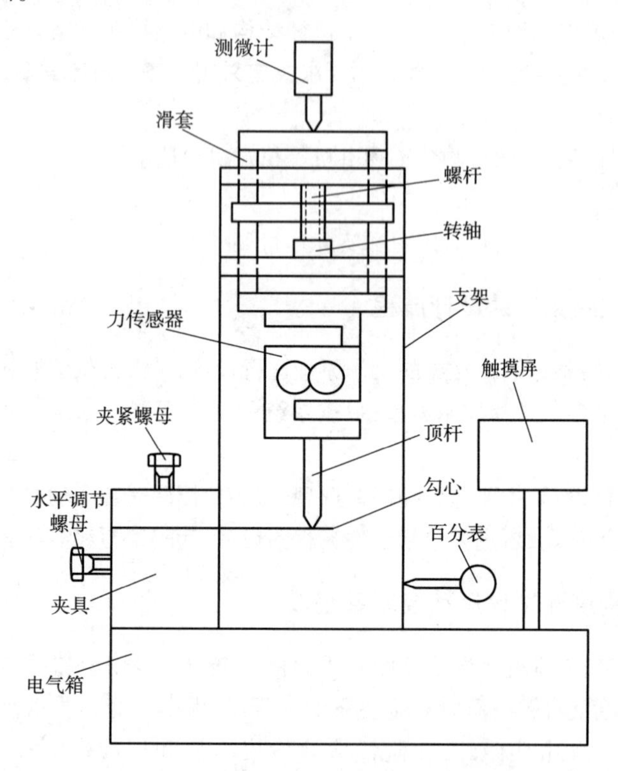

图 3.6 勾心刚度测试仪的机械结构示意图

3）电气控制系统方案

从测试原理和机械设计要求来看，本装置主要是要测出力、形变和臂长，其核心部件滑套需要电动机拖动，考虑到负载力矩较小和形变测量精度要求很高的特点，可以采用步进电动机拖动。控制器可以采用单片机、PC 或 PLC，考虑到整机体积、抗干扰性能和操作方便，本装置选用 PLC。电气控制系统框图如图 3.7 所示。

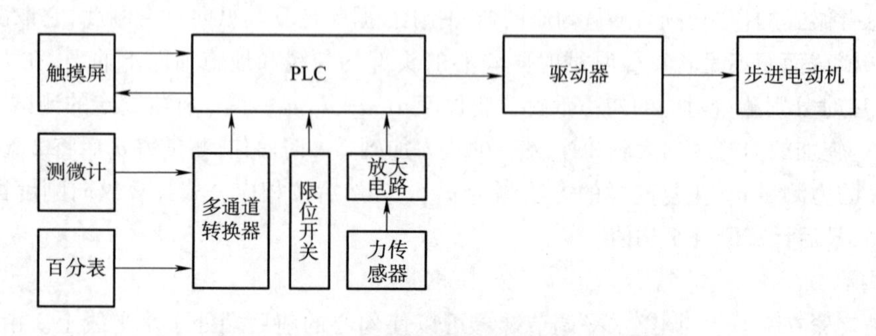

图 3.7 勾心刚度测试仪电气控制系统框图

这是一个步进电动机开环控制系统。触摸屏（HMI）用于设定测试模式、输入测试参数、监控测试过程并显示测试结果,当操作者在触摸屏上按下测试起动按钮,PLC 就发出低频脉冲信号和正转信号给驱动器,驱动器就带动步进电动机正转,滑套缓慢下移,勾心前端受力慢慢增大,同时力传感器不断测量顶杆所施加的力,测微计不断测量形变大小。当受力分别达到 2 N、4 N、6 N、8 N 时,PLC 记录下相应的形变 a_1、a_2、a_3、a_4,然后就可以计算出纵向刚度值。按照标准的规定,在上述力值点可能需要把力移去,那么步进电动机就要反转,这时 PLC 应输出反转信号和高频脉冲且脉冲数与正转时发出的脉冲数相等即返回零位。多通道转换器是将测微计和百分表输出的数字信号转换为 PLC 可以接收的 RS-485 接口信号。为了防止系统失控时滑套移到上、下允许的极限造成机构损坏,配置了上、下两个限位开关。

2. 步进电动机的选择与控制

1)步进电动机的选择

根据机械计算,电动机慢速正转时最大负载转矩为 0.3 N·m 左右,快速反转时负载转矩为 0.08 N·m 左右。选择步进电动机时,其静转矩应该大于最大负载转矩 50% 以上,且矩频特性满足高低速时的转矩要求。本装置对步进电动机温升、噪声等没有特殊要求。表 3.1 是 57BYG060 型混合式步进电动机的主要参数,图 3.8 为其矩频特性,该型号电动机能符合本装置要求。

表 3.1 57BYG060 型混合式步进电动机的主要参数

相数	步距角	电压	电流	电阻	电感	静转矩	机身长	出轴长	引出线
2	0.9°/1.8°	2.6 V	2.0 A	1.3 Ω	2.5 mH	0.65(N·m)	51 mm	21 mm	4

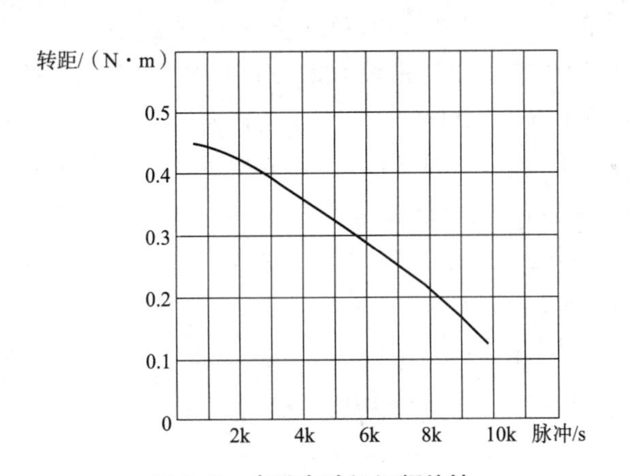

图 3.8 步进电动机矩频特性

2)步进电动机驱动器选择与接线

步进电动机都有与其型号配套的驱动器,选型时还要考虑精度、最高输入脉冲频率、供电电源要求、安装尺寸等因素。本装置选用各项指标都较好的 SH2034D 型驱动器,它采用微细分、全电流 PWM(脉冲调制)电流控制技术,电动机低速运行噪声低,无高频声和杂音,振动小,温升低。其接线图如图 3.9 所示。使用时根据驱动器外壳上拨位开关表将相电流设定为 2.0 A,细分倍数最大可设为 256。

3)PLC 选型与接线

本系统输入/输出及通信口要求如下:

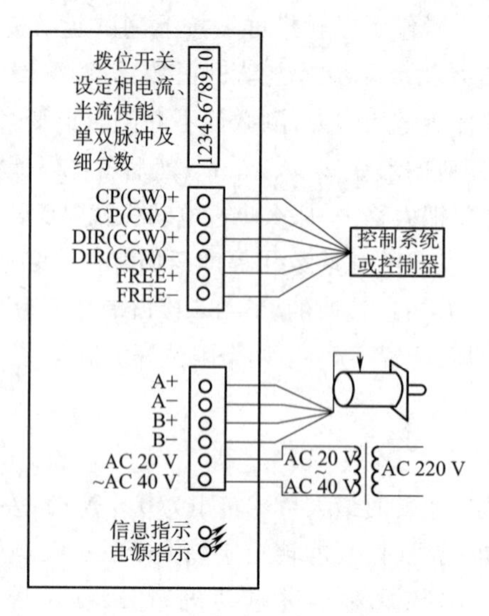

图 3.9　步进电机接线图

(1)1 路模拟量输入通道,用于输入来自力传感器的 0 ~ 10 V 电压信号;

(2)2 个数字量输入点,接上、下限位开关;

(3)1 个数字量输出点,输出 DIR 方向信号;

(4)1 个高速脉冲输出点,输出步进电动机驱动器所需的 CP 脉冲;

(5)2 个 RS-485 通信口,一个连接多通道转换器,一个连接触摸屏。

据此选择西门子 S7-200 PLC,CPU 模块为 224XPDC/DC/DC,无需扩展。它具有 14 个数字量输入点,10 个数字量输出点(其中 Q0.0 和 Q0.1 可以输出频率最高为 100 kHz 的 脉冲),2 路模拟量输入(分辨率为 11 位,加 1 个符号位),1 路模拟量输出,2 个 RS-485 通信口,编程指令丰富,能够实现各种功能。该 PLC 完全能够满足系统要求。PLC 接线图如图 3.10 所示。S_1 和 S_2 为上、下限位开关,力传感器送来的模拟信号由 A + 输入,PLC 与步进电动机驱动器的连接未详细画出,由 Q0.0 输出脉冲,Q0.2 控制方向。

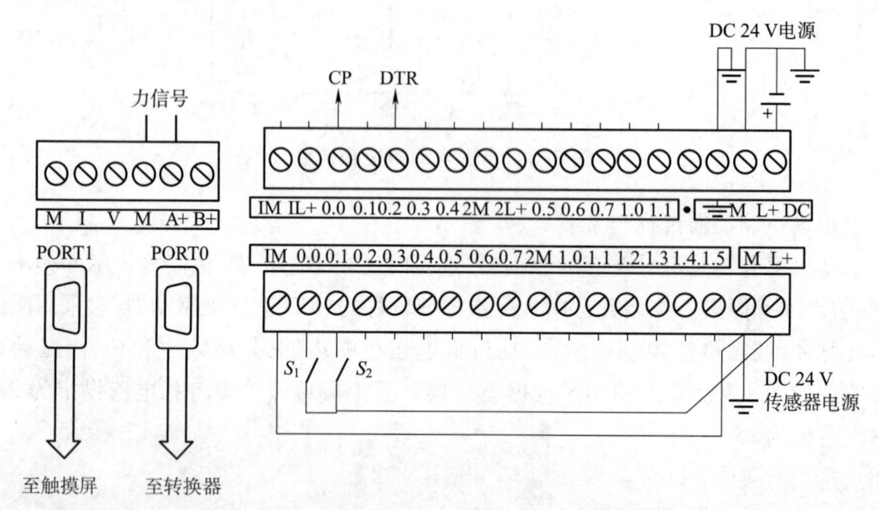

图 3.10　PLC 接线图

4）PLC 控制程序

勾心刚度测试仪 PLC 控制主程序流程如图 3.11 所示。

本节仅介绍步进电动机正、反转控制程序。脉冲输出指令被用于控制在高速输出（Q0.0 和 Q0.1）中提供的“脉冲串输出”（PTO）和“脉宽调制”（PWM）功能。指令的操作数 Q0.X = 0 或 1，用于指定是 Q0.0 或 Q0.1 输出。PTO/PWM 发生器与输出映像寄存器共同使用 Q0.0 及 Q0.1。

当 Q0.0 或 Q0.1 被设置成 PTO 或 PWM 功能时，PTO/PWM 发生器控制输出，在该输出点禁止使用数字输出功能，此时输出波形不受映像寄存器的状态、输出强制或立即输出指令的影响。

当不使用 PTO/PWM 发生器时，Q0.0 与 Q0.1 作为普通的数字输出用。建议在启动 PTO/PWM 操作之前，用复位指令将 Q0.0 或 Q0.1 的映像寄存器复为 0。PTO/PWM 高速输出寄存器含义见表 3.2。如果要进行高速脉冲输出，需事先进行设置。

单段 PTO 脉冲输出程序编写的一般步骤如下：

（1）选定脉冲输出点，是 Q0.0 或是 Q0.1。选择 PTO 输出类型。

（2）写对应输出点的控制字节，如 Q0.0 的控制字节为 SMB67，Q0.1 的控制字节为 SMB77。

（3）设定相对应的周期时间值和脉冲总数。

（4）执行脉冲输出指令（PLS）来启动操作。本装置正转下降时步进电动机控制程序如下，其中 SMB67 设定了单段 PTO 输出，时基单位为 1 μs，SMB68 设定了脉冲周期值，SMD72 写入要输出的脉冲数，写入 0 则条件满足时一直输出脉冲。

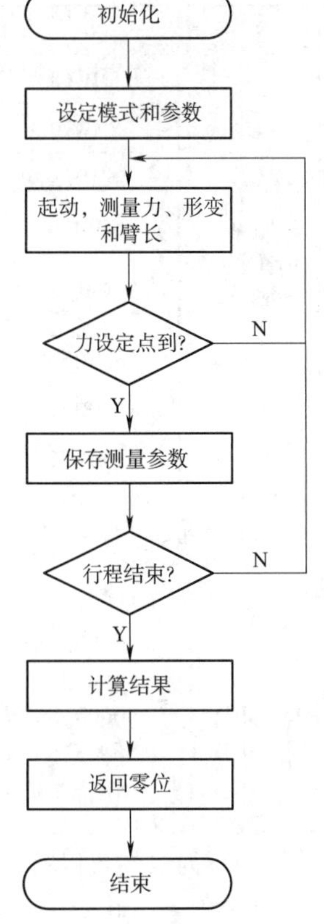

图 3.11　PLC 程序流程图

表 3.2　PTO/PWM 高速输出寄存器含义

	Q0.0	Q0.1	描　　述
状态字节	SM66.0 ~ SM66.3	SM76.0 ~ SM76.3	保留
	SM66.4	SM76.4	PTO 包络由于增量计算错误而终止：0 = 无错误；1 = 有错误
	SM66.5	SM76.5	PTO 包络因用户命令终止：0 = 不是因用户命令终止；1 = 是因用户命令终止
	SM66.6	SM76.6	PTO 管线溢出：0 = 无溢出；1 = 有溢出
	SM66.7	SM76.7	PTO 空闲位：0 = PTO 正在运行；1 = PTO 空闲
控制字节	SM67.0	SM77.0	PTO/PWM 更新周期值：0 = 不更新；1 = 更新周期值
	SM67.1	SM77.1	PWM 更新脉冲宽度值：0 = 不更新；1 = 更新脉冲宽度值
	SM67.2	SM77.2	PTO 更新脉冲数：0 = 不更新；1 = 更新脉冲数
	SM67.3	SM77.3	PTO/PWM 基准时间单位：0 = 1 四；1 = 1 ms
	SM67.4	SM77.4	PWM 更新方法：0 = 异步更新；1 = 同步更新
	SM67.5	SM77.5	PTO 操作：0 = 单段操作；1 = 多段操作
	SM67.6	SM77.6	PTO/PWM 模式选择：0 = 选择 PTO；1 = 选择 PWM
	SM67.7	SM77.7	PTO/PWM 允许：0 = 禁止；1 = 允许

续表

	Q0.0	Q0.1	描　述
其他PTO/PWM寄存器	SMW68	SMW78	PTO/PWM 周期值(范围:2~65 535)
	SMW70	SMW80	PWM 脉冲宽度值(范围:0~65 535)
	SMD72	SMD82	PTO 脉冲计数值(范围:1~4 294 967 295)
	SMB166	SMB176	进行中的段数(仅用在多段 PTO 操作中)
	SMW168	SMW178	包络表的起始位置:用从 V0 开始的字节偏移表示(仅用在多段PTO 操作中)
	SMB170	SMB180	线性包络状态字节
	SMB171	SMB181	线性包络结果寄存器
	SMD172	SMB182	手动模式频率寄存器

```
LD 标准 1 的下降:M2.0
A       I0.1
AN      M1.4
AN      第 4 轮:M0.3
R       Q0.2,1
MOVW    40000,SMW68
MOVB    16#85,SMB67
MOVD     +0,SMD;
PLS     0
```

用下列语句可以将正转时实际发出的脉冲数保存起来:

```
LDN     Q0.2
MOVD    HC0,VD600
```

为防止失控,正转一结束不能马上反转,反转前必须先禁止发脉冲且延迟 0.3 s,程序如下:

```
LD      标准 1 的下降:M2.0
ED
MOVB    6#05,SMB67
PLS     0
LD          标准 1 的下降:M2.0
ED
O       M10.0
AN          T38
=       M10.
LD      M10.0
TON     T38, +3
```

反转程序如下,反转上升距离与下降距离相等:

```
LD      T38
AI      0.0
EU
MOVD    VD600,SMD72
MOV     W +2500,SMW68
MOV     B16#85,SMB67
PLS0
```

如需要反转速度很快,应按多段管线作业编程,多段 PTO 脉冲输出程序编写的一般步骤如下:

(1)选定脉冲输出点,是 Q0.0 或是 Q0.1,选择 PTO 输出类型。

(2)定义包络,建包络表。

(3)写对应输出点的控制字节,如 Q0.0 的控制字节为 SMB67,Q0.1 的控制字节为 SMB77。

(4)写包络表起始 V 内存偏移量。

(5)执行脉冲输出指令(PLS)来启动操作。

习　　题

(1)什么是运动控制,特点是什么?

(2)运动控制的功能是什么?

(3)简述插补的工作原理。

(4)以西门子 S7-200 SMART 的 PLC 为控制器,简述实现运动控制的方法与过程?

第 4 章　过程控制系统设计

过程控制是指以温度、压力、流量、液位和成分等工艺参数作为被控变量的自动控制，两者共同组成了机电一体化控制系统，过程控制在化工、冶金、建材等行业应用广泛。本章介绍了过程控制系统的组成及特点、过程控制仪表及装置，并通过实际案例的形式，介绍了喷雾式干燥设备过程控制系统的设计过程。

4.1　过程控制的概念与特点

控制系统分类方式繁多，从应用场合分可以分为过程控制系统与运动控制系统两大类。这两类控制系统虽然基于相同的控制理论，但因控制过程的性质、特征和控制要求等的不同，带来了控制思路、控制策略和控制方法上的区别。第 3 章介绍了运动控制系统主要指那些以位移、速度和加速度等为被控参数的一类控制系统，例如以控制电动机的转速、转角为主的机床控制和跟踪控制等系统；本章介绍的过程控制系统则是指以温度、压力、流量、液位（或物位等）、成分和物性等为被控参数的流程工业中的一类控制系统（图 4.1）。

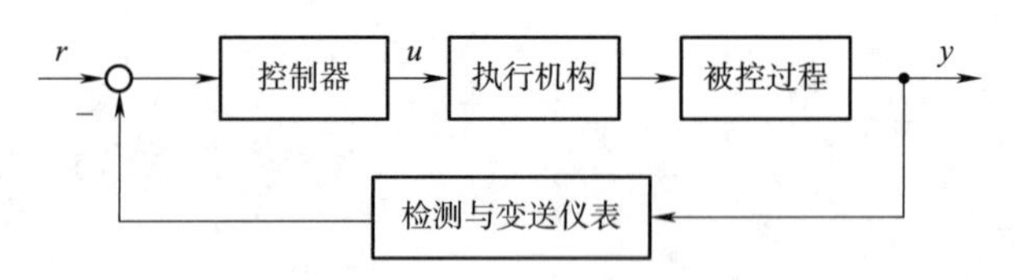

图 4.1　过程控制系统基本结构图

4.1.1　过程控制的概念及要求

生产过程是指物料经过若干加工步骤而成为产品的过程。该过程中通常会发生物理化学反应、生化反应、物质能量的转换与传递等，或者说生产过程表现为物流变化的过程。伴随物流变化的信息包括体现物流性质（物理特性和化学成分）的信息和操作条件（温度、压力、流量、液位或物位、成分和物性等）的信息。生产过程的总目标，应该是在可能获得的原料和能源条件下，以最经济的途径将原物料加工成预期的合格产品。为了达到该目标，必须对生产过程进行监视与控制。因而，过程控制在国民经济中占有极其重要的地位。过程控制主要针对六大参数，即温度、压力、流量、液位（或物位）、成分和物性等参数进行控制。为了实现过程控制，以控制理论和生产要求为依据，采用模拟仪表、数字仪表或计算机等构成的控制总体，其控制目标是人们对品质、效益、环境和能耗的总体要求。

图 4.2 表示转炉供氧量控制系统。转炉是炼钢工业生产过程中的一种重要设备。熔融的铁水装入转炉后，通过氧枪供给一定的氧。其目的是使铁水中的碳氧化燃烧，以不断降低铁水中的含碳量。控制吹氧量和吹氧时间，可以获得不同品种的钢产品。

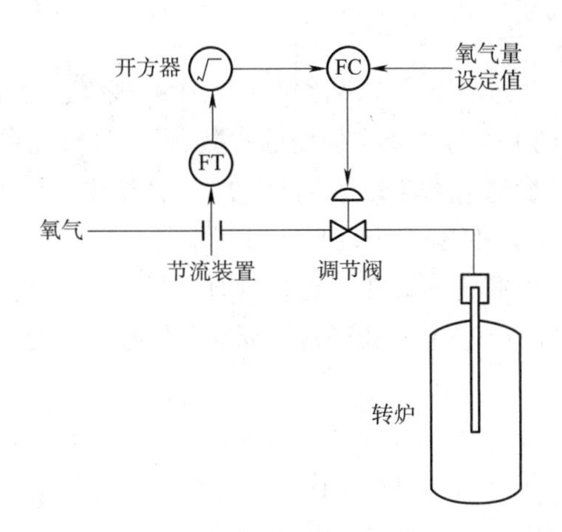

图 4.2　转炉供氧控制系统

由图 4.2 可见,从节流装置采集到的氧气流量,送入流量变送器(FT),再经过开方器,其结果送到流量控制器(FC),流量控制器(FC)根据氧气流量的测量值与其设定值的偏差,按照一定的控制算法输出控制信号,去控制调节阀的开度,从而改变供氧量的大小,以满足生产工艺的要求。

由此可见,过程控制系统由以下几部分组成:

①被控过程(或对象);

②用于生产过程参数检测的检测与变送仪表;

③控制器;

④执行机构;

⑤报警、保护和连锁等其他部件。

通常,将系统中被控制的物理量称为被控变量,而被控变量所要求的理想值称为设定值或给定值。设定值是系统的输入变量,被控变量是系统的输出变量。

过程控制系统一般有如下两种运行状态。一种是稳态,此时系统没有受到任何外来干扰,同时设定值保持不变,因而被控变量也不会随时间变化,整个系统处于稳定平衡工况。另一种是动态,当系统受到外来干扰的影响或者在改变了设定值后,原来的稳态遭到破坏,系统中各组成部分的输入输出变量都相继发生变化,尤其是被控变量也将偏离原稳态值而随时间变化,这时就称系统处于动态。经过一段调整时间后,如果系统是稳定的,被控变量将会重新达到新设定值或其附近,系统又恢复稳定平衡工况。

因此,过程控制的任务是在充分了解、掌握生产过程的工艺流程和动静态特性的基础上,根据控制系统对稳态与动态的具体要求,应用理论对控制系统进行分析与综合,以生产过程中物流变化信息量作为被控变量,选用适宜的技术手段,实现生产过程的控制目标。

4.1.2　过程控制系统的特点

生产过程的自动控制,一般是要求保持过程进行中的有关参数为一定值或按一定规律变化。显然,过程参数的变化,不但受外界条件的影响,它们之间往往也相互影响,这就增加了某些参数自动控制的复杂性和难度。过程控制系统有如下特点。

1. 被控对象的多样性

工业生产各不相同,生产过程本身大多比较复杂,生产规模也可能差异很大,这就给对被控对象的认识带来困难。不同生产过程要求控制的参数各异,且被控参数一般不止一个,这些参数的变化规律不同,引起参数变化的因素也不止一个,并且往往互相影响,所以要正确描绘这样复杂多样的对象特性还不完全可能,至今也只能对简单的对象特性有明确的认识,对那些复杂多样的对象特性,还只能采用简化的方法来近似处理。虽然理论上有适应不同情况的控制方法,但由于对象特性辨识的困难,要设计出适应不同对象的控制系统至今仍非易事。

2. 对象存在滞后性

由于热工生产过程大多在比较庞大的设备内进行,对象的储存能力大,惯性也较大,内部介质的流动与热量转移都存在一定的阻力,并且往往具有自动转向平衡的趋势,因此当流入或流出对象的物质或能量发生变化时,由于存在容量、惯性和阻力,被控参数不可能立即反映出来。滞后的大小取决于生产设备的结构与规模,并同其流入量与流出量的特性有关。显然,生产设备的规模越大,物质传递的距离越长,热量传递的阻力越大,造成的滞后就越大。一般来说,热工过程中大都是具有较大滞后的对象,对自动控制十分不利。

3. 对象特性的非线性

对象特性往往是随负荷而变的。当负荷不同时,其动态特性有明显的差别,即具有非线性特性。如果只以较理想的线性对象的动态特性作为控制系统的设计依据,则难以达到控制目的。

4. 控制系统比较复杂

由于生产安全上的考虑,生产设备的设计制造都力求使各种参数稳定,不会产生振荡,所以作为被控对象就具有非振荡环节的特性。热工对象往往具有自动趋向平衡的能力,即被控量发生变化后,对象本身能使被控量逐渐稳定下来,这种对象就具有惯性环节的特性。也有无自动趋向平衡能力的对象,被控量会一直变化而不能稳定下来,这种对象就具有积分特性。

由于对象的特性不同,其输入与输出量可能不止一个,控制系统的设计在于适应这些不同的特点,以确定控制方案和控制器的设计或选型,以及控制器特性参数的计算与设定。这些都要以对象的特性为据,而对象的特性正如上述那样复杂且难以充分认识,所以要完全通过理论计算进行系统设计与整定至今仍不可能。目前已设计出的各种各样的控制系统(如简单的位式控制系统、单回路及多回路控制系统,以及前馈控制、计算机控制系统等),都是通过必要的理论计算,采用现场调整的方法达到过程控制的目的的。

4.2 过程控制仪表及装置

4.2.1 过程控制仪表的分类及特点

控制仪表是由若干自动化元件构成的,具有较完善功能的自动化技术工具。它一般同时具有数种功能,如测量、显示、记录或测量、控制、报警等。控制仪表本身是一个系统,又是整个自动化系统中的一个子系统,其主要功能是信息形式的转换,将输入信号转换成输出信号。信号可以按时间域或频率域表达,信号的传输则可调制成连续的模拟量或断续的数字量形式。其特点在于仪表由各种独立的单元组合而成,单元之间采用统一化标准的电信号(4 ~ 20 mA 或 0 ~

10 mA)或气压信号(0.02~0.1 MPa)联络。根据不同要求,可把单元以任意数量组成各种简单的或复杂的控制系统。

过程控制系统是实现生产过程自动化的平台,而过程控制仪表与装置是过程控制系统不可缺少的重要组成部分。

1. 按能源形式分

按控制仪表使用能源可分为气动、电动和液动三种。

(1)气动控制仪表:驱动介质为气体,结构简单、安全防爆、易于维修。

(2)电动控制仪表:信号传送速度快、传送距离远、易于与计算机联用。

(3)液动控制仪表:驱动介质为液体,耐压能力高、结构简单、精度高、安全防爆。

2. 按结构形式分

按结构又可分为基地式、单元组合式、组装式、集散/分散式仪表等。基地式的特点在于仪表的所有部件之间,以不可分离的机械结构相连接,装在一个箱壳之内,利用一台仪表就能解决一个简单自动化系统的测量、记录、控制等全部问题,如温度控制器、压力控制器、流量控制器、液位控制器等。单元组合式控制器包括变送、调节、运算、显示、执行等单元,各单元之间用标准信号联系。在使用时再按一定的要求,将各单元组合在一起。

1)基地式控制仪表

基地式控制仪表以指示、记录仪表为主体,附加某些控制机构,即将检测、控制、显示功能设计在一个整体内。该类仪表一般结构比较简单,价格便宜。它不仅能对某些工艺变量进行指示或记录,而且还具有控制功能,因此安装简单、使用方便,但一般通用性差,只适用于小规模、简单控制系统。目前常使用的 XCT 系列动圈式控制仪表和 TA 系列简易式调节器均属此类仪表,如图 4.3 所示。

图 4.3　基地式仪表

基地式仪表的特点如下:

(1)综合与集中:基地式仪表把必要的功能部件全集中在一个仪表之内,只需配上调节阀便可构成一个调节系统。

(2)基地式仪表系统结构简单,不需要变送器,使用维护方便、防爆。由于安装在现场,因而测量和输出的管线很短。基地式仪表减少了气动仪表传送带滞后的缺点,有助于调节性能的改善。

(3)基地式仪表的缺点是功能较简单,不便于组成复杂的调节系统,外壳尺寸大,精度稍低。由于不能实现多种参数的集中显示与控制,也在一定程度上限制了基地式仪表的应用范围。

基地式仪表特别适用于中小型企业里数量不多或分散的就地调节系统。在大型企业的某些辅助装置,次要的工艺系统以及单机的局部控制,为了避免集控装置的负担过重,增加系统的可靠性、安全性,也会用到基地式气动仪表。

2)单元组合式控制仪表

单元组合式控制仪表是将整套仪表划分为能独立实现一定功能的若干单元,各单元之间采用统一信号进行。使用时可根据控制系统的需要,对个单元进行选择和组合,从而构成多种多样的、复杂程度各异的自动检测和控制系统,如图 4.4 所示。

其特点是使用灵活,通用性强,使用、维护工作也很方便。广泛使用的单元组合式控制仪表有电动单元组合仪表(DDZ 型)和气动单元组合仪表(2 型)。单元的种类有变送单元、执行单元、控制单元、转换单元、运算单元、显示单元、给定单元和辅助单元等。

图 4.4　单元组合式控制仪表

(1)变送单元:它能将各种被测参数,如温度、压力、流量、液位等物理量变换成相应的标准统一信号(4 ~ 20 mA,0 ~ 10 mA 或 0.02 ~ 0.1 MPa)传送到接收仪表或装置,以供指示、记录或控制。变送单元包括温度变送器、压力变送器、差压变送器、流量变送器、液位变送器等。

(2)转换单元:转换单元将电压、频率等电信号转换成标准统一信号,或者进行标准统一信号之间的转换,以使不同信号可以在同一控制系统中使用。转换单元包括直流毫伏转换器、频率转换器、电/气转换器、气/电转换器等。

(3)控制单元:控制单元是将来自变送单元的测量信号与给定信号进行比较,按照偏差给出控制信号,去控制执行器的动作。控制单元包括比例积分微分控制器、比例积分控制器、微分控制器以及具有特种功能的控制器等。

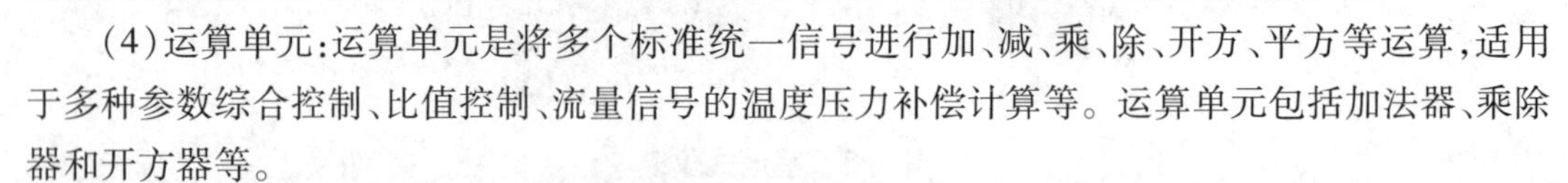

(4)运算单元:运算单元是将多个标准统一信号进行加、减、乘、除、开方、平方等运算,适用于多种参数综合控制、比值控制、流量信号的温度压力补偿计算等。运算单元包括加法器、乘除器和开方器等。

(5)显示单元:显示单元是对各种被测参数进行指示、记录、报警和积算,供操作人员监控系统工况使用。显示单元包括指示仪、记录仪、比例积算器、报警器等。

(6)给定单元:它将输出标准统一信号,作为被控变量的给定值送到控制单元,实现定制控制。给定单元包括恒流给定器、定制器、比值给定器和时间程序给定器等。

(7)执行单元:执行单元是按照控制单元输出的控制信号去改变控制量大小。执行单元包括角行程电动执行器、直行程电动执行器和气动薄膜调节阀等。

(8)辅助单元:辅助单元是为了满足自动控制系统某些要求而增设的仪表,如发信、切换、遥控等。辅助单元包括操作器、阻尼器、限幅器、安全栅等。

3)组装式控制仪表

组装式控制装置是在单元组合式仪表基础上发展起来的成套仪表装置,它的基本组成是一块块功能分离的组件，如图4.5所示。由于现代化的大型企业要求各种复杂的控制系统及集中的显示操作，这就需要将控制功能及显示、操作功能分离开来。因此，组件组装式控制装置在结构上可分为控制柜和显示操作盘两大部分。控制柜内插入若干个组件箱，而若干块组件板又插入组件箱中。

图4.5 组装式控制仪表

基于上述结构特点，组件组装式装置可由仪表制造厂预先根据用户要求，组装好整套自控系统，再以成套装置形式提供给用户，从而可使自控系统的现场施工、系统安装和调试工作量大大减少，也是维护、检修和系统重组工作大大简化。显示操作盘则只需占用很小的地方，更可用一台电子显示屏幕（图像显示）集中显示操作，从而大大改善了人机联系。在控制柜中各个组件之间的信息联系，采用矩阵端子接线方式，接线工作都集中在矩阵端子接线箱里进行。

4）集散/分散式仪表

集散/分散式仪表以计算机或微处理器为其核心部件，经历了集中型计算机控制、集散型计算机控制和基于现场总线的分布式计算机控制等三个发展阶段。在前两个阶段中，测量变送与执行单元仍采用模拟式仪表，只是调节单元采用数字式仪表，即数字调节器、可编程控制器或工业控制机，因而属于模拟、数字混合式仪表。而在基于现场总线的分布式计算机过程控制中，由于采用了全数字式、双向传输、多分支结构的通信网络，数字通信一直延伸到现场，其通信协议按规范化、标准化和公开化进行设计，使各种控制系统通过现场总线，不但实现了互联、互换、互操作等，而且能方便地实现集中管理和信息集成，如图4.6所示。

3. 按信号形式分

1）模拟式仪表

模拟式仪表是以模拟量（如指针的转角、记录笔的移位等）来显示或记录被测值的一种自动化仪表。在工业过程测量与控制系统中比较常见的模拟式显示仪表，可按其工作原理分为以下几种类型：

（1）磁电式显示与记录仪表，如动圈式显示仪表；

（2）自动平衡式显示与记录仪表，如自动平衡电位差计、自动平衡电桥等；

（3）光柱式显示仪表，如LED光柱显示仪。

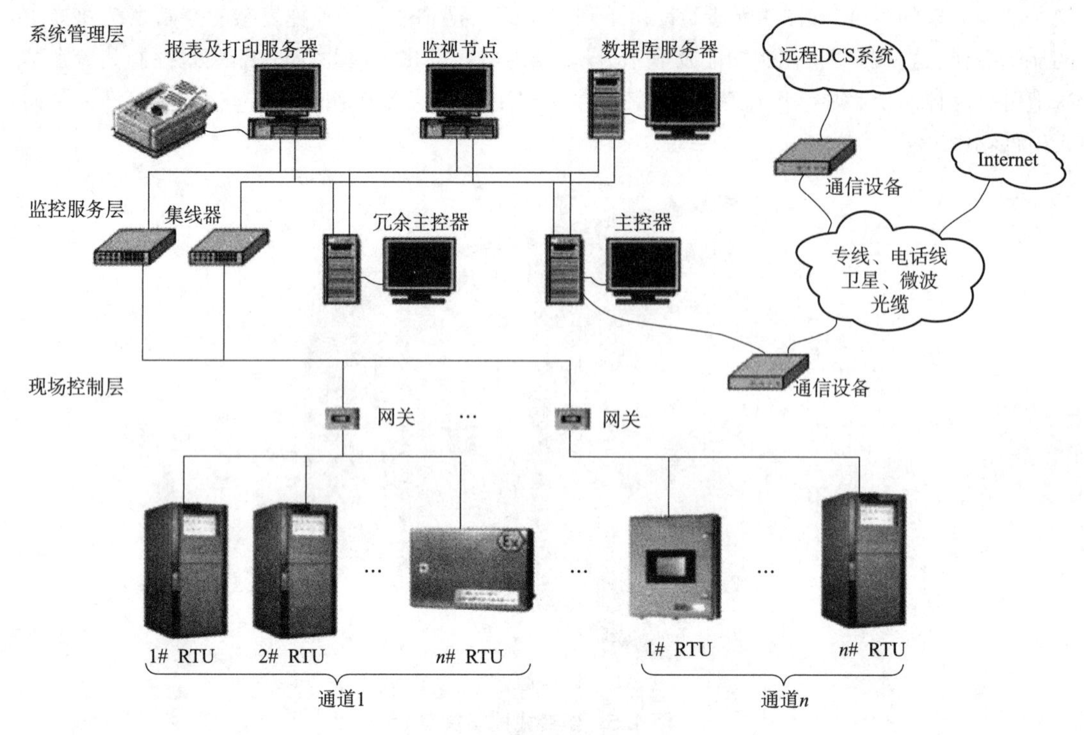

图 4.6　集散/分散式仪表

模拟式显示仪表一般具有结构简单可靠、价格低廉的优点，其最突出的特点是可以直观地反应测量值的变化趋势，便于操作人员一目了然地了解被测变量的总体状况。因此，即使在数字式和微机化仪表技术快速发展的今天，模拟式显示仪表仍然在很多场合得到广泛使用。

模拟式仪表传输信号通常为连续变化的模拟量，仪表内部线路较简单，操作方便，价格较低，使用上均有较成熟的经验，如图 4.7 所示。

图 4.7　模拟式仪表

2）数字式仪表

数字式仪表是把测量值转化为数字量并以数字形式显示出来的仪表，如图 4.8 所示。

其外形结构、面板布置保留了模拟式仪表的一些特征，但其运算、控制功能更为丰富，通过组态可完成各种运算处理和复杂控制。可和计算机配合使用，以构成不同规模的分级控制系统。传输信号通常为断续变化的数字量。这些仪表和装置是以微型计算机为核心，其功能完善，性能优越，它能解决模拟式仪表难以解决的问题，满足现代化生产过程的高质量控制要求。

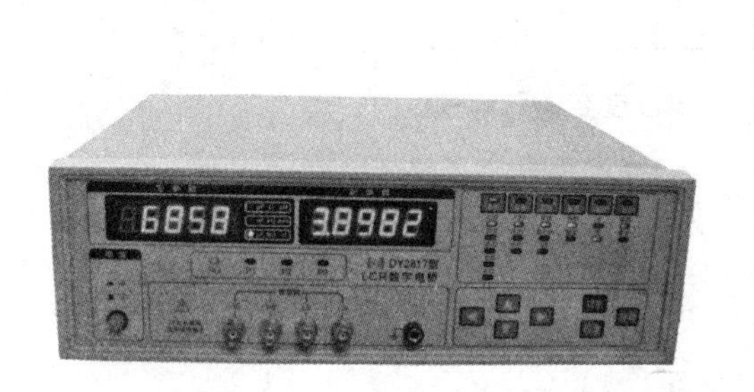

图4.8　数字式仪表

4.2.2　常用的控制仪表及装置

1. 变送器

变送器是从传感器发展而来的，是将各种工艺参数，如温度、压力、流量、液位、成分等物理量转换成统一的标准信号的传感器，以供显示、记录或控制之用。标准信号是指物理量的形式和数量范围都符合国际标准的信号。由于直流信号具有不受线路中电感、电容及负载性质的影响，不存在相移问题等优点，所以国际电工委员会（IEC）将电流信号4～20 mA（DC）和电压信号1～5 V（DC）确定为过程控制系统中模拟信号的统一标准。下面以热电偶温度变送器（见图4.9）为例。

图4.10～图4.12所示，热电偶温度变送器与热电偶测温元件配套使用，将温度信号 T_i 线性地转换成标准信号（I_0、U_0）输出。

图4.13的一体化温度变送器，由测温元件和变送器模块两部分构成。变送器模块把测温元件的输出信号 E_t，或 R_t 转换成为统一标准信号，主要是4～20 mA的直流电流信号。所谓一体化温度变送器，是指将变送器模块安装在测温元件接线盒或专用接线盒内的一种温度变送器。其变送器模块和测温元件形成一个整体，可以直接安装在被测温度的工艺设备上。由于使用方便，在生产中应用越来越广泛。

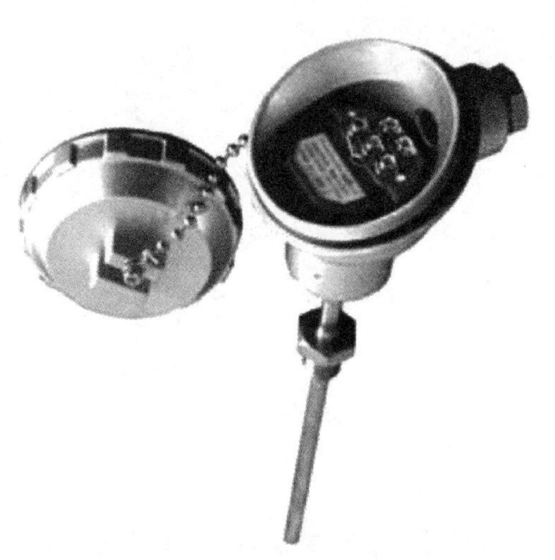

图4.9　热电偶温度变送器

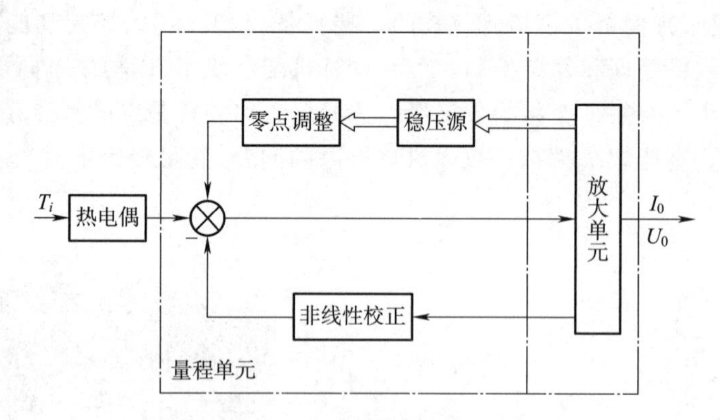

图 4.10 热电偶温度变送器构成框图

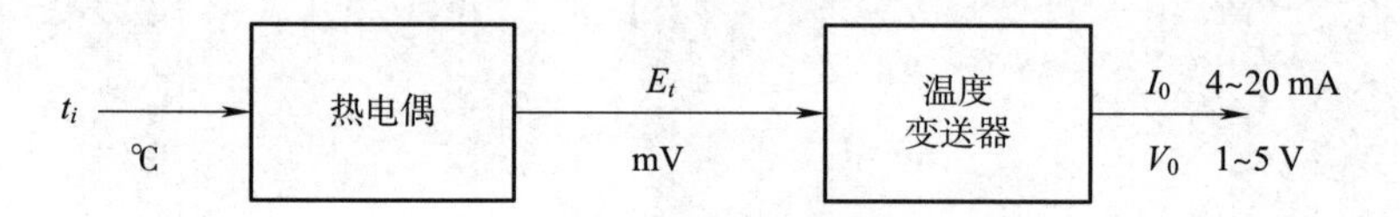

图 4.11 热电偶温度变送器工作原理

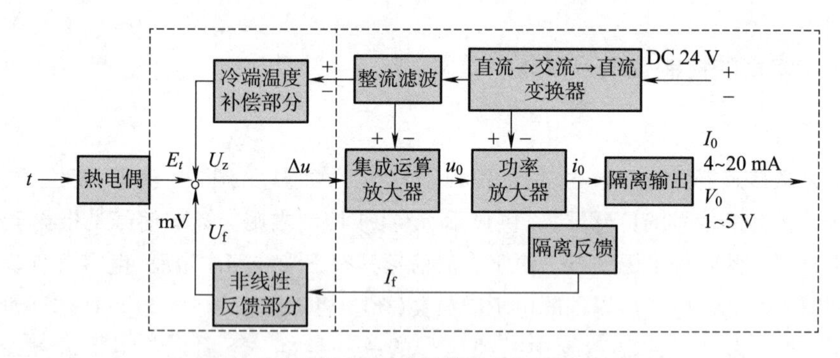

图 4.12 热电偶温度变送器内部结构及原理

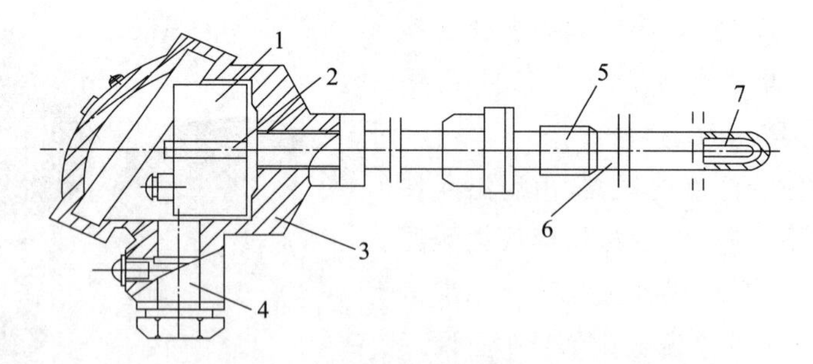

图 4.13 一体化热电偶温度变送器

1—变送器模块;2—穿线孔;3—接线盒;4—进线孔;5—固定装置;6—保护套管;7—热电极

2. 执行器

执行器是自动控制系统中必不可少的一个重要组成部分。它的作用是接受控制器送来的控制信号,改变被控介质的大小,从而将被控变量维持在所要求的数值上或一定的范围内。执行器按其能源形式可分为气动、液动、电动三大类,三类执行器如图 4.14 所示。

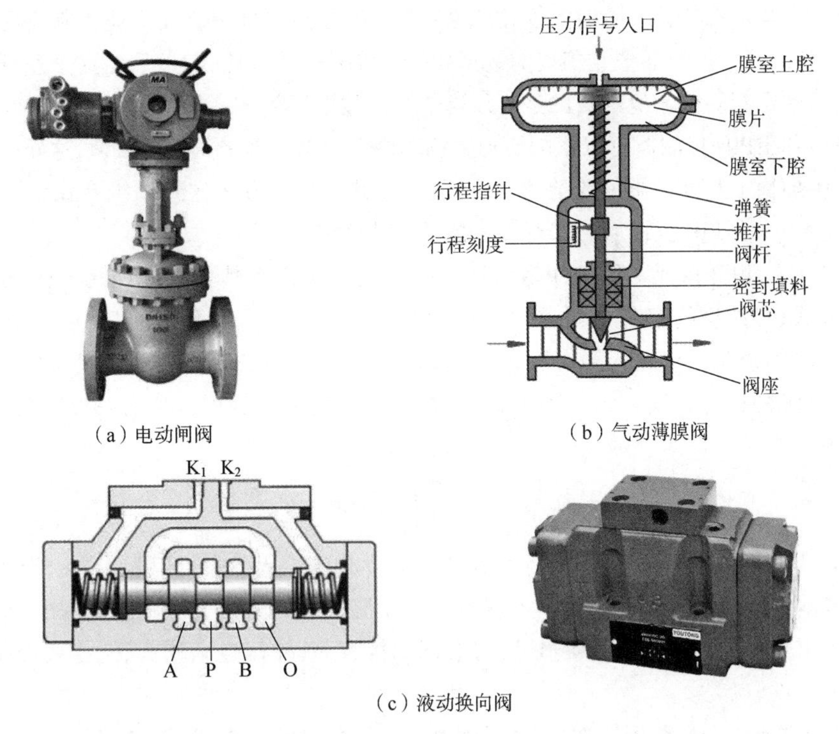

（a）电动闸阀　　（b）气动薄膜阀

（c）液动换向阀

A、B—连接执行元件的油口；P—进油口；O—回油口；K_1、K_2—控制油口

图 4. 14　不同的执行器

气动执行器用压缩空气作为能源，其特点是结构简单、动作可靠、平稳、输出推力较大、维修方便、防火防爆，而且价格较低，因此广泛地应用于化工、造纸、炼油等生产过程中，它可以方便地与被动仪表配套使用。即使是使用电动仪表或计算机控制时，只要经过电-气转换器或电-气阀门定位器将电信号转换为 20～100 kPa 的标准气压信号，仍然可用气动执行器。电动执行器的能源取用方便，信号传递迅速，但结构复杂、防爆性能差。液动执行器在化工、炼油等生产过程中基本上不使用，它的特点是输出推力很大。

在过程控制系统中，执行器由执行机构和自动化调节机构两部分组成。自动化调节机构通过执行元件直接改变生产过程的参数，使生产过程满足预定的要求。执行机构则接受来自控制器的控制信号把它转换为驱动调节机构的输出（如角位移或直线位移输出）。它也采用适当的执行元件，但要求与调节机构不同。执行器直接安装在生产现场，有时工作条件严苛，能否保持正常工作直接影响自动调节系统的安全性和可靠性。

3. 控制器

过程控制器又称过程控制仪表，其主要作用是根据变送器获得的信息，利用各种控制算法，实现对执行器发出信号，以便达到实现执行器对控制对象的参数进行控制。在自动控制系统中，检测仪表将被控变量转换成测量信号后，一方面送显示仪表进行显示记录，另一方面送到控制仪表，调节被控变量到预定的数值上。在工业中，PID 控制器是应用最广泛的一种控制器。

1）PID 控制器

PID 控制器（比例-积分-微分控制器），由比例单元 P、积分单元 I 和微分单元 D 组成。通过 K_p（比例系数），T_i（积分时间常数）和 T_d（微分时间常数）三个参数的设定。PID 控制器主要适用于基本上线性,且动态特性不随时间变化的系统。PID 控制器是一个在工业控制应用中常见的反馈回路部件。这个控制器把收集到的数据和一个参考值进行比较,然后把这个差别用于计算新的输入值,这个新的输入值的目的是可以让系统的数据达到或者保持在参考值。和其他简单的控制运算不同,PID 控制器可以根据历史数据和差别的出现率来调整输入值,这样可以使系统更加准确、更加稳定。可以通过数学的方法证明,在其他控制方法导致系统有稳定误差或过程反复的情况下,一个 PID 反馈回路却可以保持系统的稳定。

比例单元 P、积分单元 I 和微分单元 D 三种控制方式各有其独特的作用。比例控制是基本的控制方式,自始至终起着与偏差相对应的控制作用。引入积分控制后,可以消除纯比例控制无法消除的余差。而加入微分控制,则可以在系统受到快速变化扰动的瞬间,及时加以抑制,增加系统的稳定程度。将三种方式组合在一起,就是比例积分微分(PID)控制,其数学表达式如下:

$$u(t) = K_{\mathrm{P}}\left[e(t) + \frac{1}{T_{\mathrm{I}}}\int_{0}^{t} e(t)\mathrm{d}t + T_{\mathrm{D}}\frac{\mathrm{d}e(t)}{\mathrm{d}t}\right]$$

图 4.15 是实际比例积分微分控制器的输出特性曲线。从图中可以看出,比例作用是始终起作用的基本分量。微分作用在偏差出现的一开始有很大的输出,具有超前作用,然后逐渐消失。积分作用则在开始时作用不明显,随着时间的推移,其作用逐渐增大,起主要控制作用,直到余差消失为止。

PID 控制器有 3 个参数可以选择:比例系数 K_{P},积分时间常数 T_{I},微分时间常数 T_{D}。K_{P} 越大,比例作用越强;T_{I}越小,积分作用越强;T_{D}越大,微分作用越强。把微分时间调到零,就成了比例积分控制器;把积分时间调到无穷大,则成了比例微分控制器。比例积分微分(PID)控制器适用于被控对象负荷变化较大,容量滞后较大,扰动变化较强,工艺不允许有余差存在,且控制质量要求较高的场合。虽然 PID 控制规律综合了各种控制规律的优点,具有较好的控制性能,但这并不意味着它在任何情况下都是最合适的。只有根据被控对象的特性合理选择比例度、积分时间和微分时间才能获得较高的控制质量。PID 控制器中各种组合方案的控制效果如图 4.16 所示。

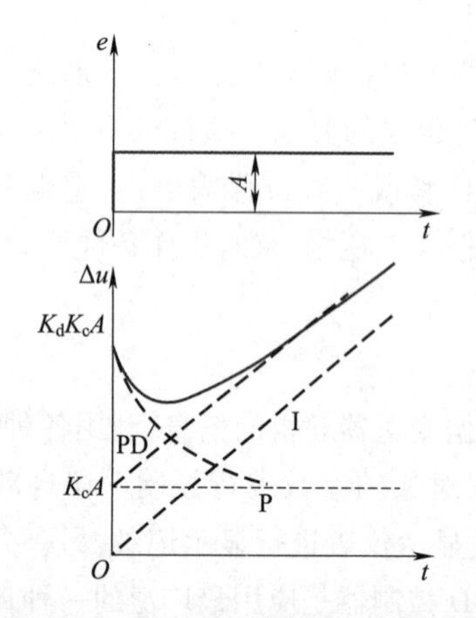

图 4.15　PID 控制器的输出特性曲线

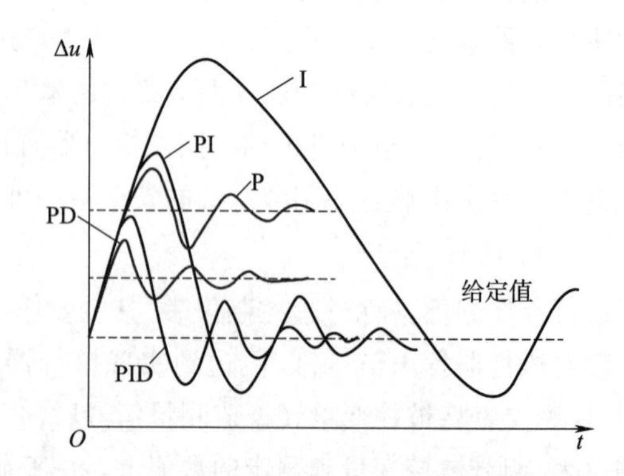

图 4.16　PID 控制器各种组合控制效果图

各类生产过程对象常用的控制规律如下。

(1)液位:一般要求不高,用 P 或 PI 控制规律。

(2)流量:时间常数较小,测量中混有扰动,用 PI 或加反微分控制规律。

(3)压力:介质为液体的时间常数较小,介质为气体的时间常数中等,用 P 或 PI 控制规律。

(4)温度:容量滞后较大,用 PID 控制规律。

2)其他控制规律

其他控制规律是指除 PID 控制之外的控制规律,包含串级控制、补偿控制、特殊控制和解耦控制等。还有智能控制规律包含模糊控制、预测控制、自适应控制、鲁棒控制等。

4. 计算机控制系统

过程控制中采用计算机控制的主要方式为集散控制系统(DCS)和现场总线控制系统(FCS)。

集散控制系统 DCS(Distributed Control System)又名集中分散控制系统,简称集散控制系统,是一种集计算机技术、控制技术、通信技术和触摸屏等技术为一体的新型控制系统,如图 4.17 所示。集散控制系统通过控制站对工艺过程各部分进行分散控制,通过操作站对整个工艺过程进行集中监视、操作和管理。它采用了分层多级、合作自治的结构形式,体现了其控制分散、危险分散,而操作、管理集中的基本设计思想。目前在石油、化工、冶金、电力、制药等行业获得广泛应用。

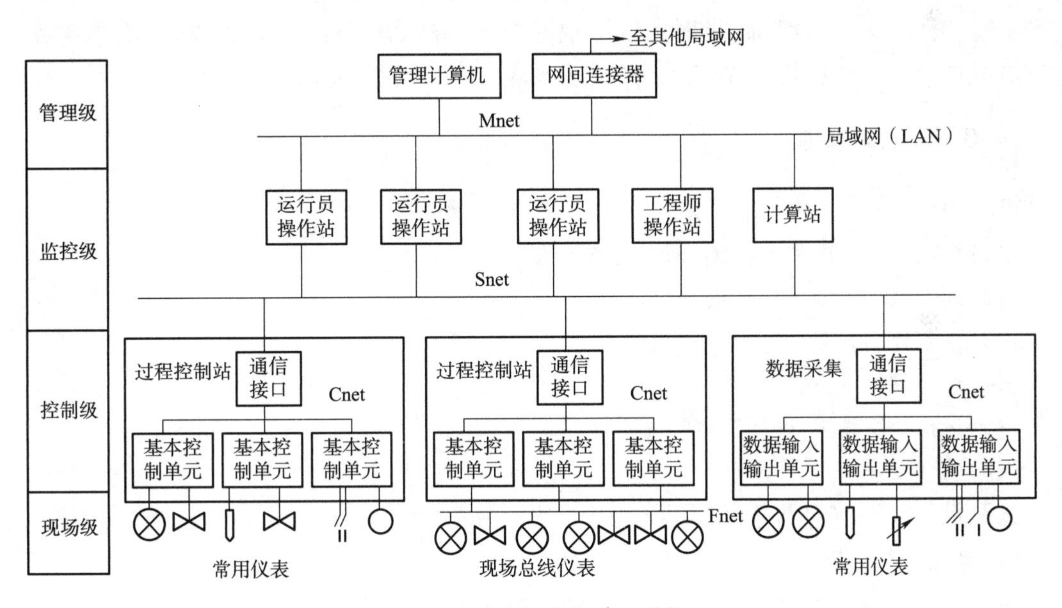

图 4.17　集散控制系统(DCS)

现场总线控制系统 FCS 作为新一代控制系统,一方面突破了 DCS 系统采用通信专用网络的局限,采用了基于公开化、标准化的解决方案,克服了封闭系统所造成的缺陷;另一方面把 DCS 的集中与分散相结合的集散系统结构,变成了新型全分布式结构,把控制功能彻底下放到现场,如图 4.18 所示。可以说,开放性、分散性与数字通信是现场总线控制系统最显著的特征。现场总线是将自动化最底层的现场控制器和现场智能仪表、设备互连的实时控制通信网络,遵循 ISO 的 OSI 开放系统互连参考模型的全部或部分通信协议。

现场总线控制是工业设备自动化控制的一种计算机局域网络。它是依靠具有检测、控制、通信能力的微处理芯片,数字化仪表(设备)在现场实现彻底分散控制,并以这些现场分散的测

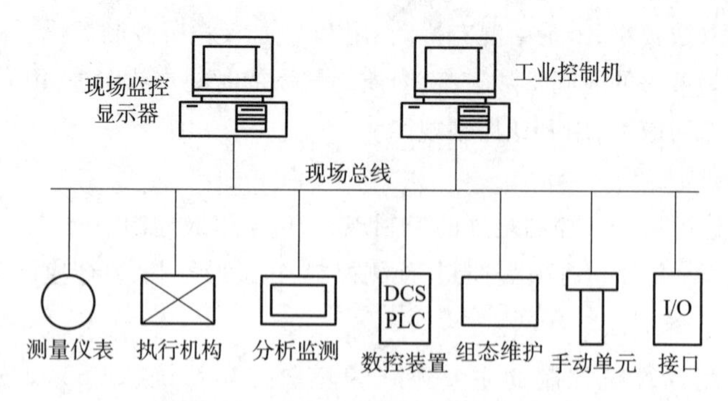

图 4.18 现场总线控制系统(FCS)

量、控制设备单个点作为网络节点,将这些点以总线形式连接起来,形成一个现场总线控制系统。

4.3 案例:喷雾式干燥设备过程控制系统设计

喷雾式干燥设备主要用于干燥产品并分离回收,适用于连续大规模生产,干燥速度快,主要适用于热敏性物料、生物制品和药物制品。喷雾干燥设备因其可直接由溶液或悬浮体制得成分均匀的粉状产品的特殊优点,在化工、轻工、食品等工业中有广泛应用。

4.3.1 设计步骤

1. 具体步骤

(1)根据工艺要求和控制目标确定系统变量。

(2)建立数学模型。

(3)确定控制方案。

(4)选择硬件设备。

(5)选择控制算法,进行控制器设计。

(6)软件设计。

(7)设备安装、调试与整定、运行。

2. 确定系统变量

过程控制目标定性地说明了过程控制的一般目标,即所设计出的系统需确保过程的稳定性、安全性和经济性。

控制系统的设计是为工艺生产服务的,因此它与工艺流程设计、工艺设备设计及设备选型等有密切关系。现代工业生产过程的类型很多,生产装置日趋复杂化、大型化,这就需要更复杂、更可靠的控制装置来保证生产过程的正常运行。因此,对于具体系统,过程控制设计人员必须熟悉生产工艺流程、操作条件、设备性能、产品质量指标等,并与工艺人员一起研究各操作单元的特点及整个生产装置工艺流程特性,确定保证产品质量和生产安全的关键参数。

系统变量包括被控变量、控制变量和扰动变量等,它根据系统控制目标和工艺要求确定。确定了系统变量后,便可以建立被控对象的数学模型。

1）被控变量

在定性确定目标后，通常需要用工业过程的被控变量来定量地表示控制目标。选择被控变量是设计控制系统中的关键步骤，对于提高产品的质量和产量、稳定生产、节能环保、改善劳动条件等都是非常重要的。如果被控变量选择得不合适，则系统不能很好地控制，先进的生产设备和控制仪表就不能很好地发挥作用。被控变量也是工业过程的输出变量，选择的基本原则为：

（1）选择对控制目标起重要影响的输出变量作为被控变量；选择可直接控制目标质量的输出变量作为被控变量。

（2）在前提（1）下，选择与控制变量之间的传递函数比较简单、动态和静态特性较好的输出变量作为被控变量。

（3）有些系统存在控制目标不可测的情况，则可选择其他能够可靠测量，且与控制目标有一定关系的输出变量，作为辅助被控变量。

2）控制变量

当对象的被控变量确定后，接下来就是构成控制回路，选择合适的控制变量（也称为操作变量），以便被控变量在扰动作用下发生变化时，能够通过对控制变量的调整，使得被控变量迅速地返回原来的设定值上，从而保证生产的正常进行。控制变量为可由操作者或控制机构调节的变量，选择的基本原则为：

（1）选择对所选定的被控变量影响较大的输入变量作为控制变量。

（2）在前提（1）下，选择变化范围较大的输入变量作为控制变量，以便易于控制。

（3）在（1）的基础上选择对被控变量作用效应较快的输入变量作为控制变量，使控制的动态响应较快。

（4）在复杂系统中，存在多个控制回路，即存在多个控制变量和多个被控变量。所选择的控制变量对相应的被控变量有直接影响，而对其他输出变量的影响应该尽可能小，以便使不同控制回路之间的影响比较小。

确定了系统的控制变量后，便可以将其他影响被控变量的所有因素称为扰动变量。

3. 确定控制方案

工业过程的控制目标及输出变量和控制变量确定后，控制方案就可以确定了。控制方案应该包括控制结构和控制规律。控制方案的选取是控制系统设计中最重要的部分之一，它们决定了整个控制系统中信息所经过的运算处理，也就决定了控制系统的基本结构和基本组成，所以对控制质量起决定性的影响。

1）控制结构

在控制结构上，从系统方面来说，要考虑选取常规仪表控制系统，还是计算机控制系统；在系统回路上，是选取单回路简单控制系统，还是多回路复杂控制系统；在系统反馈方式上，是选取反馈控制系统、前馈控制系统，还是复合控制系统。

（1）反馈控制系统。

反馈控制系统是一种典型的“基于偏差、消除偏差”的控制系统。这类控制系统的优点是结构简单，不必过于严格地考虑被控对象数学模型，不要求干扰可测。因此，即使在计算机控制迅速发展的今天，在高水平的自动化控制方案中，仍占控制回路的绝大多数，往往在85%~90%以上。其缺点是稳定性问题较严重。

(2)前馈控制系统。

利用扰动量的直接测量值,调节控制变量,使被控变量保持在预期值。与反馈控制不同,它是一种基于扰动的开环控制。前馈控制本质上是针对系统存在比较显著、频繁扰动时对系统干扰的一种补偿控制,以有效抑制扰动对被控变量的影响。其特点是需要针对干扰一对一的设计,无法消除其他干扰,且要求干扰可测和干扰通道模型准确,但没有稳定性问题。

(3)复合控制系统。

复合控制系统也就是通常所指的前馈-反馈控制系统,它是反馈控制和前馈控制的结合,具有两者的优点。前馈控制的主要优点是能针对主要扰动及时克服其对被控变量的影响;反馈控制的主要优点是克服其他扰动,使系统在稳态时能准确地使被控变量控制在给定值上,因此构成的复合控制系统可以提高控制质量。

2)控制策略

在控制结构确定后,需要首先选择合适的控制算法,如简单PID控制、复杂控制或先进控制等算法,然后根据控制规律进行控制器的设计,即进行软件编程和参数整定。

4. 过程控制系统硬件选择

根据过程控制的输入输出变量以及控制要求,可以选定系统硬件,包含:控制装置、测量仪表、传感器、执行机构、报警、保护、连锁等部件。

1)调节控制器的选型原则

用于过程控制的计算机控制设备多采用DCS(集散控制系统)或PLC(可编程序控制器)。模拟量控制回路较多,开关量较少的过程控制系统宜采用DCS控制;模拟量控制回路较少,开关量较多的过程控制系统宜采用PLC控制。

2)变送器的选型原则

变送器一般宜采用定型产品,设计过程控制系统时,根据控制方案选择测量仪表和传感器。选型原则:可靠性、实用性、先进性。

3)执行器的选型

目前可供选择的商品化执行器或执行部件有调节阀、温控器和变频装置等。在过程控制系统中,最常用的执行机构是调节阀。调节阀是按照控制器(调节器或操作器)所给定的信号大小,改变阀的开度,以实现调节流体流量的装置。如果把控制器比喻为自动调节系统中的“头脑”,则调节阀就是自动调节系统的“手脚”。

4.3.2 过程控制系统设计

以喷雾式干燥设备过程控制系统设计为例。

1. 工艺要求

图4.19为乳化物干燥过程示意图。由于乳化物属于胶体物质,激烈搅拌易固化,也不能用泵抽送,因而采用高位槽的办法。浓缩的乳液由高位槽流经过滤器A或B,滤去凝结块和其他杂质,并从干燥器顶部由喷嘴喷下。由鼓风机将一部分空气送至换热器,用蒸汽进行加热,并与来自鼓风机的另一部分空气混合,经风管送往干燥器,由下而上吹出,以便蒸发掉乳液中的水分,使之成为粉状物,由底部送出进行分离。生产工艺对干燥后的产品质量要求很高,水分含量不能波动太大,因而需要对干燥的温度进行严格控制。试验表明,若温度波动在±2 ℃以内,则产品质量符合要求。

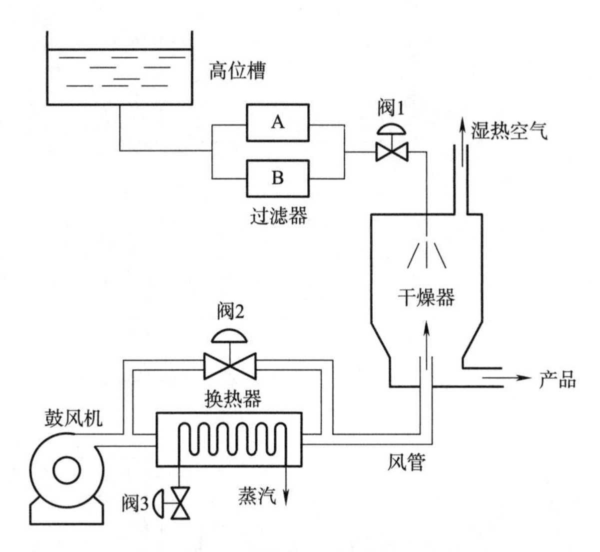

图 4.19　乳化物干燥过程示意图

2. 方案设计与参数整定

1)被控参数与控制参数的选择

(1)被控参数的选择。根据上述生产工艺情况,产品质量(水分含量)与干燥温度密切相关。考虑到一般情况下测量水分的仪表精度较低,故选用间接参数,即干燥的温度为被控参数,水分与温度一一对应。因此,必须将温度控制在一定数值上。

(2)控制参数的选择。若知道被控过程的数学模型,控制参数的选择则可根据其选择原则进行。不知道过程的数学模型,只能用图 4.19 装置进行分析。由工艺可知,影响干燥器温度的主要因素有乳液流量 $f_1(t)$、旁路空气流量 $f_2(t)$ 和加热蒸汽流量 $f_3(t)$。选其中任一变量作为控制参数,均可构成温度控制系统。图中,用调节阀 1、2、3 的位置分别代表三种可供选择的控制方案。其系统框图分别如图 4.20 ~ 图 4.23 所示。

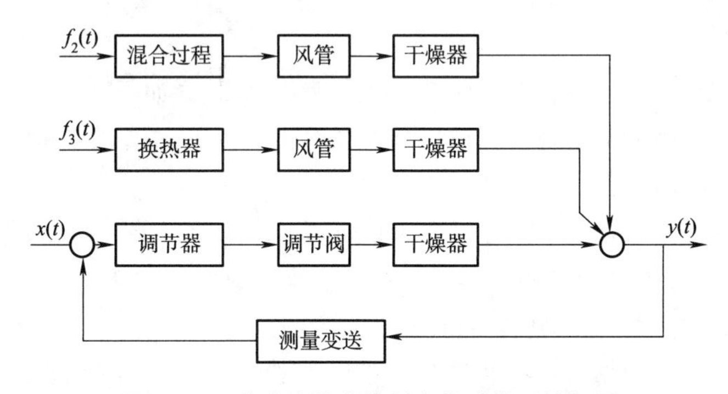

图 4.20　乳液流量为控制参数时的系统框图

按图 4.20 框图进行分析可知,乳液直接进入干燥器,控制通道的滞后最小,对被控温度的校正作用最灵敏,而且干扰进入系统的位置远离被控量,所以将乳液流量作为控制参数应该是最佳的控制方案;但是,由于乳液流量是生产负荷,工艺要求必须稳定,若作为控制参数,则很难满足工艺要求。所以,将乳液流量作为控制参数的控制方案应尽可能避免。按图 4.21 框图进行分析可知,旁路空气量与热风量混合,经风管进入干燥器,它与图 4.20 控制方案相比,控制通

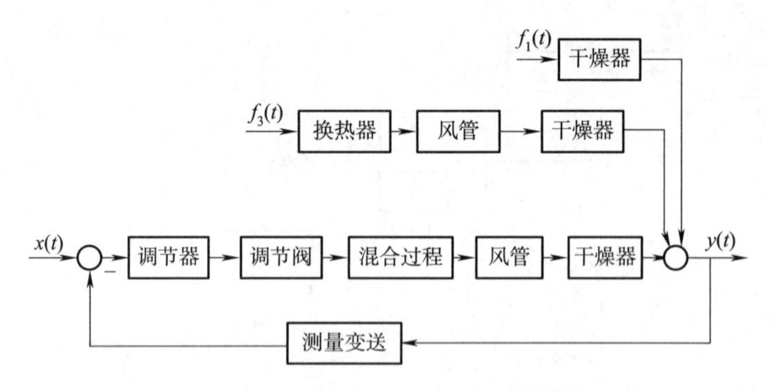

图 4.21　旁路空气流量为控制参数时的系统框图

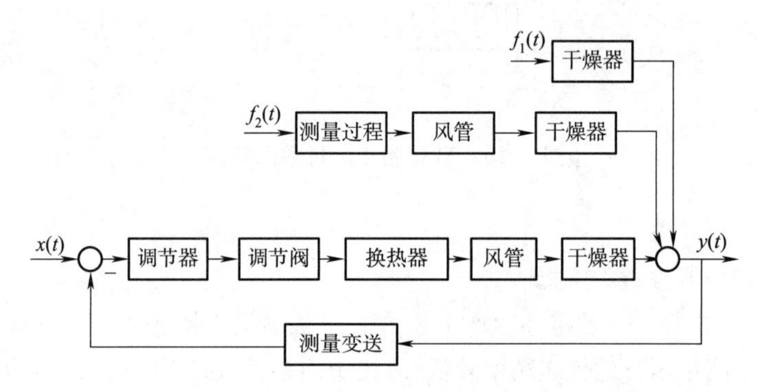

图 4.22　蒸汽流量为控制参数时的系统框图

道存在一定的纯滞后，对干燥温度校正作用的灵敏度虽然差一些，但可通过缩短传输管道的长度而减小纯滞后时间。按图 4.22 的控制方案分析可知，蒸汽需经过换热器的热交换，才能改变空气温度。由于换热器的时间常数较大，而且该方案的控制通道既存在容量滞后又存在纯滞后，因而对干燥温度校正作用的灵敏度最差。根据以上分析可知，选择旁路空气流量作为控制参数的方案比较适宜，如图 4.21 所示。

2）仪表的选择

根据生产工艺及用户要求，宜选用 DDZ-Ⅲ型仪表，具体选择如下：

（1）测温元件及变送器的选择。因被控温度在 600 ℃以下，故选用热电阻温度计。为提高检测精度，应采用三线制接法，并配用温度变送器。

（2）调节阀的选择。根据生产工艺安全的原则，宜选用气关式调节阀；根据过程特性与控制要求，宜选用对数流量特性的调节阀。根据被控介质流量的大小及调节阀流通能力与其尺寸的关系，选择调节阀的公称直径和阀座的直径。

（3）控制器的选择。根据过程特性与工艺要求，宜选用 PI 或 PID 控制规律。由于选用调节阀为气关式，故比例系数 K_p 为负；当给被控过程输入的空气量增加时，干燥器的温度降低，故 K_p 为负，测量变送器的 K_m 通常为正。为使整个系统中各环节静态放大系数的乘积为正，则调节器的 K_p 应为正，故选用反作用调节器。

3）温度控制原理图及其系统框图

根据上述设计的控制方案，喷雾式干燥设备过程控制系统的原理图与系统框图如图 4.23 所示。

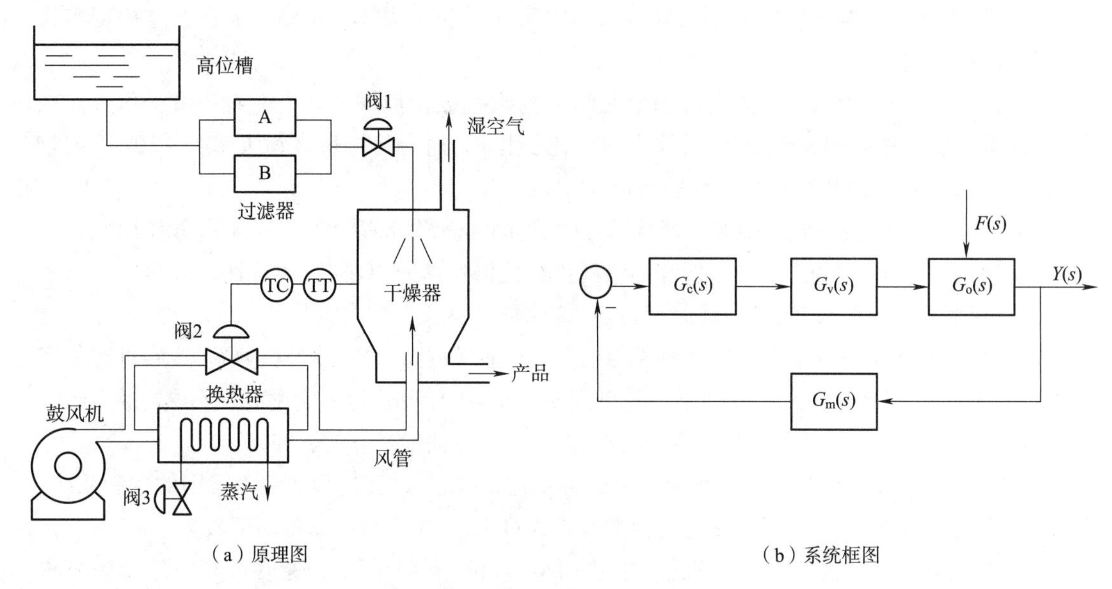

（a）原理图　　（b）系统框图

图4.23　喷雾式干燥设备过程控制系统的原理图与系统框图

4)控制器的参数整定

整定控制器参数的方法很多,归纳起来可分为两大类:理论计算整定法和工程整定法。理论计算整定法要求已知过程对象的数学模型,再使用时域或频域的分析方法进行理论计算得到,这种方法工作量大,可靠性不高,因此多用于理论研究中进行各种控制方案比较时用。

对于工程整定法,工程技术人员无需确切知道对象的数学模型,无需具备理论计算所必需的控制理论知识,就可以在控制系统中直接进行整定,因而比较简单、实用,在实际工程中应用广泛。常用的工程整定法有经验法、临界比例度法和衰减曲线法等。

(1)经验法。这种方法实质上是一种经验试凑法,是工程技术人员在长期生产实践中总结出来的。它不需要进行事先的计算和实验,而是根据运行经验,先确定一组控制器参数经验数据,如表4.1所示,并将系统投入运行,通过观察人为加入扰动(改变设定值)后的过渡过程曲线,再根据各种控制作用对过渡过程的不同影响来改变相应的控制参数值,如此进行反复试凑,直到获得满意的控制品质为止。

表4.1　控制器参数经验数据表

被控变量	规律的选择	比例度 δ(%)	积分时间 T_I/min	微分时间 T_D/min
流量	对象时间常数小,参数有波动,δ要大,T_I要短,不用微分	400～100	0.3～1	
温度	对象容量滞后较大,即参数受扰动后变化迟缓,δ要小,T_I要长,一般需要加微分	20～60	3～10	0.5～3
压力	对象的容量滞后不大,一般不加微分	30～70	0.4～3	
液压	对象时间常数范围较大,要求不高时,δ可在一定范围内选取,允许有余差时,可不用积分,一般不用微分	20～80		

由于比例作用是最基本的控制作用,经验整定法主要通过调整比例度δ的大小来满足品质指标。整定途径有以下两条:

①先用单纯的比例作用(P),即寻找合适的比例度δ,将人为加入扰动后的过渡过程调整为4:1 的衰减振荡过程。

然后加入积分作用(I),一般先取积分时间T_I为衰减振荡周期的一半左右。由于积分作用将使振荡加剧,在加入积分作用之前,要先减弱比例作用,通常将比例度增大 10%~20%。调整积分时间的大小,直到出现 4:1 的衰减振荡。

需要时,最后加入微分作用(D),即从零开始,逐渐加大微分时间T_D。由于微分作用能抑制振荡,在加入微分作用之前,可把比例度调整到比纯比例作用时更小些,还可把积分时间也缩短一些。通过微分时间的试凑,使过渡时间最短、超调量最小。

②先根据表 4.1 选取积分时间T_I和微分时间T_D,通常取$T_D=(1/3\sim1/4)T_I$,然后对比例度δ进行反复试凑,直至得到满意的结果。如果开始时T_I和T_D设置得不合适,则有可能得不到要求的理想曲线。这时,应适当调整T_I和T_D,再重新试凑,使曲线最终符合控制要求。

经验法适用于各种控制系统,特别适用于对象扰动频繁、过渡过程曲线不规则的控制系统。但是,使用此法主要靠经验,对于缺乏经验的操作人员来说,整定所花费的时间较多。

(2)衰减曲线法。该方法与临界比例度法的整定过程有些相似,也是在闭环系统中先将积分时间置于最大值,微分时间置于最小值,比例度置于较大值,然后使设定值的变化作为扰动输入,逐渐减小比例度δ值,观察系统的输出响应曲线。按照过渡过程的衰减情况改变δ值,直到系统出现 4:1 的衰减振荡,如图 4.24 所示。记下此时的比例度δ_s和衰减振荡周期T_s和超调量B,然后根据表 4.2 的相应经验公式,求出控制器的整定参数。

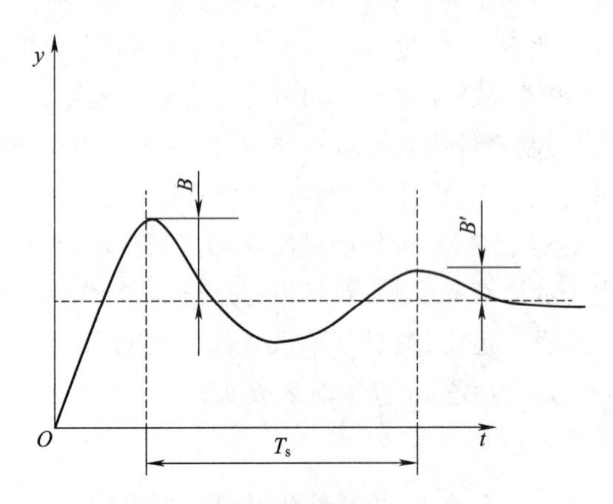

图 4.24　衰减曲线法(4:1 衰减比)

衰减曲线法对大多数系统均可适用,且由于试验过渡过程振荡的时间较短,又都是衰减振荡,易为工艺人员所接受,故这种整定方法应用较为广泛。

表 4.2　衰减曲线法控制器参数计算表(4:1 衰减比)

控制规律	比例度δ(%)	积分时间T_I/min	微分时间T_D/min
P	δ_s		
PI	$1.2\delta_s$	$0.5T_s$	
PID	$0.8\delta_s$	$0.3T_s$	$0.1T_s$

应用衰减曲线法整定控制器参数时,需要注意以下几点:

①对于反应较快的流量、管道压力及小容量的液位控制系统，要在记录曲线上认定4:1衰减曲线和读出 T_s 比较困难，此时，可用记录指针来回摆动两次就达到稳定作为4:1衰减过程。

②在生产过程中，负荷变化会影响对象特性，因而会影响4:1衰减法的整定参数值。当负荷变化较大时，必须重新整定控制器参数值。

③该方法对工艺扰动作用强烈且频繁的控制系统不适用，因为此时过渡过程曲线极不规则，无法正确判断4:1衰减曲线。

一般情况下，按上述几种方法即可调整控制器的参数。但有时仅从作用方向还难以判断应调整哪一个参数，这时，需要根据曲线形状做进一步判断并进行参数调整。为了便于调试人员进行PID参数整定，有人编写了PID调节的速记口诀，具体如下：

参数整定找最佳，从小到大顺序查。先是比例后积分，最后再把微分加。

曲线振荡很频繁，比例度盘要放大。曲线漂浮绕大弯，比例度盘往小扳。

曲线偏离回复慢，积分时间往下降。曲线波动周期长，积分时间再加长。

曲线振荡频率快，先把微分降下来。动差大来波动慢，微分时间应加长。

理想曲线两个波，前高后低四比一。一看二调多分析，调节质量不会低。

习　题

(1)什么是过程控制，过程控制的特点是什么？

(2)常用过程控制仪表有哪些，简述其工作原理。

(3)变送器的作用是什么，简述电流变送器与电压变送器的特点及适用场合。

(4)举例说明生产中常见的过程控制系统，并说明其组成及工作原理。

(5)过程控制器中采用PID调节的目的是什么，简述其调节原理。

(6)采用Maltlab中的Simulink工具，建立喷雾式干燥设备过程控制系统的数学模型，然后采用数字PID控制器进行系统整定，并输出控制系统的动态响应曲线。

第 3 篇

计算机组态与嵌入式开发篇

机电一体化是指在机械的主功能、动力功能、信息处理功能和控制功能上引进电子技术,将机械装置与电子化设计及计算机软件系统集合起来所构成的系统总称。当前,计算机控制系统在工业自动控制中得到了广泛应用,计算机通过参与控制并借助一些辅助部件与被控对象相联系,从而达到控制目的,这里的计算机通常为通用计算机和专用的以嵌入式为代表的微型计算机。本篇包括两章,介绍了工业中以通用计算机为主的组态监控系统设计和以嵌入式为代表的微型计算机控制系统的软硬件设计。

第 5 章　组态监控系统设计

组态监控系统软件是计算机控制系统中数据采集与过程控制的专用软件,也是在自动控制系统监控层一级的软件平台和开发环境。组态软件通过灵活的组态方式,为用户提供快速构建工业自动控制系统监控功能的、通用层次的软件工具。组态软件广泛应用于机械、汽车、石油、化工、造纸、水处理以及过程控制等诸多领域。本章介绍了组态软件及其功能,常用的 PLC、触摸屏与 MCGS 组态软件的工作原理及使用方法,并通过实际案例的形式,介绍了通过力控软件实现油罐液位组态的设计过程。

5.1　组态软件及其功能

5.1.1　计算机控制系统

组态软件,又称组态监控系统软件,是指数据采集与过程控制的专用软件,也是指在自动控制系统监控层一级的软件平台和开发环境,主要应用在计算机控制系统中,计算机控制系统的组成如图 5.1 所示。

计算机控制系统就是利用计算机的软件和硬件代替自动控制系统中的控制器,检测并控制某种设备按照设计者的要求工作,如电梯、机器人、工厂的智能化生产线以及家用电器等。按照设计方法的不同分类为:

(1)以单片机为核心的计算机控制系统;

(2)以 PLC(可编程控制器)为核心的计算机控制系统;

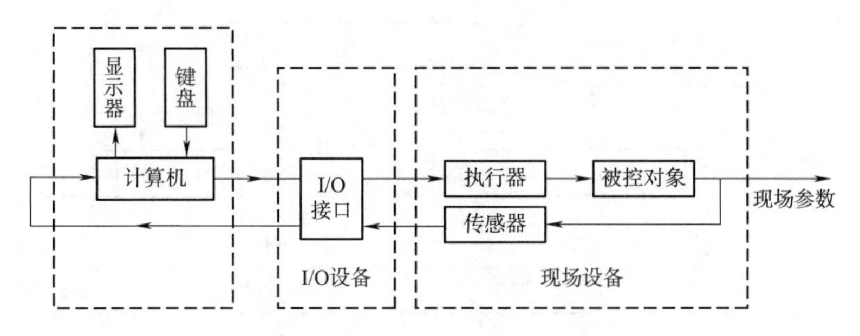

图 5.1　计算机控制系统的组成

(3)以 IPC(工业 PC 机或称工业控制计算机)为核心的计算机控制系统。

计算机控制系统,从应用类型来分,可以分为:

(1)数据采集系统,如图 5.2 所示。

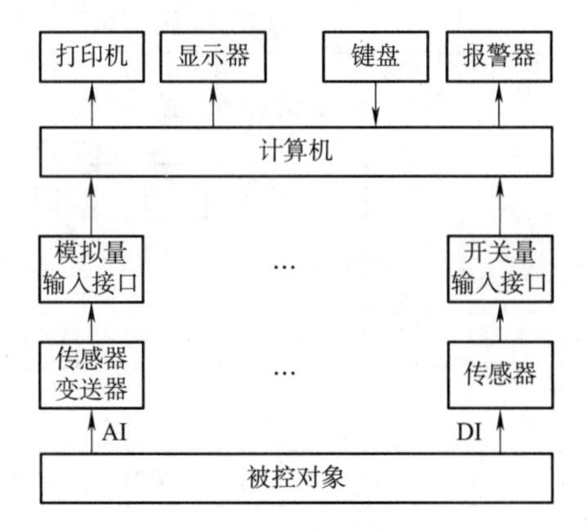

图 5.2　数据采集系统

(2)直接数字控制系统,如图 5.3 所示。

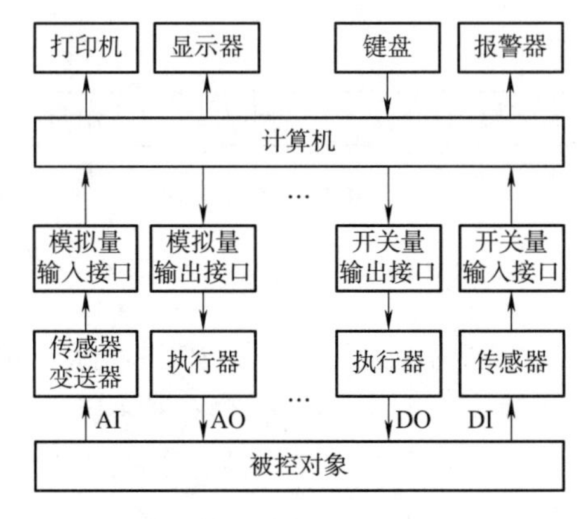

图 5.3　直接数字控制系统

(3)集散控制系统,如图 5.4 所示。

(4)现场总线控制系统,如图 5.5 所示。

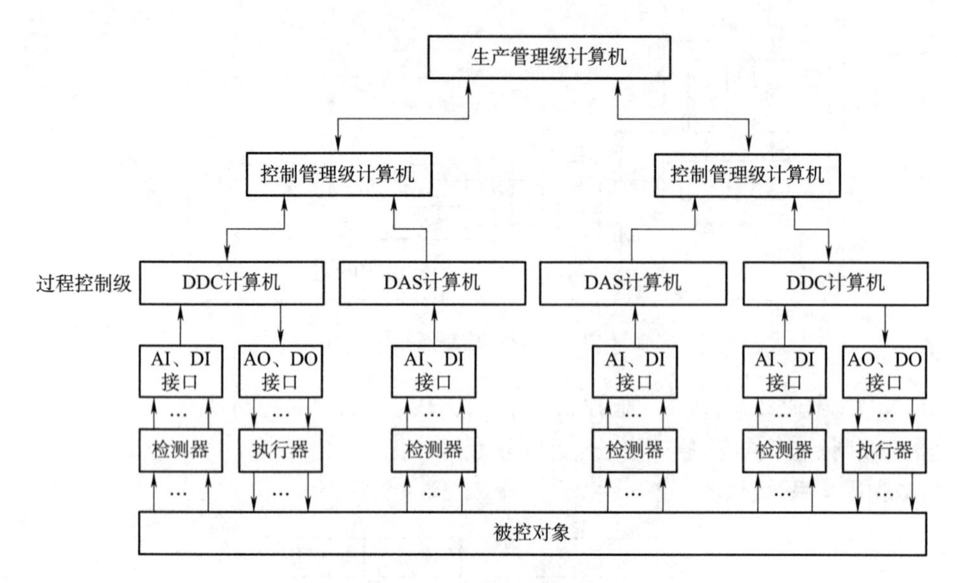

图 5.4　集散控制系统

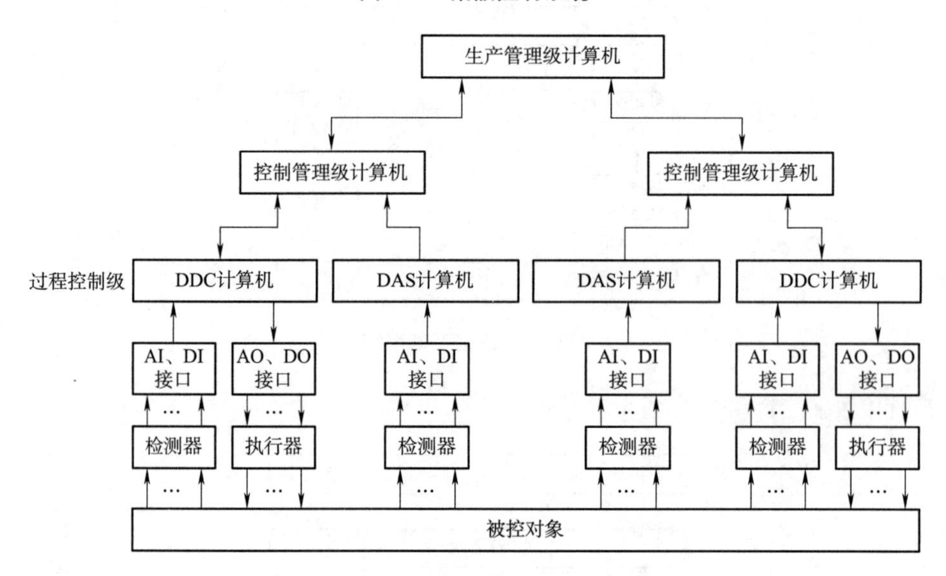

图 5.5　现场总线控制系统

5.1.2　组态软件综述

组态软件在以上计算机控制系统中应用广泛,这些软件实际上也是一种通过灵活的组态方式,为用户提供快速构建工业自动控制系统监控功能的、通用层次的软件工具。随着社会进步和信息化速度的加快,组态软件广泛应用于机械、汽车、石油、化工、造纸、水处理以及过程控制等诸多领域。组态软件简单易用,它强大的功能及优异的稳定性使它不仅非常适用于工业环境,而且可以用于日常生活之中,例如大坝水位的监控、工业现场温度的控制、自动化停车设备、电梯升降控制、生产线监控等。组态软件甚至可用于智能大厦管理,会议室声光控制、温度调整等,常见应用如图 5.6 ~ 图 5.7 所示。

组态软件是工业自动化控制领域实现人机交互的必不可少的工具,常见的有:InTouch、iFix、

图 5.6　组态软件的应用

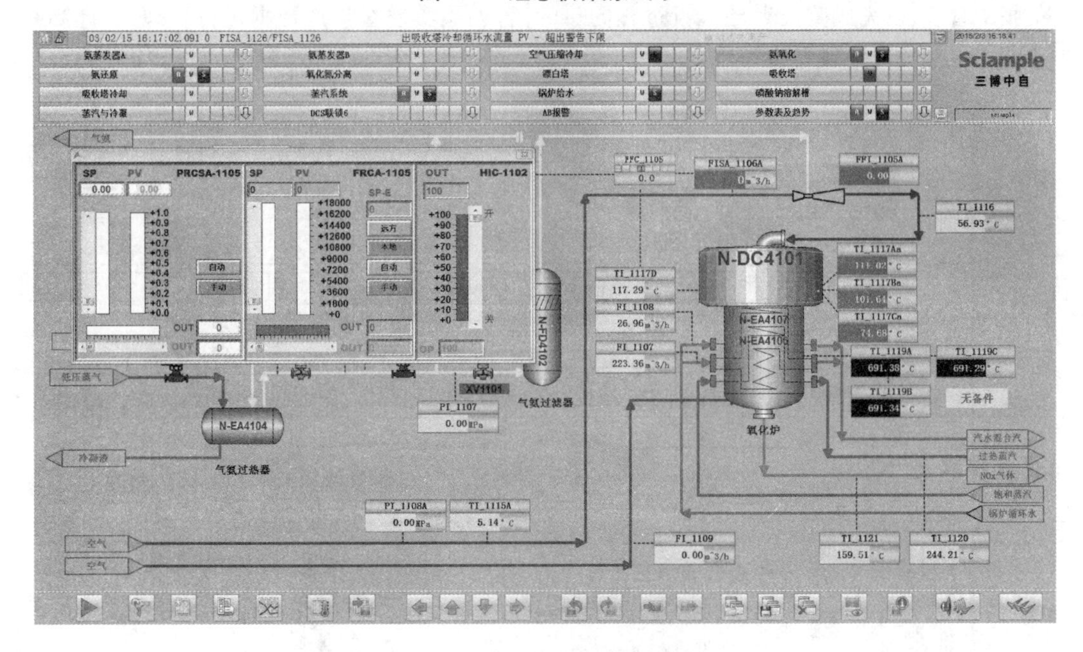

图 5.7　生产设备的运行状态监视

Citech、WinCC、组态王、Controx 开物、ForceControl、GE 的 Cimplicity、RSView Supervisory Edition、Lookout、Wizcon、MCGS 等。20 世纪 40 年代，大多数工业生产过程还处于手工操作状态，人们主要凭经验、用手工方式去控制生产过程，生产过程中的关键参数靠人工观察，生产过程中的操作也靠人工去执行，劳动生产率很低。20 世纪 50 年代前后，一些工厂、企业的生产过程实现了仪表化和局部自动化。那时，生产过程中的关键参数普遍采用基地式仪表和部分单元组合仪表（多数为气动仪表）等进行显示。进入 20 世纪 60 年代，随着工业生产和电子技术的不断发展，人们开始大量采用气动、电动单元组合仪表甚至组装仪表，对关键参数进行指示，计算机控制系统开始应用于过程控制，实现直接数字控制和设定值控制等。

20 世纪 70 年代，随着计算机的开发、应用和普及，对全厂或整个工艺流程的集中控制成为可能，集散型控制系统（DCS）随即问世。集散型控制系统是把自动化技术、计算机技术、通信技术、故障诊断技术、冗余技术和图形显示技术融为一体的装置。“组态”的概念就是伴随着集散型控制系统的出现走进工业自动化应用领域，并开始被广大的生产过程自动化技术人员所熟知。

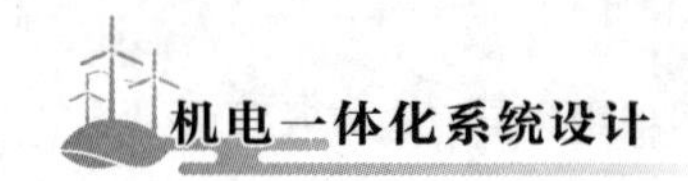

早期的组态软件大都运行在DOS环境下,其特点是具有简单的人机界面、图库和绘图工具箱等基本功能,图形界面的可视化功能不是很强大。随着微软Windows操作系统的发展和普及,Windows下的组态软件成为主流。如今,世界上有不少专业厂商生产和提供各种组态软件产品,市面上的软件产品种类繁多,各有所长,应根据实际工程需要加以选择。

5.1.3 组态软件的功能

1. 组态软件架构

如图5.8所示,典型的计算机控制系统通常可以分为设备层、控制层、监控层、管理层,这四个层次结构构成了一个分布式的工业网络控制系统。其中设备层负责将物理信号转换成数字或标准的模拟信号;控制层完成对现场工艺过程的实时监测与控制;监控层通过对多个控制设备的集中管理,以完成监控生产运行过程的目的;管理层实现对生产数据进行管理、统计和查询。监控组态软件一般是位于监控层的专用软件,负责对下集中管理控制层,向上连接管理层,是企业生产信息化的重要组成部分。

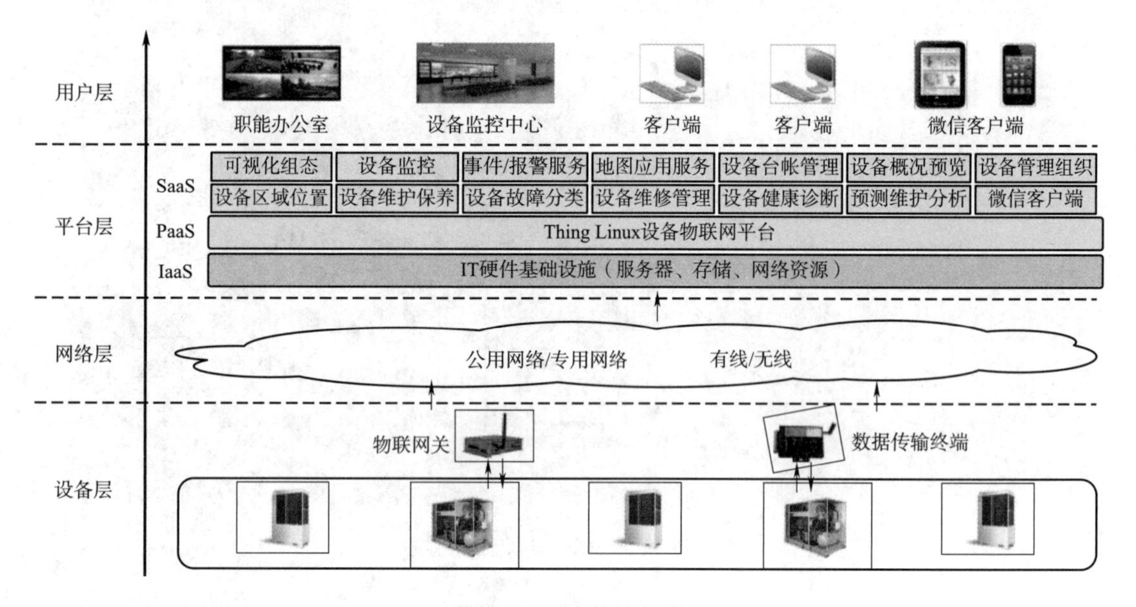

图5.8 组态软件架构

组态软件的特点如下:

(1)功能强大。组态软件提供丰富的编辑和作图工具,提供大量的工业设备图符、仪表图符以及趋势图、历史曲线、数据分析图等;提供十分友好的图形用户界面(Graphical User Interface,GUI),包括一整套Windows风格的窗口、菜单、按钮、信息区、工具栏、滚动条等;画面丰富多彩,为设备的正常运行、操作人员的集中监控提供了极大的方便;具有强大的通信功能和良好的开放性,组态软件向下可以与数据采集硬件通信,向上可与管理网络互联。

(2)简单易学。使用组态软件不需要掌握太多的编程语言技术,甚至不需要编程技术,根据工程实际情况,利用其提供的底层设备(PLC、智能仪表、智能模块、板卡、变频器等)的I/O驱动、开放式的数据库和界面制作工具,就能完成一个具有动画效果、实时数据处理、历史数据和曲线并存、具有多媒体功能和网络功能的复杂工程。

(3)扩展性好。组态软件开发的应用程序,当现场条件(包括硬件设备、系统结构等)或用户需求发生改变时,不需要太多的修改就可以方便地完成软件的更新和升级。

(4)实时多任务。组态软件开发的项目中,数据采集与输出、数据处理与算法实现、图形显示及人机对话、实时数据的存储、检索管理、实时通信等多个任务可以在同一台计算机上同时运行。组态控制技术是计算机控制技术发展的结果,采用组态控制技术的计算机控制系统最大的特点是从硬件到软件开发都具有组态性,因此极大地提高了系统的可靠性和开发速率,降低了开发难度,而且其可视化图形化的管理功能方便了生产管理与维护。

2. 组态软件功能

1)空调压缩机远程监控运维系统

图5.9为空调压缩机远程监控运维系统架构。空调压缩机作为大型的通用机械设备,有多年的使用寿命,在长期的使用过程中不可避免的会产生大量的售后维护保养和故障处理需求,但参差不齐的售后服务已经成为众多压缩机企业发展的掣肘。近年来,随着行业对压缩机能效等级追求的不断提升以及产品同质化、利润率低下等行业共性问题的不断困扰,制造企业不断追求更高的要求,更好的节能环保效果,更早的故障可预见,将业务关注重点逐渐向设备节能改造和设备运维服务方面倾斜。

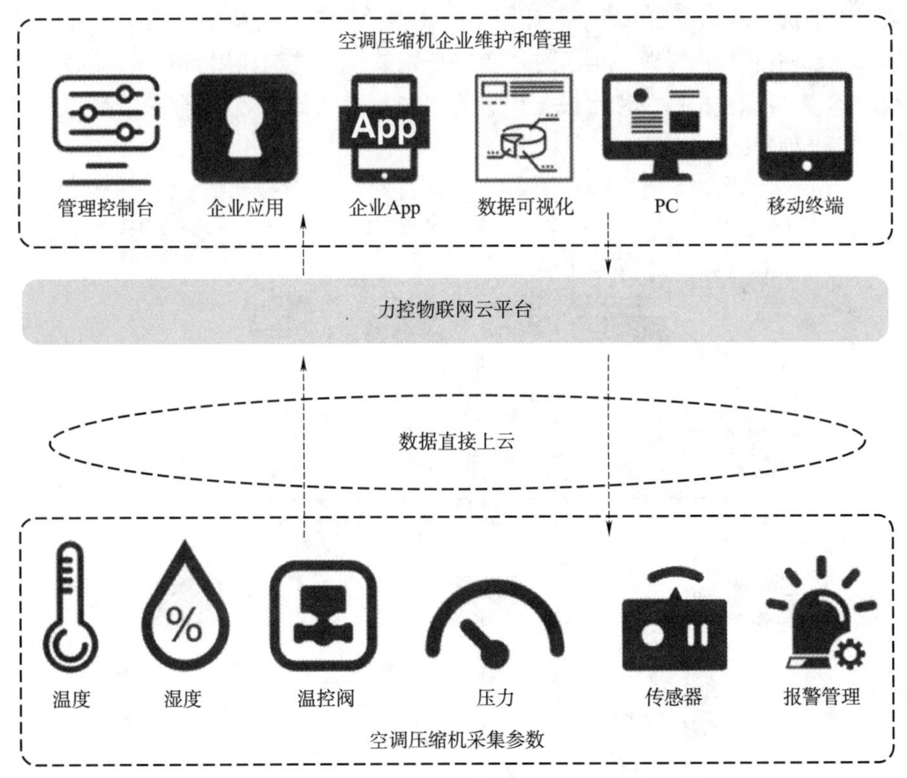

图5.9　空调压缩机远程监控运维系统架构

云平台以设备为核心,满足单个企业对设备的管理,也能够实现产业链上下游的设备相关业务协同。无论是设备制造企业,还是运行设备的生产企业,以及设备专业安装和维修企业,都可以在云平台上对同一台设备进行不同维度的管理。设备管理功能支持网页端及移动端应用,给设备管理人员尤其是一线工作人员提供移动化的设备全维度资料查询、设备报障、维修派工、工作执行、设备状态监测等手段，帮助企业最大化提高检修维护人员的工作效率。通过项目实施，建立设备接入、运行监控、资产管理、企业管理、工业数据预知分析、智能运维的工业物联网设备平台帮助企业搭建了压缩机远程监控运维系统，全部数据直接上传云平台。空调压缩机远程监控运维系统的特点如下：

（1）实现对其所售出的商用空调的能效分析、设备管理、远程调试、报警管理、用户管理等功能。

（2）系统所有的升级和系统维护全部由力控团队负责，不需要客户具备专业的IT知识。

（3）随时随地监测压缩机工作状态，通过微信、短信方式获得机组的报警信息，极大地方便了维护人员。

（4）制定切实可行的维护计划，将设备进行最大化利用，并尽可能减少设备出现故障的风险，帮助用户避免空压机非计划停机造成的巨大损失。

（5）实现真正的看得见的节能，帮助最终用户实现能源审计，对于制造商来说促进了产品的销售。

2）钢厂水处理系统

图5.10为钢厂水处理系统。钢铁工业作为高能耗、多排放的行业，在全国节能减排的工作中承担着重大的责任。我国重点钢铁企业每年的吨钢耗用新水量，与国外先进钢铁企业吨钢耗用新水量相比，仍有很大的差距。为了进一步降低钢铁企业吨钢耗用新水量、提高钢铁企业水的重复利用率，需要积极推广少用水或不用水的工艺技术装备，并强化合理串级用水以及加强工业污水的综合处理回用。

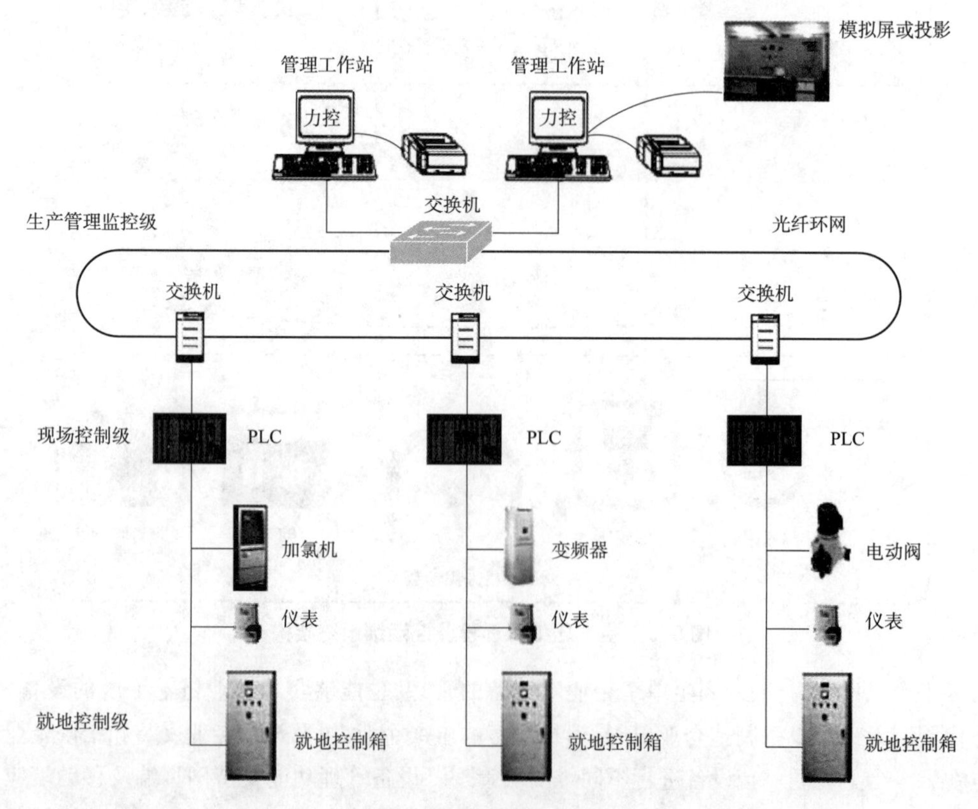

图5.10　钢厂水处理系统

该钢厂水处理系统具有如下特点：

(1)采用上位机冗余模式，确保数据的安全性。考虑系统的稳定性、数据的完整性、安全性，采用了上位机冗余模式，通过以太网和主站CPU进行数据交换，计算机和PLC备有不间断电源，避免系统突然断电对系统的不可预见的破坏性的影响；同时备有激光打印机，方便打印系统运行记录、数据报表、事件记录和报警信息。

(2)采用分布式控制系统。水处理自动化控制系统主要包括：沉淀池监控、层流泵房监控、加压泵房监控和中心泵房监控，考虑系统的稳定性和各站距离问题，采用分布式控制系统，引进了先进的分散集中控制系统。本系统选用GE PAC Systems RX3i PLC系统作为主站，Versamax作为远程I/O子站，通过Genius总线将主站和各子站进行互联。

(3)提供集成化设计环境。系统支持多人协作与远程部署工程，支持工程模型的导入与导出、方便快速进行工程组态；系统具备自诊断与自恢复技术，统一进程管理具备自诊断与自恢复的“看门狗”功能，充分保证整个系统的稳定性与安全性。

(4)页面直观性，操作便捷性。通过水处理监控系统，可以在一幅监控画面中非常方便地查看现场生产情况。系统监视的主要参数包括：电流、吸水池液位、压力、温度、流量、水泵运行状态、阀门状态等。

下面将以图5.11所示的污水处理厂调度中心为例，进一步说明组态软件的功能。

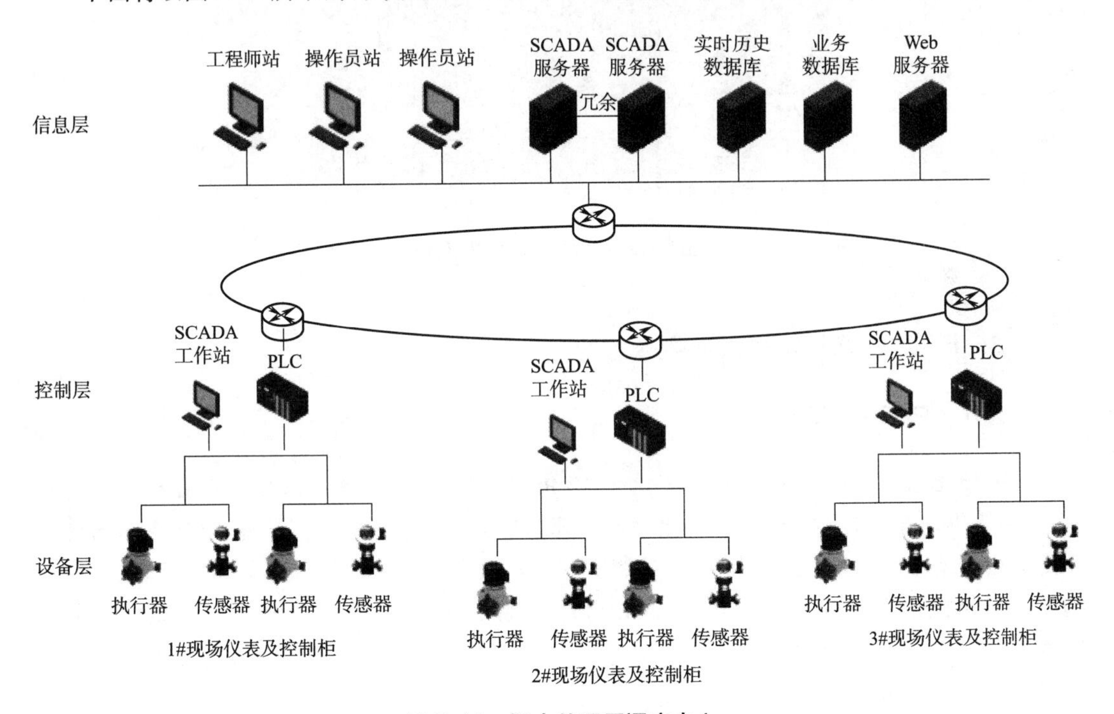

图5.11　污水处理厂调度中心

上海竹园污水处理厂日处理量为220万m^3/日，占上海日处理量的30%，是上海第一个提升改造的污水处理厂。2018年10月，历时一年建设的竹园污水处理厂率先完成提标改造工程投入试运营，污水处理多一道“净化”工序，水质达到国家最高的一级A标准。项目采用边运营边建设模式，改造工期中每组生物池之间做到“无缝衔接”，系统包括了对厂区内部整个污水处理工艺流程的监测和控制。通过对数据的存储和分析,结合各类自动化和信息化技术,建立和实现污水厂自动化和信息化管理的安全经济运行系统。

污水处理厂调度系统分为三层结构:信息层、控制层、设备层。

①信息层:由监控中心的工程师站、历史数据服务器、通信服务器、Web 服务器、千兆以太网交换机、大屏幕显示屏等监控操作设备及局域网组成。

②控制层:由分散在各主要构筑物内的现场 PLC 主站、子站及运行数据采集服务器、工业以太环网交换机及全厂环形快速光纤以太网、控制子网等组成。

③设备层:由现场运行设备、检测仪表、高低压电气柜上智能单元、专用工艺设备附带的智能控制器以及现场总线网络等组成。

污水处理器监控系统组态画面如图 5.12 所示。

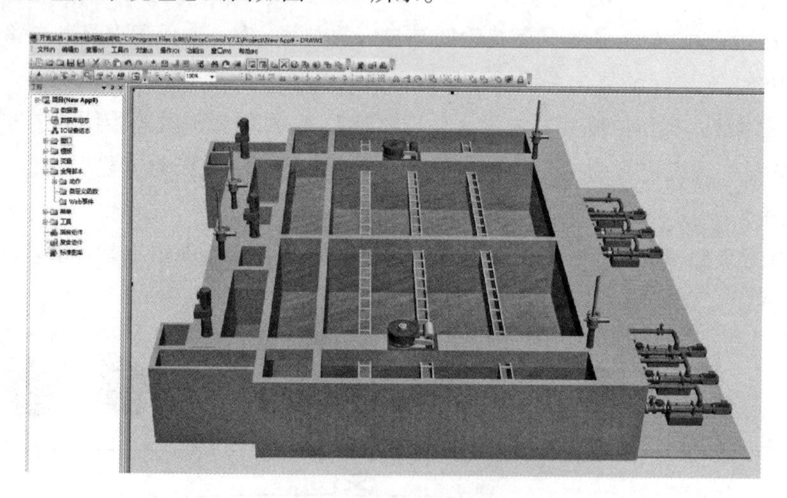

图 5.12　污水处理监控系统

5.2　PLC、触摸屏与 MCGS 组态软件

5.2.1　PLC 概述

可编程逻辑控制器(Programmable Logic Controller,PLC)是一种专门用于工业控制的计算机,是传统继电接触控制系统的替代产品,系统组成如图 5.13 所示。目前,PLC 在国内外已广泛应用于冶金、石油、化工、建材、机械制造、电力、汽车、轻工、环保及文化娱乐等各行各业,随着 PLC 性能价格比的不断提高,其应用领域不断扩大。图 5.14 为 PLC 控制系统组成及实物。

1. PLC 的分类

1)按 I/O 点数分类

①超小型或微型 PLC:I/O 点数小于 64 点的 PLC 为超小型或微型 PLC。

②小型 PLC:I/O 点数为 256 点以下,用户程序存储容量小于 8 KB 的为小型 PLC。

③中型 PLC:I/O 点数在 512 ~ 2 048 点之间的为中型 PLC。

④大型 PLC:I/O 点数为 2 048 点以上的为大型 PLC。

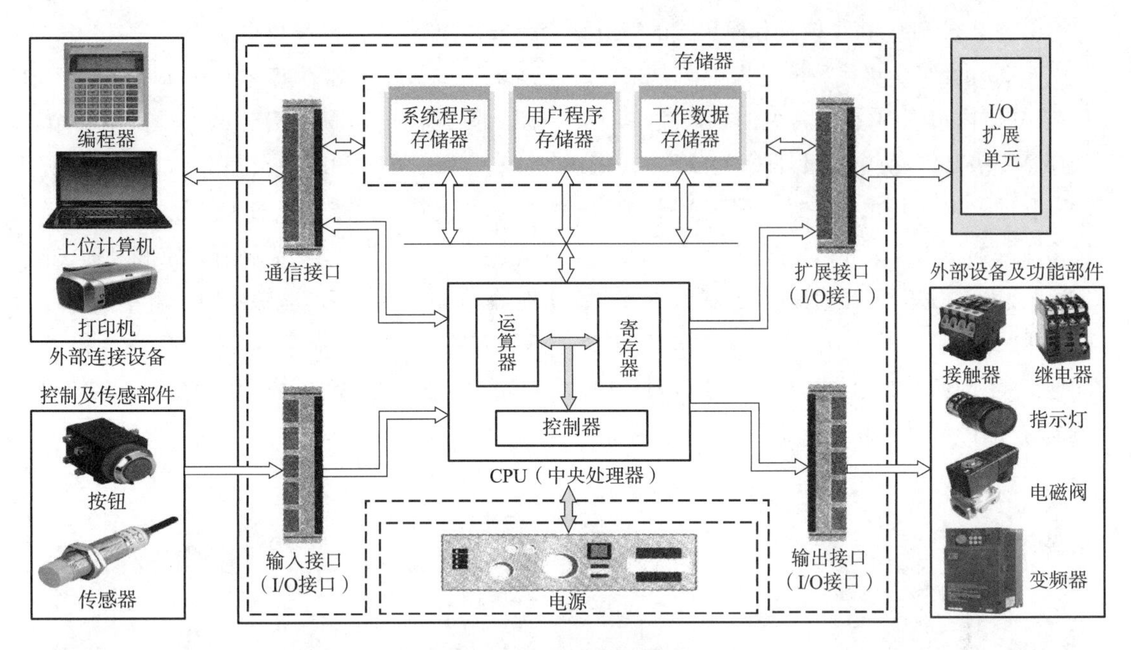

图5.13　PLC系统组成

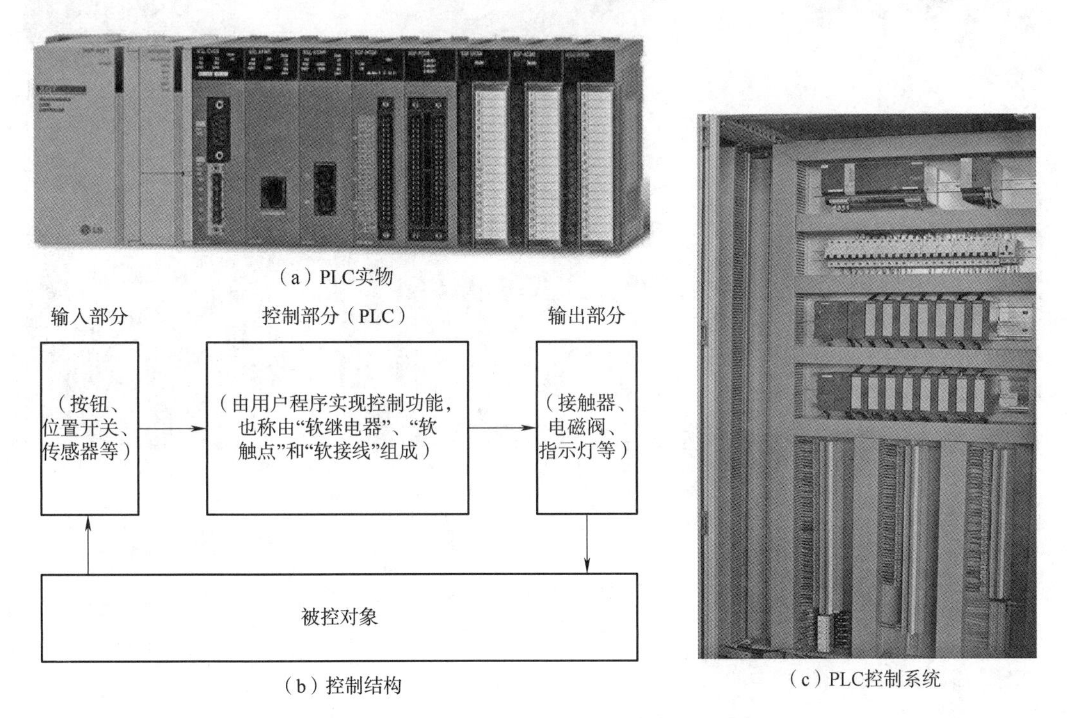

图5.14　PLC控制系统组成及实物

2)按结构分类

①整体式PLC:将CPU、I/O单元、电源、通信系统等部件集成到一个机壳内的称为整体式PLC。整体式PLC由不同I/O点数的基本单元(又称主机)和扩展单元组成。

②模块式PLC:模块式PLC是将PLC的每个工作单元都制成独立的模块,如CPU模块、I/O模块、电源模块(有的含在CPU模块中)以及各种功能模块。

③叠装式 PLC:将整体式和模块式的特点结合起来,构成所谓叠装式 PLC。

自 20 世纪 70 年代后期进入中国以来,PLC 已经广泛地用于工业生产中几乎每一个角落。目前,在国内市场中,国外常见的 PLC 生产厂家有德国的西门子(SIEMENS)公司、法国的施耐德(SCHNEIDER)自动化公司、日本的欧姆龙(OMRON)和三菱(MITSUBISH)公司等,如图 5.15 所示。我国 PLC 市场虽然在很大程度上被国外品牌占据,但近年来国产 PLC 有了长足的发展。经过多年来的技术积累和市场开拓,国产 PLC 正处于蓬勃发展的时期,国产品牌有北京和利时、安控科技、南大傲拓、无锡信捷、黄石科威以及上海正航等。国内 PLC 厂商能够确切了解中国用户的需求,并适时地根据中国用户的要求开发、生产适销对路的 PLC 产品,了解国内不同行业、不同地区、不同所有制用户的真正需求,因此在产品设计时可以充分考虑中国用户的需求和使用习惯,产品的针对性和易用性更强。

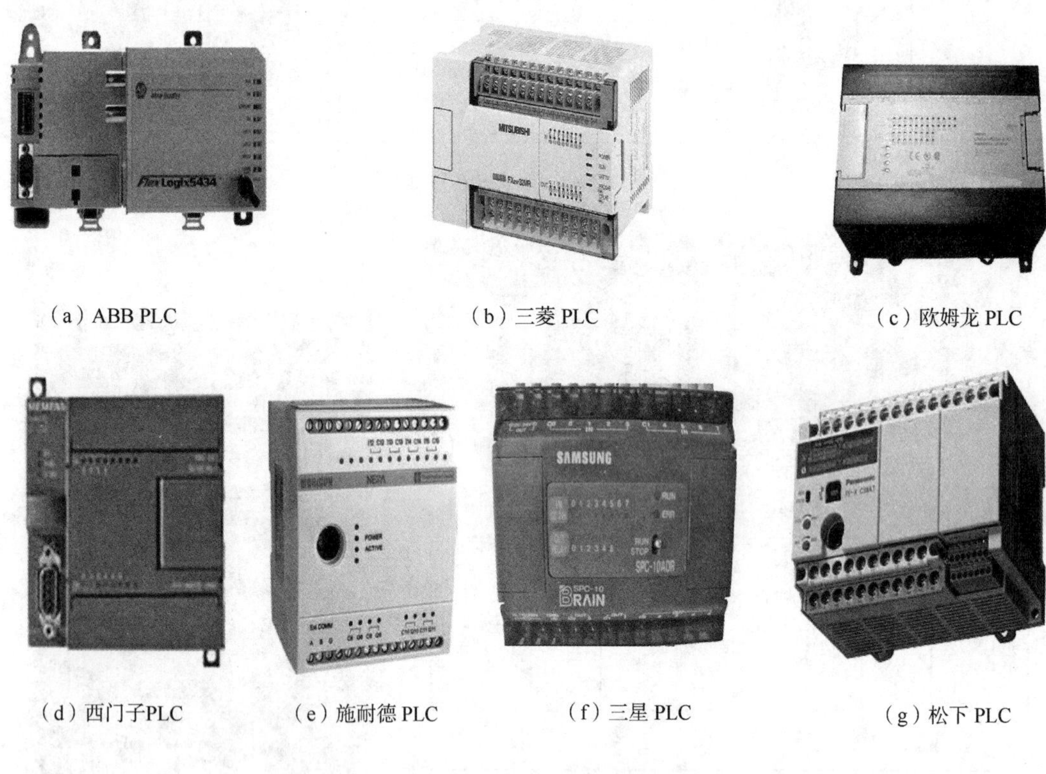

(a) ABB PLC　(b) 三菱 PLC　(c) 欧姆龙 PLC

(d) 西门子PLC　(e) 施耐德 PLC　(f) 三星 PLC　(g) 松下 PLC

图 5.15　国外 PLC 实物

2. PLC 的输入/输出接口

输入/输出(I/O)接口是 PLC 和工业控制现场各类信号连接的部分,一是要求接口有良好的抗干扰能力,二是要求接口能满足工业现场各类信号的匹配要求,如图 5.16 ~ 图 5.17 所示。

1)开关量输入/输出接口

开关量输入接口:把现场的开关量信号变成 PLC 内部处理的标准信号。接口接受的外信号电源有直流输入、交流输入和交流/直流输入。输入接口中都有滤波电路及耦合隔离电路,滤波电路有抗干扰的作用,耦合隔离电路有抗干扰及产生标准信号的作用。

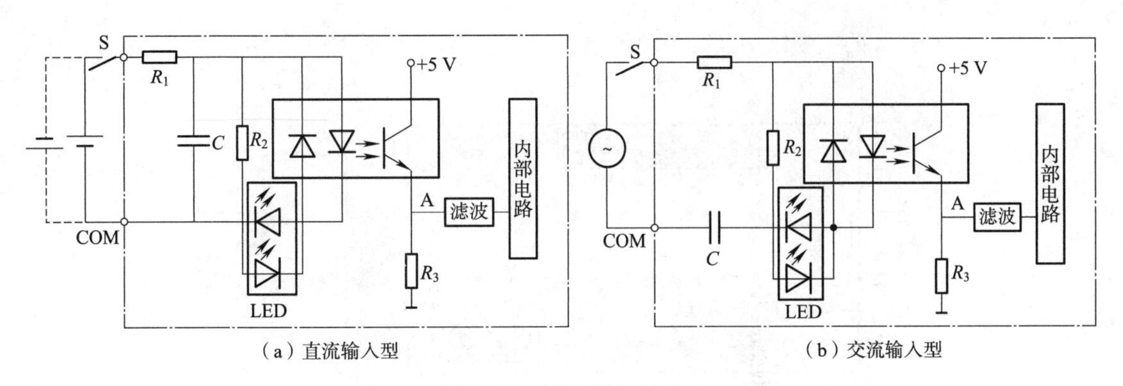

（a）直流输入型　　（b）交流输入型

图 5.16　PLC 输入接口

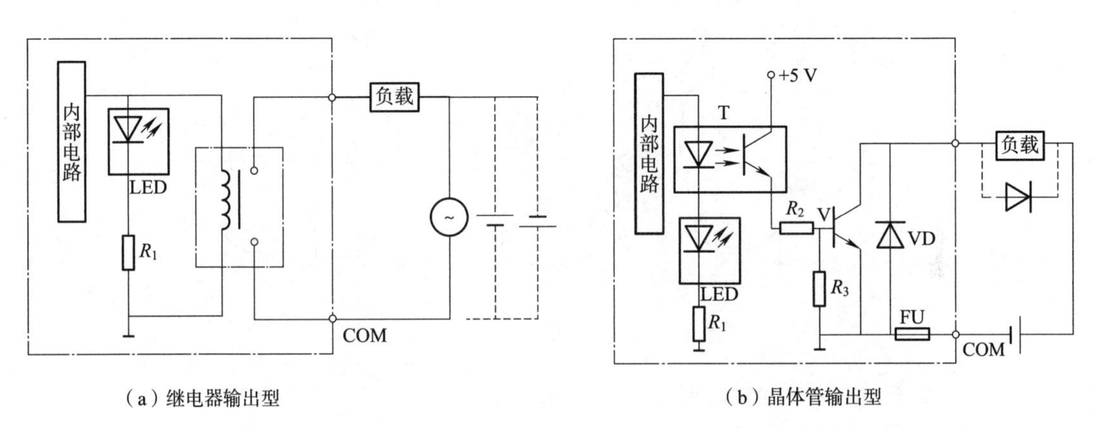

（a）继电器输出型　　（b）晶体管输出型

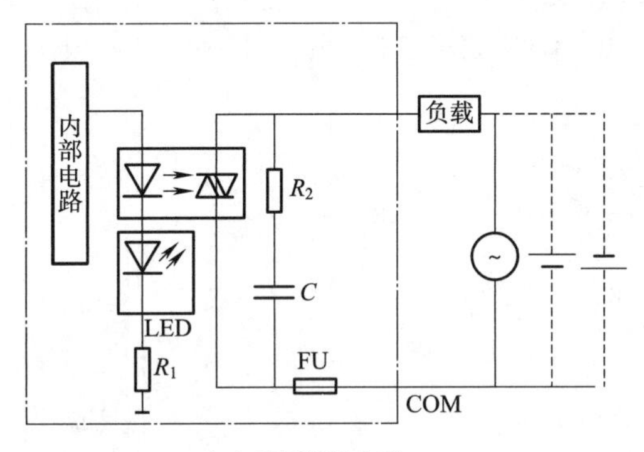

（c）晶闸管输出型

图 5.17　PLC 输出接口

开关量输出接口:把 PLC 内部的标准信号转换成现场执行机构所需的开关量信号。其分为继电器型、晶体管型、晶闸管型。需要特别注意的是:输出接口本身都不带电源,而且在考虑外驱动电源时,还需考虑输出器件的类型。继电器型的输出接口可用于交流及直流两种电源,但接通断开的频率低;晶体管型的输出接口有较高的接通断开频率,但只适用于直流驱动的场合;晶闸管型的输出接口仅适用于交流驱动场合。

2)模拟量输入/输出接口

把现场连续变化的模拟量标准信号转换成适合 PLC 内部处理的由若干位二进制数字表示的信号,再将 PLC 运算处理后的若干位数字量信号转换为相应的模拟量信号输出。模拟量输出接口一般由光电隔离、D/A 转换和信号驱动等环节组成。

图 5.18 为 PLC 的实物结构及各模块组成。

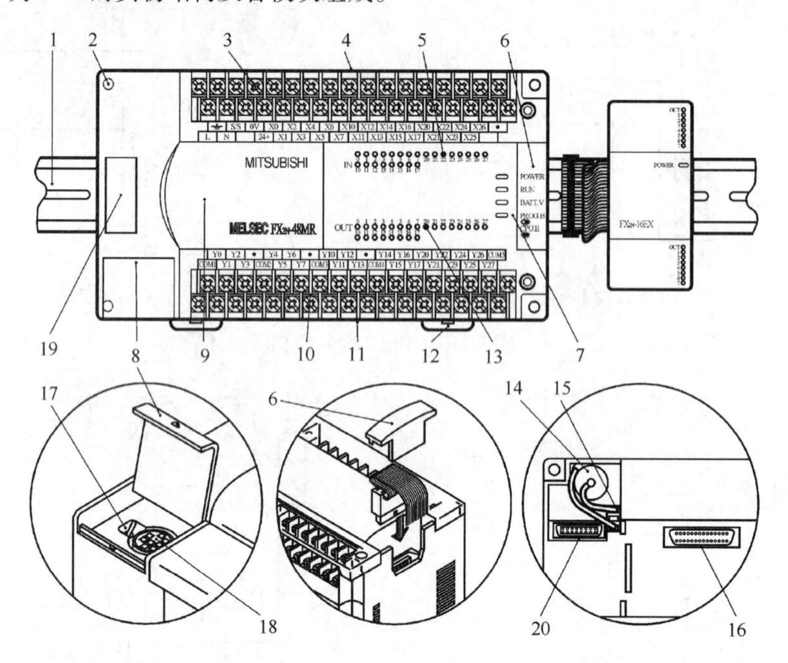

（a）PLC结构1

1—DIN 标准导轨；2—安装孔；3—输入端子；4—输入端子透明盖板；5—输入指示灯；6—扩展总线盖板；7—状态指示灯；8—编程口盖板；9—顶盖；10—输出端子；11—输出端子透明盖板；12—导轨卡；13—输出指示灯；14—后备电池；15—电池或电容连接器；16—存储卡接口；17—RUN/STOP 开关；18—编程器接口；19—扩展板顶留孔；20—扩展板接口

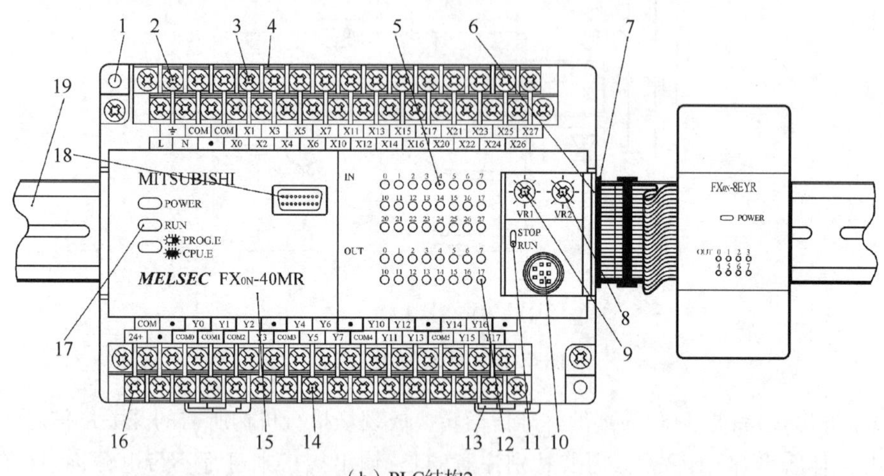

（b）PLC结构2

1—安装孔；2—电源端子（L、K、接地）；3—输入端子（COM、X0、X1...）；4—透明端子盖板；5—输入指示灯（状态指示）；6—编程口盖板；7—扩展用插座；8—2 号模拟电位器；9—1 号模拟电位器；10—编程器接口；11—RUN/STOP 开关；12—输出 LED 指示灯（状态指示）；13—导轨卡；14—输出端子（COM、Y0、Y1...）；15—顶盖；16—辅助电源（+24 V、COM）；17—控制器状态指示灯 POWER：电源状态 RUN：运行状态 ERROR：灯亮 CPU 出错　闪烁程序出错；18—存储卡接口；19—DIN 标准导轨

图 5.18　PLC 实物结构及各模块组成

5.2.2 PLC与MCGS组态软件通信

1. MCGS组态软件

MCGS是北京昆仑通态自动化软件科技有限公司研发的一套基于Windows平台的,用于快速构造和生成上位机监控系统的组态软件系统,主要完成现场数据的采集与监测、前端数据的处理与控制。MCGS组态软件包括三个版本,分别是网络版、通用版、嵌入版。本节以MCGS嵌入版为例,介绍PLC与触摸屏通过MCGS嵌入版进行组态的过程。

MCGS嵌入版是在MCGS通用版的基础上开发的,专门应用于嵌入式计算机监控系统的组态软件。MCGS嵌入版包括组态环境和运行环境两部分,它的组态环境能够在基于Microsoft的各种32位Windows平台上运行,运行环境则是在实时多任务嵌入式操作系统Windows CE中运行,适用于应用系统对功能、可靠性、成本、体积、功耗等综合性能有严格要求的专用计算机系统。通过对现场数据的采集处理,以动画显示、报警处理、流程控制和报表输出等多种方式向用户提供解决实际工程问题的方案,在自动化领域有着广泛应用。此外MCGS嵌入版还带有一个模拟运行环境,用于对组态后的工程进行模拟测试,方便用户对组态过程的调试。

2. 触摸屏概述

工业用触摸屏是与PLC配套使用的设备,是替代传统机械按钮和指示灯的智能化显示终端。

触摸屏又称为“触控屏”“触控面板”,是一种可接收触点等输入信号的感应式液晶显示装置,如图5.19所示。当接触了屏幕上的图形按钮时,屏幕上的触觉反馈系统可根据预先编程的程式驱动连接各种装置,可用以取代机械式的按钮面板,并借由液晶显示画面制造出生动的影音效果。触摸屏作为一种最新的计算机输入设备,它是简单、方便、自然的一种人机交互方式,它赋予了多媒体以崭新的面貌,是极富吸引力的全新多媒体交互设备,主要应用于公共信息的查询、工业控制、军事指挥、电子游戏、多媒体教学等。

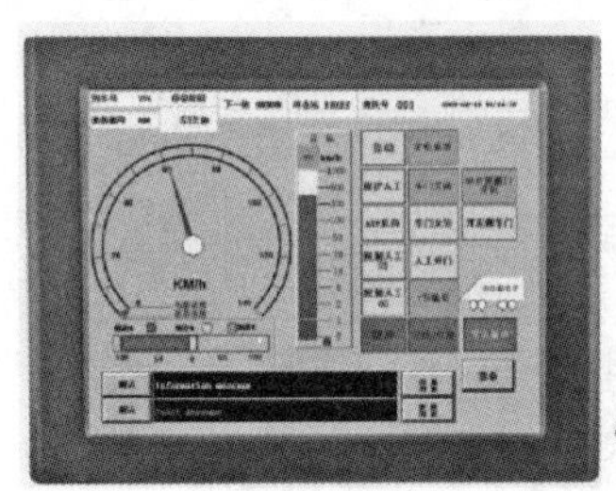

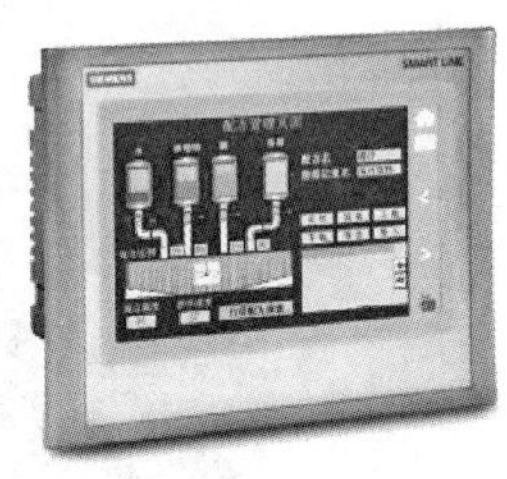

图5.19 触摸屏

触摸屏的本质是传感器,它由触摸检测部件和触摸屏控制器组成。触摸检测部件安装在显示器屏幕前面,用于检测用户触摸位置,接受后送触摸屏控制器;触摸屏控制器的主要作用是从触摸点检测装置接收触摸信息,并将它转换成触点坐标送给CPU,同时能接收CPU发来的命令并加以执行。

根据传感器的类型,触摸屏大致分为红外线式、电容式、电阻式和表面声波式触摸屏四种。红外线式触摸屏价格低廉,但其外框易碎,容易产生光干扰,曲面情况下失真;电容式触摸屏设计构思合理,但其图像失真问题很难得到根本解决;电阻式触摸屏的定位准确,但其价格颇高,且怕刮易损;表面声波式触摸屏解决了以往触摸屏的各种缺陷,清晰不容易被损坏,适于各种场合,缺点是屏幕表面如果有水滴和尘土会使触摸屏变得迟钝,甚至不工作。

3. PLC 与触摸屏组态

MCGS 嵌入版的运行环境要求是需要运行在装有 Windows CE 嵌入式实时多任务操作系统的 MCGS 触摸屏中。MCGS 嵌入版组态软件为用户提供了解决实际工程问题的完整方案和开发平台,能够完成现场数据采集、实时和历史数据处理、报警和安全机制、流程控制、动画显示、趋势曲线和报表输出以及企业监控网络功能,其原理如图 5.20 所示。昆仑通态的嵌入式一体触摸屏 MCGSTpc 有 K 系列、T 系列和 Hi 系列,三大系列中主要推荐有八款产品,其中 K 系列中主要推荐 TPC7062KX 和 TPC7062KT 两款,T 系列中主要推荐 TPC7062TX、TPC7062Ti 和 TPC1061Ti 三款,Hi 系列中主要推荐 TPC1162Hi、TPC1262Hi 和 TPC1562Hi 三款。图 5.21 为 MCGS 嵌入版组态软件界面。

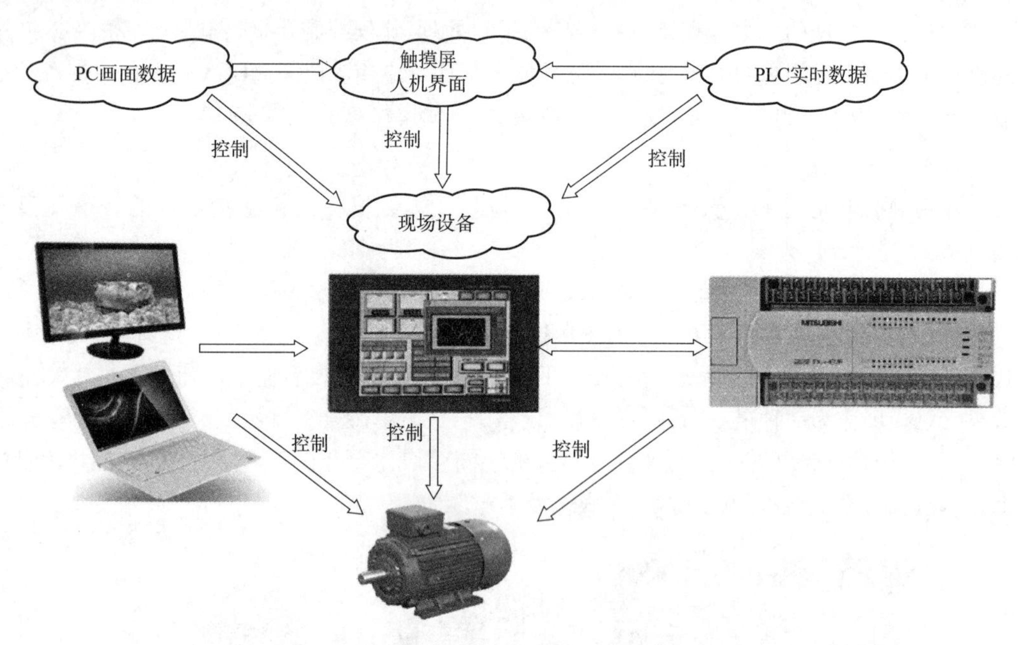

图 5.20　PLC 与触摸屏组态原理

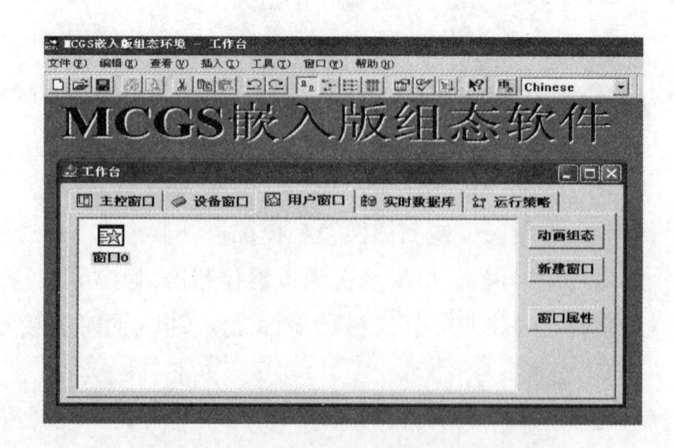

图 5.21　MCGS 嵌入版组态软件界面

PLC 与 MCGS 组态框图如图 5.22 所示，主要完成以下任务：

①由下位机 PLC 直接控制现场设备；

②在上位机上利用组态软件设计制作监控系统，并与下位机设置通信连接，由上位机对现场设备进行控制；

③利用嵌入式组态软件在上位机上设计制作监控系统，并下载到触摸屏中，对触摸屏和下位机设置通信连接，由触摸屏对现场设备进行控制。

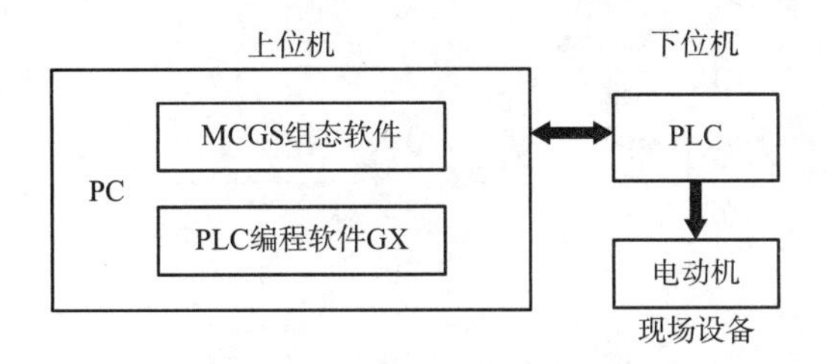

图 5.22　PLC 与 MCGS 组态框图

1）应用案例 1：电动机正反转控制

图 5.23～图 5.28 为三菱 PLC 与触摸屏通过 MCGS 实现组态的过程。

（1）组态结构如图 5.22 所示。

（2）硬件原理图和电路图如图 5.23 所示。

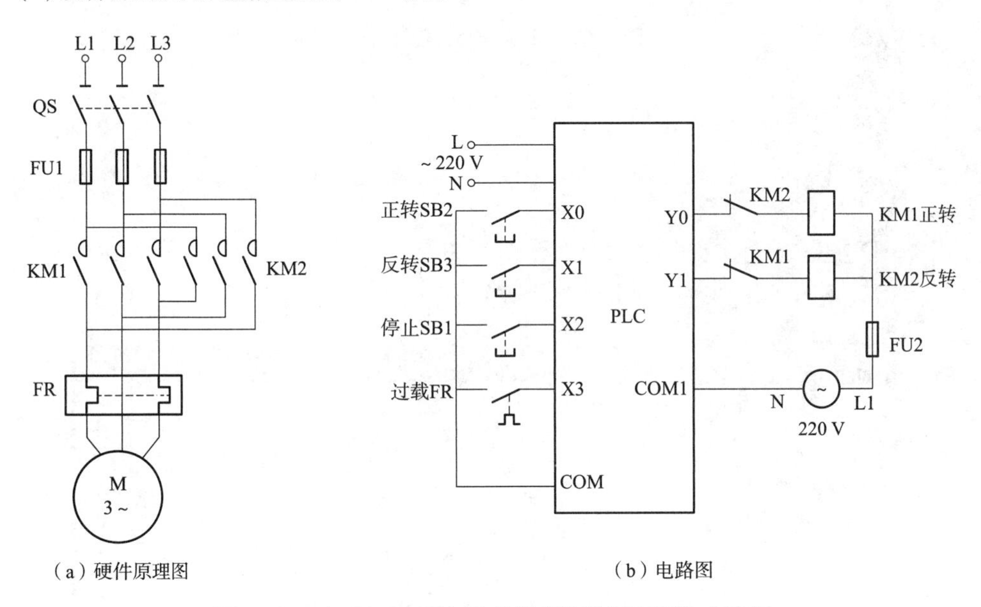

（a）硬件原理图　　（b）电路图

图 5.23　电动机正反转 PLC 控制硬件原理图和电路图

（3）I/O 接口分配表如表 5.1 所示。

表 5.1　PLC 控制的 I/O 分配表

输入信号			输出信号		
名称	功能	编号	名称	功能	编号
SB2	正转启动	X0	正转	KM1	Y0

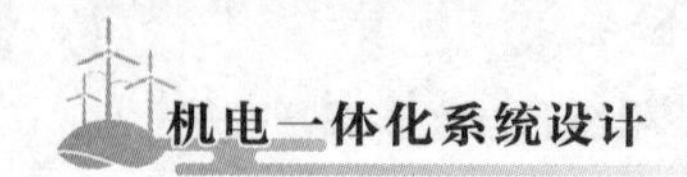

续表

输入信号			输出信号		
名称	功能	编号	名称	功能	编号
SB3	反转启动	X1	反转	KM2	Y1
SB1	停止	X2			
FR	过载	X3			

(4)控制程序如图 5.24 所示。

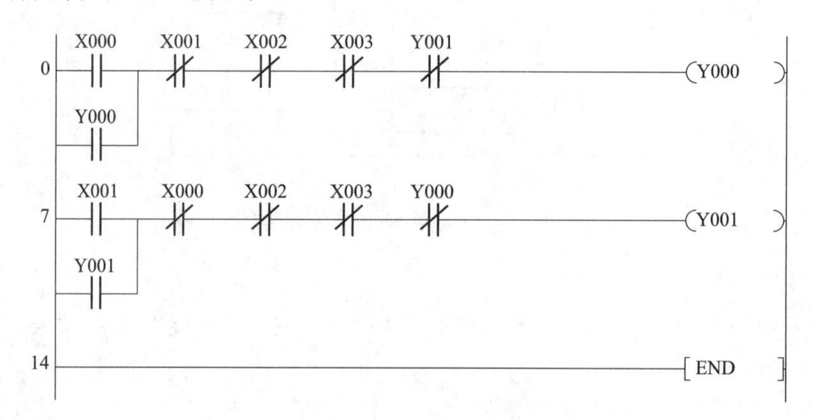

图 5.24　三菱 PLC 控制程序

(5)编程及仿真如图 5.25 和图 5.26 所示。

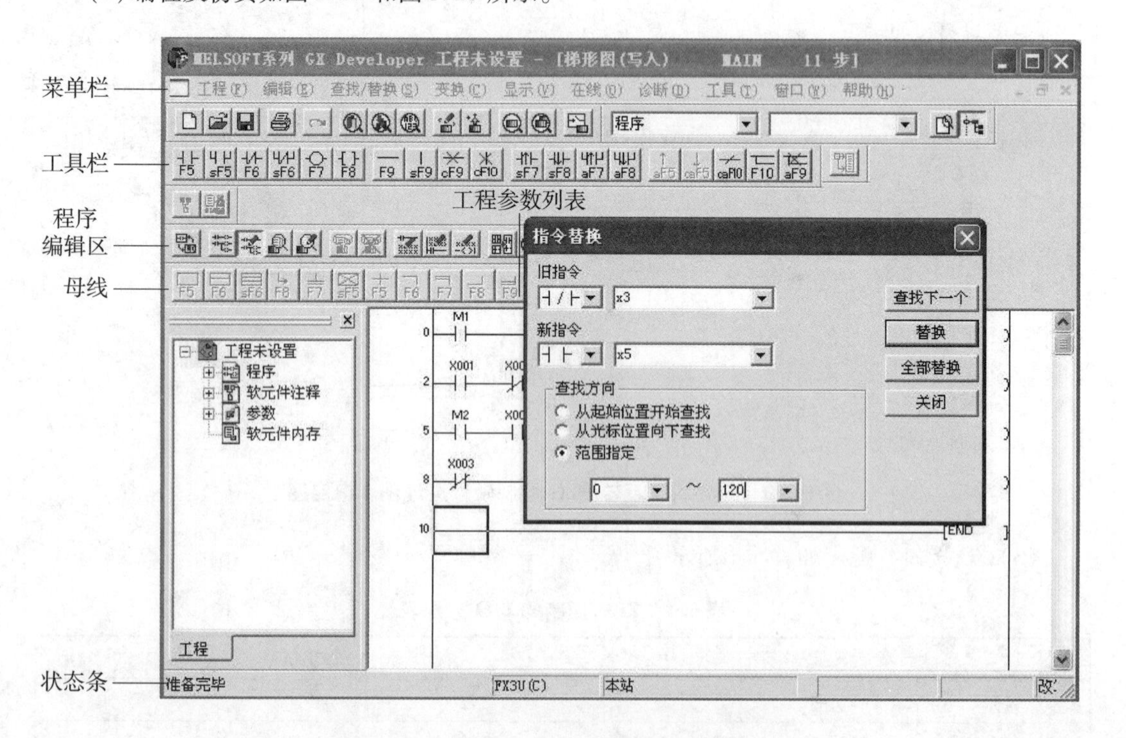

图 5.25　GX Developer 软件编制程序界面

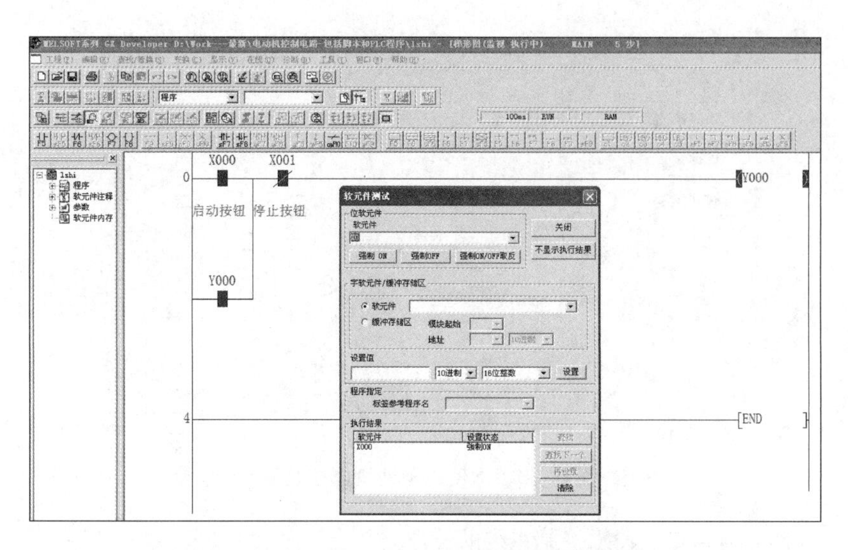

图 5.26 GX Simulator 模拟仿真软件调试程序

(6)组态变量和 PLCI/O 变量对比如表 5.2 所示,通信设置如图 5.27 所示。上位机电动机监控画面如图 5.28 所示。

表 5.2 组态数据库变量和 PLC I/O 变量对应表

类型	MCGS 实时数据库变量	PLC 程序变量
输入变量	正转	M1(X0)
	反转	M2(X1)
	停止	M3(X2)
输出变量	正转接触器	Y0
	反转接触器	Y1

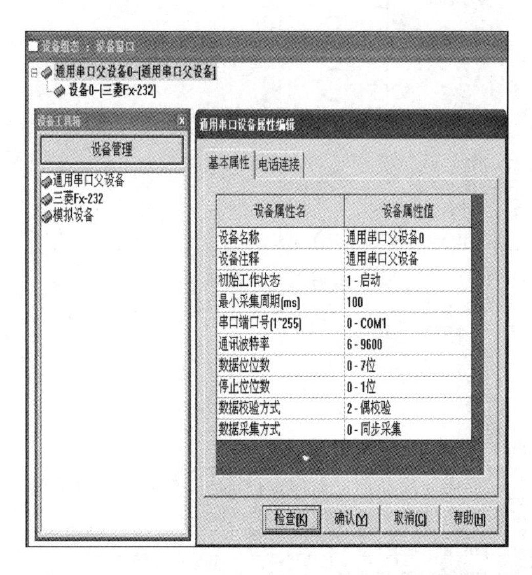

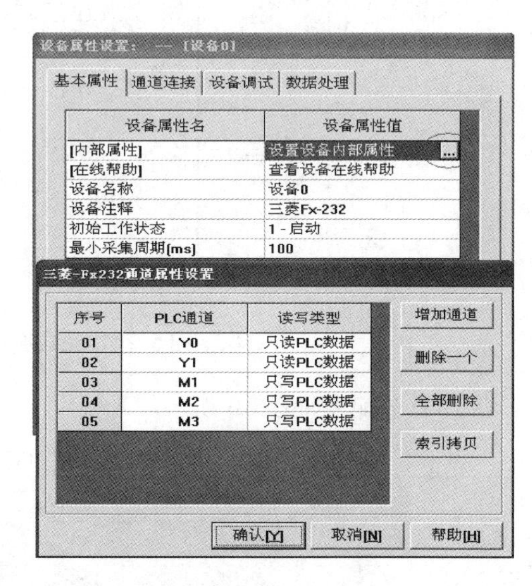

图 5.27 上位机与下位机三菱 PLC 的通信设置

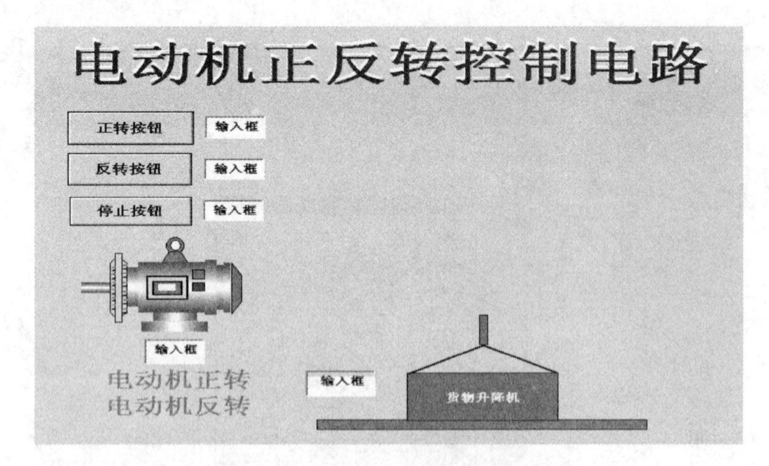

图 5.28　上位机电动机监控画面

2)应用案例 2:喷泉花式喷水控制系统的设计

控制要求:在喷水池的中央喷嘴为高水柱,周围为低水柱开花式喷嘴。当按下启动按钮时,高水柱 3 s→停 1 s→低水柱 2 s→停 1 s→双水柱 5 s→停 1 s→循环上述控制过程 3 遍停止;在 3 次运行过程中按下停止按钮时,停止工作。图 5.29 ~ 图 5.33 为三菱 PLC 与触摸屏通过 MCGS 实现组态的过程。

(1)硬件原理图如图 5.29 所示。

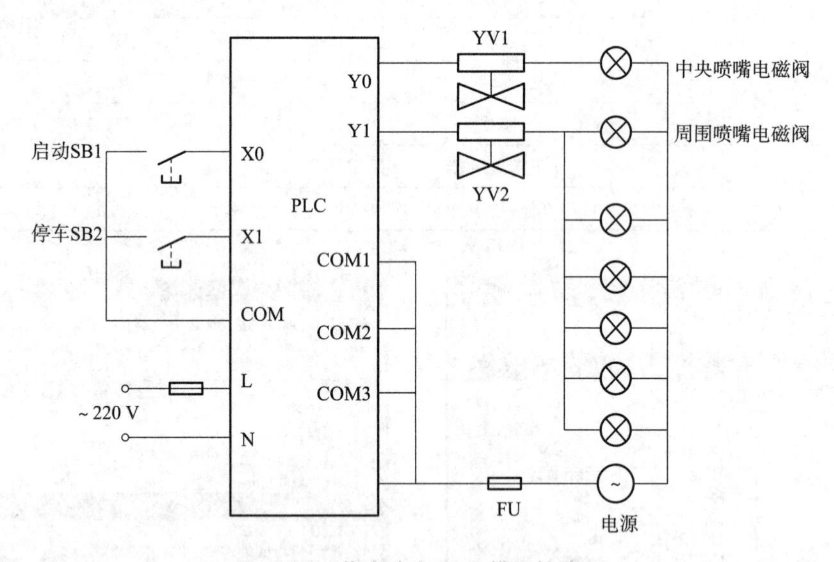

图 5.29　花式喷水 PLC 模拟接线图

(2)I/O 分配表如表 5.3 所示。

表 5.3　喷泉花式喷水 PLC I/O 分配表

输入信号			输出信号		
名称	功能	编号	名称	功能	编号
SB1	启动	X0	中央喷嘴电磁阀	YV1	Y0
SB2	停车	X1	周围喷嘴电磁阀	YV2	Y1

(3)状态转移程序如图5.30所示。

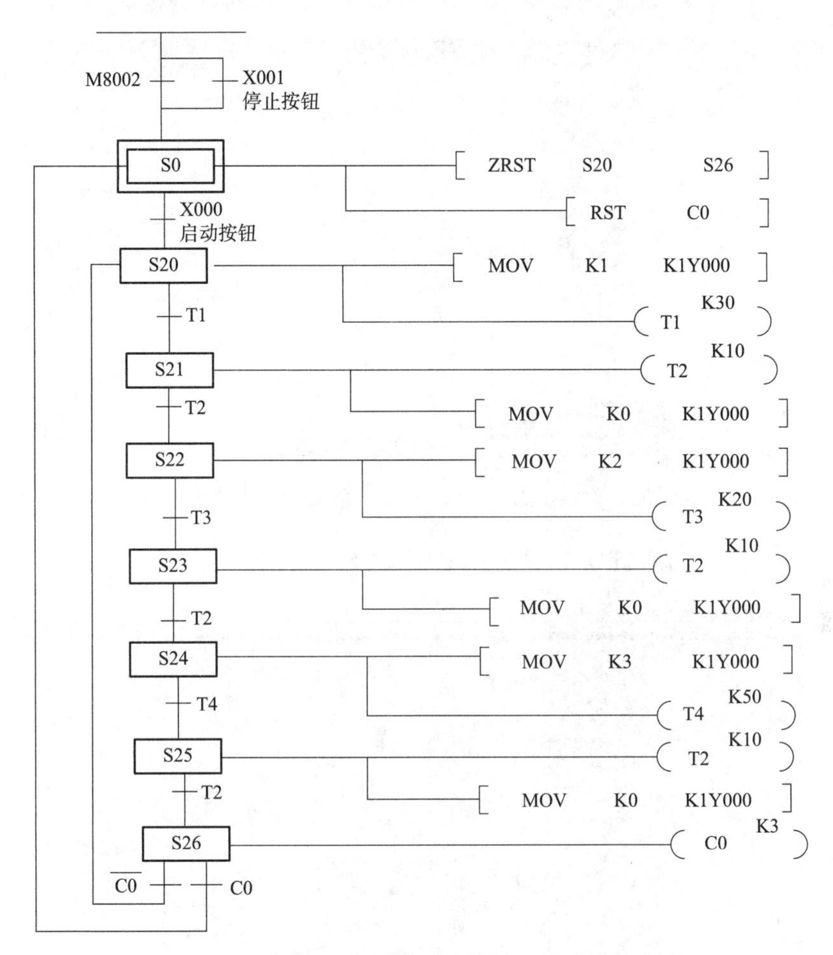

图5.30　喷泉花式喷水控制的状态转移图(SFC)程序

(4)组态设置如图5.31和图5.32所示。

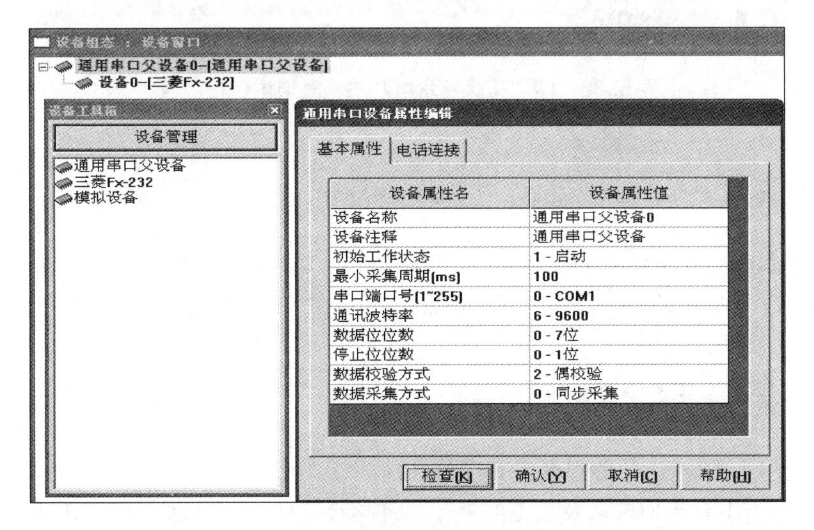

图5.31　触摸屏组态设备窗口参数设置

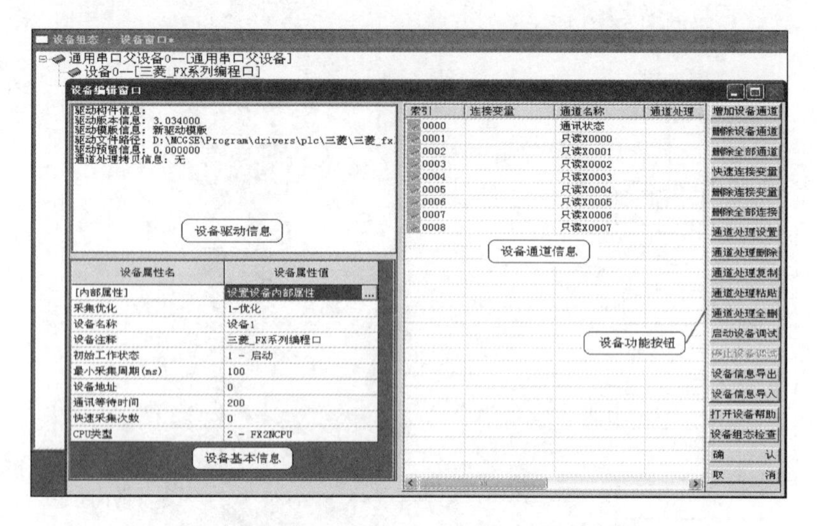

图 5.32　触摸屏组态参数与 PLC 输入/输出变量的连接

(5)喷泉花式喷水控制工程触摸屏运行画面如图 5.33 所示。

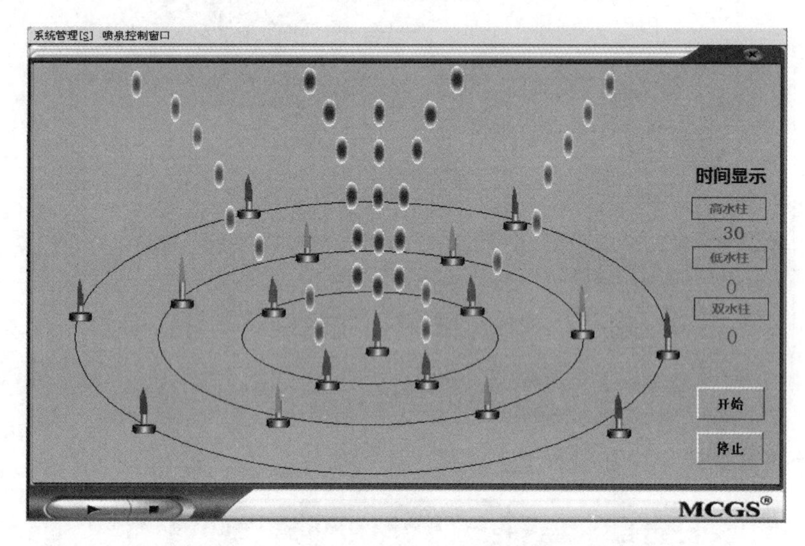

图 5.33　喷泉花式喷水控制工程触摸屏运行画面

5.3　案例:力控软件实现油罐液位组态设计

石油化工企业一般都有油库和油罐,为确保油库安全,对油罐液位等参数进行实时的数据采集,对实现油库的自动化管理非常重要。通过组态软件对油罐的液位等参数进行远程实时监测,将提高工作效率,极大提高安全保障,具有广泛的应用价值。

5.3.1　设计步骤

控制系统组态的设计,一般根据以下步骤进行:

(1)确定所有 I/O 点的参数及设备的生产商、种类、型号、使用的通信接口类型,采用的通信协议,以便在定义 I/O 设备时做出准确选择。

（2）收集齐全所有I/O点的标识。I/O标识是唯一地确定一个I/O点的关键字，组态软件通过向I/O设备发出I/O标识来请求其对应的数据。在大多数情况下I/O标识是I/O点的地址或位号名称。

（3）根据工艺过程绘制、设计画面结构和画面草图。

（4）建立实时数据库，在实时数据库中建立实时数据库变量与I/O点的一一对应关系，正确组态各种变量参数。

（5）组态每一幅静态的操作画面，将操作画面中的图形对象与实时数据库变量建立动画连接关系。

（6）视用户需求，制作历史趋势，报警显示，以及开发报表、安全权限设置等。

（7）对组态内容进行分段和总体调试，视调试情况对软件进行相应修改。

5.3.2　力控监控组态软件概述

力控（ForceControl）是一款由北京三维力控科技推出的全新专业监控组态软件，该软件广泛地应用于油气、化工、煤炭、电力、环保、能源管理、智能建筑等领域。此软件主要为用户提供了组件技术解决方案，该系统由实时数据库、设备通信服务程序、网络通信程序、HMI画面、SDK接口、Web应用服务、数据存储和转发等功能模块组成，拥有工程管理器、实时数据库及开发管理器。

力控监控组态软件是对现场生产数据进行采集与过程控制的专用软件，最大的特点是能以灵活多样的“组态方式”而不是编程方式来进行系统集成，它提供了良好的用户开发界面和简捷的工程实现方法，只要将其预设置的各种软件模块进行简单的“组态”，便可以非常容易地实现和完成监控层的各项功能，比如在分布式网络应用中，所有应用（例如趋势曲线、报警等）对远程数据的引用方法与引用本地数据完全相同，通过“组态”的方式大大缩短了自动化工程师的系统集成的时间，提高了集成效率。

力控监控组态软件能同时和国内外各种工业控制厂家的设备进行网络通信，它可以与高可靠的工控计算机和网络系统结合，达到集中管理和监控的目的，同时还可以方便地向控制层和管理层提供软、硬件的全部接口，实现与“第三方”的软、硬件系统进行集成。

5.3.3　设计要求

通过一个应用实例，介绍应用力控组态新工程的基本步骤，该工程以力控（ForceControl V7.2）为开发平台。

1. 工艺过程

工艺设备包括一个油罐、一个进油控制阀门、一个出油控制阀门以及用于控制两台阀门的PLC，如图5.34所示。

2. PLC的逻辑算法

当进油控制阀门打开时，则开始进油。一旦存储罐即将被注满，进油控制阀门关闭，出油控制阀门打开。一旦存储罐即将被排空，进油控制阀门打开，出油控制阀门关闭，如此反复进行。

3. 力控的PLC仿真驱动

SIMULATOR——力控的PLC仿真驱动，为了适应案例要求，内嵌了逻辑算法，并且对数据通

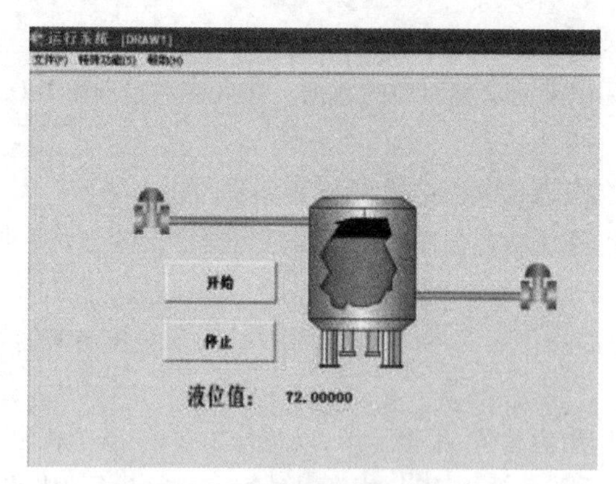

图 5.34　油罐液位组态运行画面

道作了如下约定:

增量寄存器 1(模拟输入区)第 0 通道对应油罐的液位

PLC1 的 DI 区域(数字输入区)第 0 通道控制油罐的进油控制阀门

PLC1 的 DI 区域(数字输入区)第 1 通道控制油罐的出油控制阀门

PLC1 的 DO 区域(数字输出区)第 0 通道启动/停止 PLC 程序的开关

4. 工程目标

(1)创建一幅工艺流程图,图中包括一个油罐、一个进油控制阀门和一个出油控制阀门,全部使用电磁阀带动气缸阀。

(2)阀门根据开关状态而变色,开时为红色,关时为绿色。

(3)创建实时数据库,并与 SIMULATOR 进行数据连接,完成一幅工艺流程图的动态数据及动态棒图显示。

(4)用两个按钮实现启动和停止 PLC 程序。

5.3.4　组态过程

1. 新建工程

(1)在力控中建立新工程时,首先通过力控的"工程管理器"指定工程的名称和工作的路径,不同的工程一定要放在不同的路径下。指定工程的名称和路径,启动力控的"工程管理器",如图 5.35 所示。

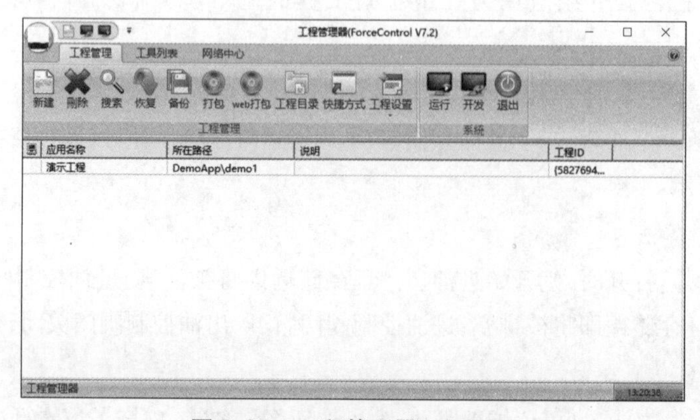

图 5.35　工程管理器运行画面

(2)单击“工程管理”选项卡“工程管理”功能区中的“新建”按钮,出现“新建工程”对话框,如图5.36所示。

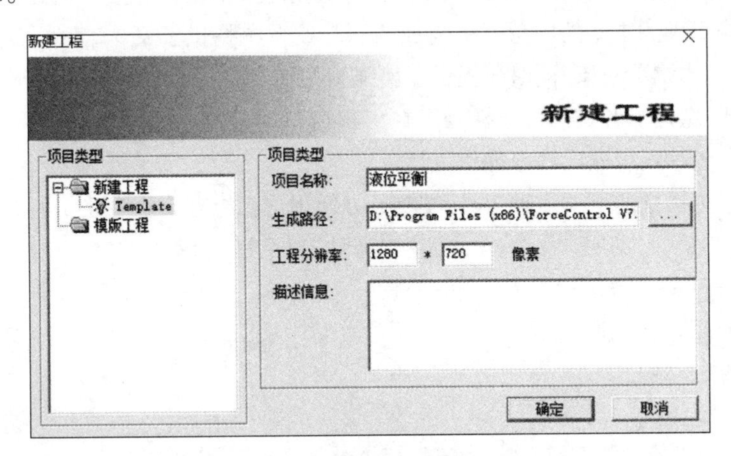

图5.36　“新建工程”对话框

(3)在“项目名称”文本框内输入要创建的力控应用程序的名称,例如命名为“液位平衡”。在“路径”文本框内输入应用程序的路径,或者单击“...”按钮来创建路径。单击“确认”按钮返回。应用程序列表增加了“液位平衡”,如图5.37所示。单击“系统”功能区“开发”按钮进入开发系统,如图5.38所示。

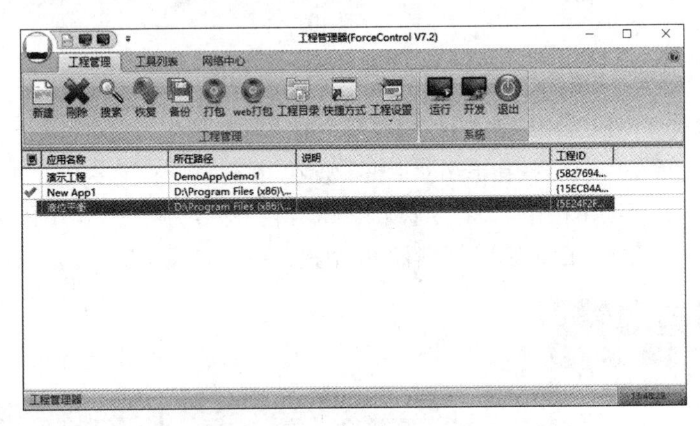

图5.37　增加应用程序“液位平衡”

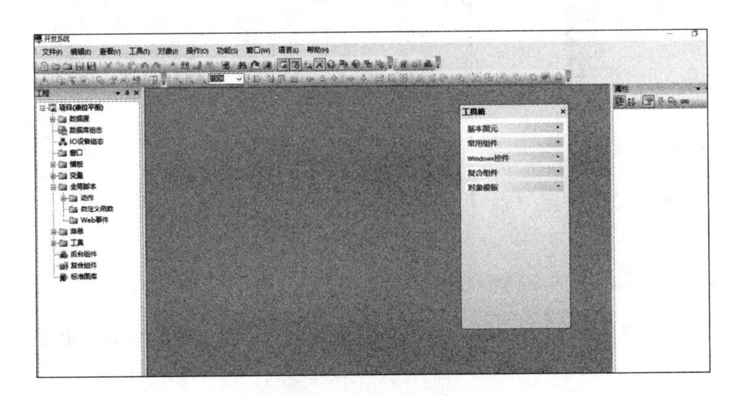

图5.38　“开发系统”对话框

2. 创建组态界面

进入力控的开发系统后，在每个画面上可以组态相互关联的静态或动态图形，这些画面是由力控开发系统提供的丰富的图形对象组成的。开发系统提供了文本、直线、矩形、圆角矩形、圆形、多边形等基本图形对象，同时还提供了增强型按钮、实时/历史趋势曲线、实时/历史报警、实时/历史报表等组件。开发系统还提供了在工程窗口中复制、删除、对齐等编辑操作，提供对图形对象的颜色、线型、填充属性等操作工具。

力控开发系统提供的上述多种工具和图形，方便用户在组态工程时建立丰富的图形界面。

（1）选择“文件”→“新建”命令，出现“窗口属性”对话框，如图 5.39 所示。

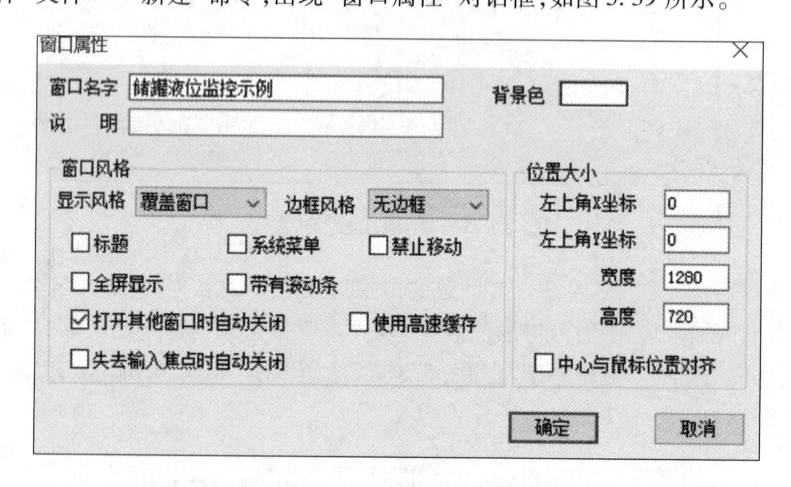

图 5.39 “窗口属性”对话框

（2）单击“背景色”按钮，出现调色板，选择其中的一种颜色作为窗口背景色。其他的选项可以使用默认设置。单击“确认”按钮退出对话框。现在，在屏幕上有了一个窗口，首先，需要在窗口中画一个储罐。选择菜单栏中“工具”选项卡“工具箱”命令，从工具箱中选择“选择子图”工具，如图 5.40 所示。出现“子图列表”对话框，从中选择一个罐，如图 5.41 所示。

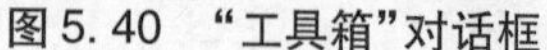

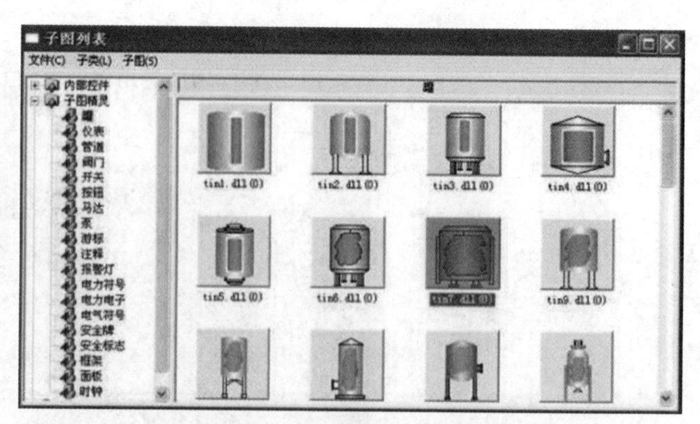

图 5.40 “工具箱”对话框

图 5.41 “子图列表”对话框

（3）可以修改罐的位置及大小。单击该罐，拖动其边线修改罐的大小。若要移动该罐的位置，只要把光标定位在罐上，按住鼠标左键拖动就可以，如图 5.42 所示。

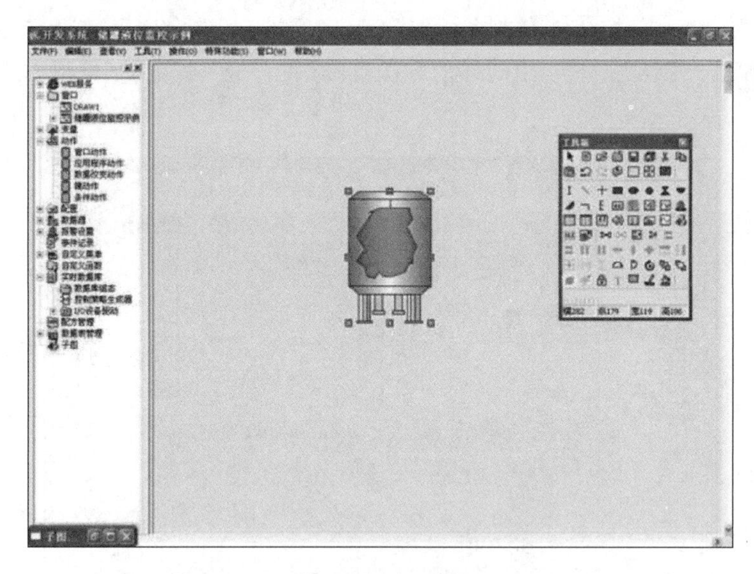

图 5.42　组态界面

（4）选择工具箱中的“选择子图”工具，在“子图列表”对话框中选择符合要求的阀门子图，如图 5.43 所示。修改阀门的位置及大小，用相同的方法画出一个出口阀门。

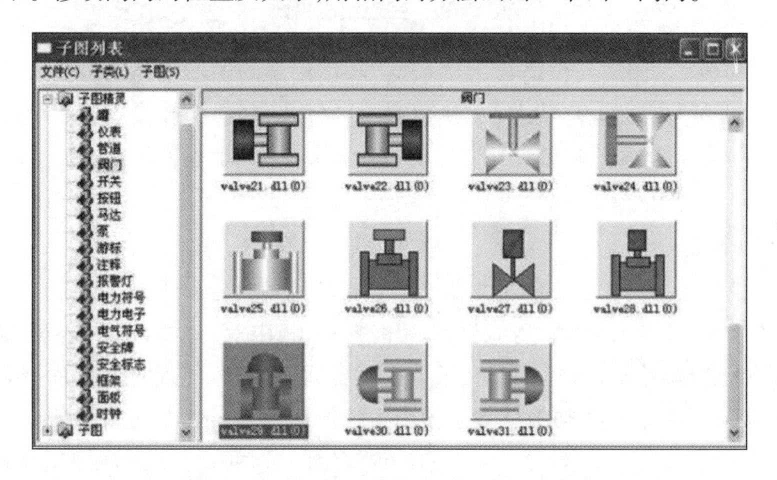

图 5.43　“子图列表”对话框“阀门”命令

（5）选择工具箱中的“垂直/水平线”工具，在画面上画两条管线。修改两条管线的颜色、立体风格和宽度。先选中一条管线，右击，在弹出的快捷菜单中选择“对象属性”命令，出现“改变线属性”对话框，如图 5.44 所示。选择立体风格，宽度改为 8，颜色选为灰色。选中另外一条管线，进行同样的修改。

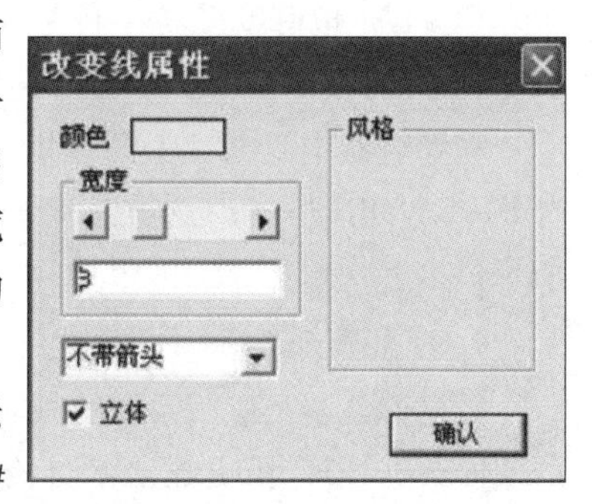

图 5.44　“改变线属性”对话框

（6）选择工具箱中的“文本”工具，在画面上写两个显示液位的字符串 “液位值 ”、“######.####”。其中“######.####”用来显示液位值，显示 4 位小数。最后，画两个按钮执行启动和停止 PLC 程序的命令。选择工具箱中的“按钮”工具，画一个按钮。把按钮移到合适的位置并调整好它的大小。按钮上有一个标志“Text”(文本)。选定这个按钮,在文本框中输入“开始”,然后单击“确认”按钮。用同样的方法继续画“停止”按钮,完整组态界面如图 5.45 所示。

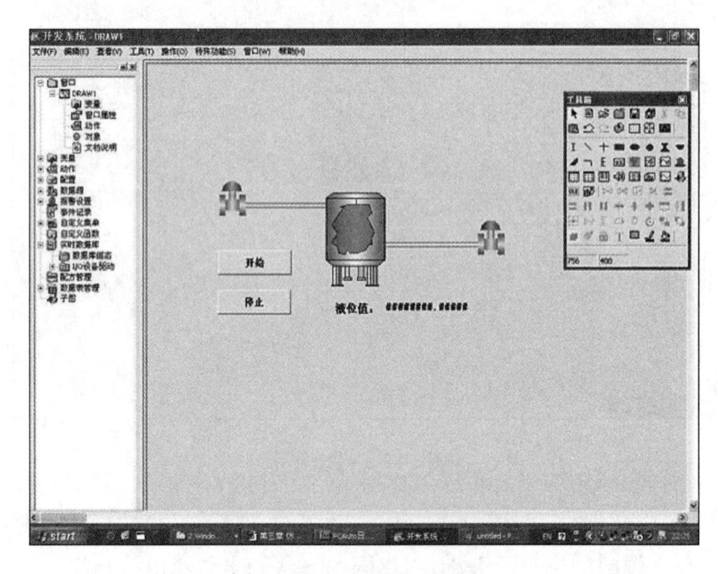

图 5.45　完整组态界面

现在,已经完成了“储罐液位监控示例系统”应用程序的图形描述部分的工作。下面还要进行几项工作,分别为定义 I/O 设备、创建数据库、制作动画连接和设置 I/O 驱动程序。数据库是应用程序的核心,动画连接使图形“活动”起来,I/O 驱动程序完成与硬件测控设备的数据通信。

3. 定义 I/O 设备

在力控中,把需要与力控组态软件之间交换数据的设备或者程序都作为 I/O 设备,I/O 设备包括 DDE、OPC、PLC、UPS、变频器、智能仪表、智能模块、板卡等,这些设备一般通过串口和以太网等方式与上位机交换数据;只有在定义了 I/O 设备后,力控才能通过数据库变量和这些 I/O 设备进行数据交换。在此工程中,I/O 设备使用力控仿真 PLC 与力控进行通信。

要在数据库中定义 4 个点,但这 4 个点的过程值(即 PV 参数值)从何而来?数据库是从 I/O Server(即 I/O 驱动程序)中获取过程数据的,而数据库同时可以与多个 I/O Server 进行通信,一个 I/O Server 也可以连接一个或多个设备。所以必须要明确这 4 个点要从哪一个设备获取过程数据,因此需要定义 I/O 设备。

在导航器中双击“I/O 设备驱动”选项使其展开,在展开项目中选择“力控”→“仿真驱动”—“SIMULATOR(仿真)”选项并双击,使其展开,然后在“设备配置”对话框进行配置,如图 5.46 所示。

4. 数据库组态

数据库是整个应用系统的核心,是构建分布式应用系统的基础。它负责整个力控应用系统的实时数据处理、历史数据存储、统计数据处理、报警信息处理、数据服务请求处理等,数据库组态界面如图 5.47 所示。

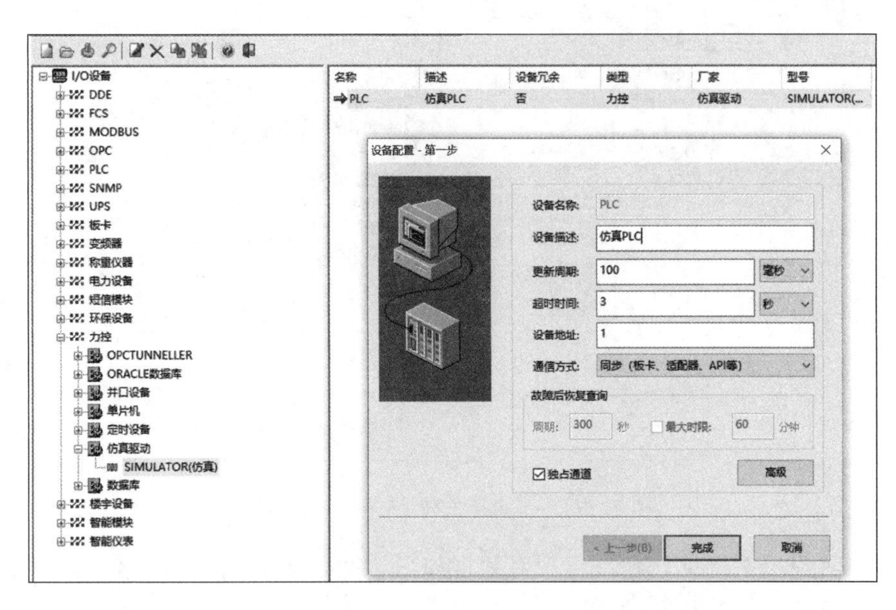

图 5.46　“设备配置”对话框

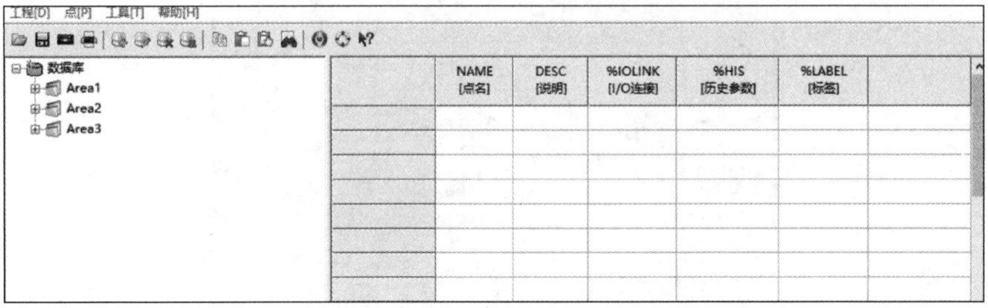

图 5.47　数据库组态界面

在数据库中，需要定义一个模拟 I/O 点，这个点的 PV 参数表示存储罐的液位值，把这点的名称定为“LEVEL”。还需要一个数字 I/O 点来分别反映入口阀门的开关状态，当这个点的 PV 参数值为 0 时，表示入口阀门处于关闭状态，PV 参数值为 1 时，表示入口阀门处于开启状态，将这个点命名为“IN_VALVE”。同样，要定义一个反映出口阀门开关状态的数字 I/O 点，命名为“OUT_VALVE”。另外，在假想的 PLC 中还有一个开关量来控制整个系统的启动与停止，这个开关量可以由在计算机上进行控制，所以需要再定义一个数字 I/O 点，将其命名为“RUN”。数据库组态说明如表 5.4 所示。

表 5.4　数据库组态说明

点名	点类型	说　明
LEVEL	模拟 I/O 点	存储罐液位
IN_VALVE	数字 I/O 点	入口阀门状态
OUT_VALVE	数字 I/O 点	出口阀门状态
RUN	数字 I/O 点	系统启停状态

（1）双击“点名（NAME）”单元格，出现“请指定区域、点类型”对话框，如图 5.48 所示。

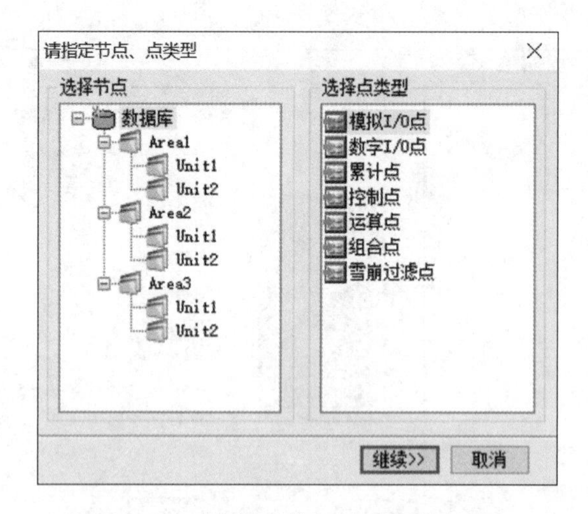

图 5.48 “请指定节点、点类型”对话框

(2)双击“模拟 I/O 点”命令，出现对话框如图 5.49 所示，在“基本参数”选项卡“点名(NAME)”文本框内键入点名“LEVEL”。

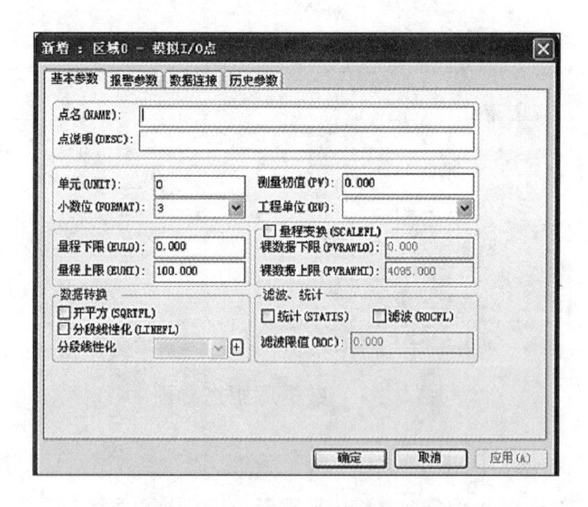

图 5.49 “基本参数”选项卡

(3)其他参数如量程、报警参数等可以采用系统提供的默认值。单击“确定”按钮返回，在点名单元格中增加了一个点名“LEVEL”。按上所述步骤，创建数字 I/O 点“IN_VALVE”、“OUT_VALVE”和“RUN”，创建后的点的数据库列表如图 5.50 所示。

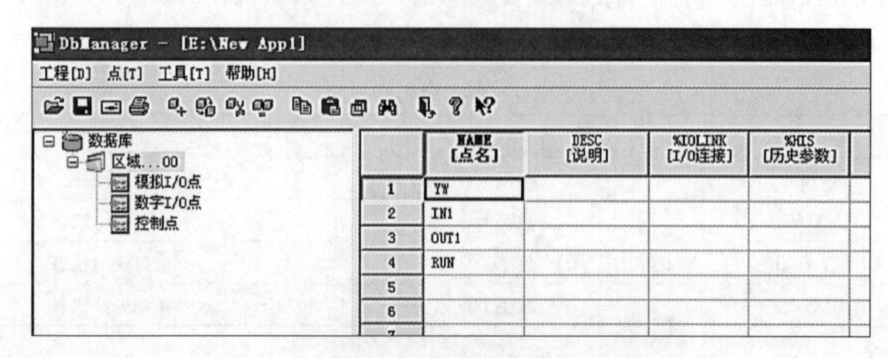

图 5.50 数据库列表

5. 数据连接

名为“PLC”的I/O设备连接的正是假想的PLC设备。将已经创建的4个数据库点与PLC中的数据项联系起来,以使这4个点的PV参数值能与I/O设备PLC进行实时数据交换,这个过程就是建立数据连接的过程。由于数据库可以与多个I/O设备进行数据交换,所以必须指定哪些点与哪个I/O的哪个数据项设备建立数据连接。

(1)双击数据库中点LEVEL的单元格,选择“数据连接”命令或双击LEVEL所对的单元格,出现对话框如图5.51所示。

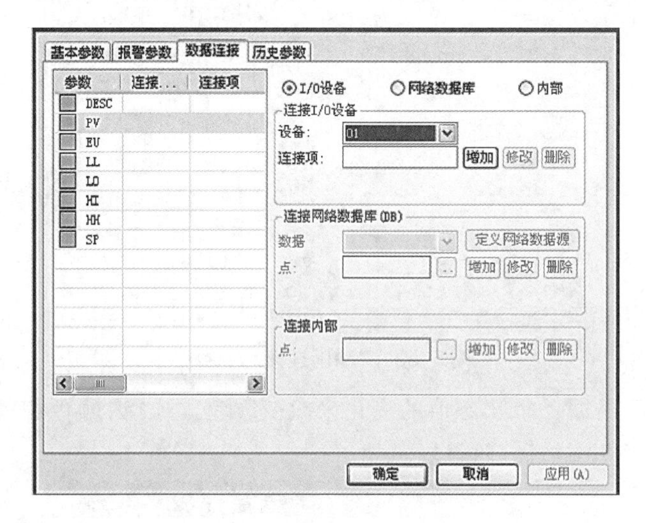

图5.51　“数据连接”选项卡

(2)单击“增加”按钮,出现“SIMULATOR(仿真PLC)设备组态”对话框,如图5.52所示,“内存区”选择“AI(模拟输入区)”,“通道号”指定为“0”,然后单击“确定”按钮返回,完成该点数据连接的定义,在点LEVEL的I/O连接单元格中列出了点LEVEL的数据连接项。再为另外3个数字I/O点建立数据连接。当完成数据连接的所有组态后,单击“保存”按钮并退出窗口。

图5.52　“SIMULATOR(仿真PLC)设备组态”对话框

6. 制作动画连接

动画连接是将画面中的图形对象与变量之间建立某种关系,当变量的值发生变化时,在画面上图形对象的动画效果以动态变化方式体现出来。有了变量之后就可以制作动画连接了。一旦创建了一个图形对象,给它加上动画连接就相当于赋予它“生命”,使它动起来。动画连接使对象按照变量的值改变其大小、颜色、位置等。例如，一个泵在工作时是红色，而停止工作时变成绿色。有些动画连接还允许使用逻辑表达式，如希望一个对象在存储罐的液面高于 80 刻度时开始闪烁，这个对象的闪烁的表达式就为“LEVEL > 80”。

（1）从最上面的入口阀门开始定义图形对象的动画连接。双击入口阀门对象，出现“动画连接”对话框，如图 5.53 所示。

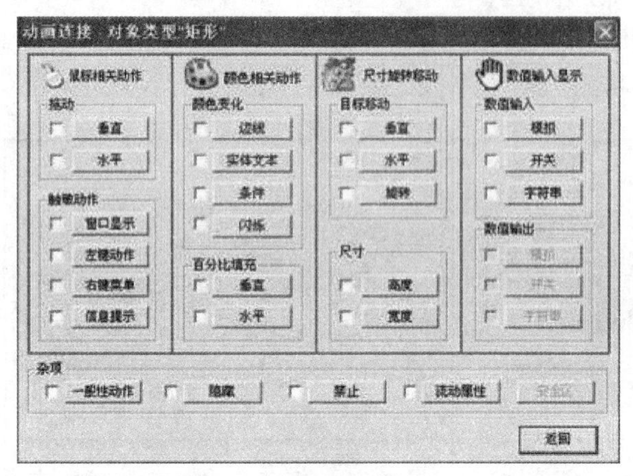

图 5.53 “动画连接”对话框

（2）让入口阀门根据一个状态值的变化来改变颜色。选择“颜色相关动作”—“颜色变化”—“条件”按钮，弹出对话框，如图 5.54 所示。

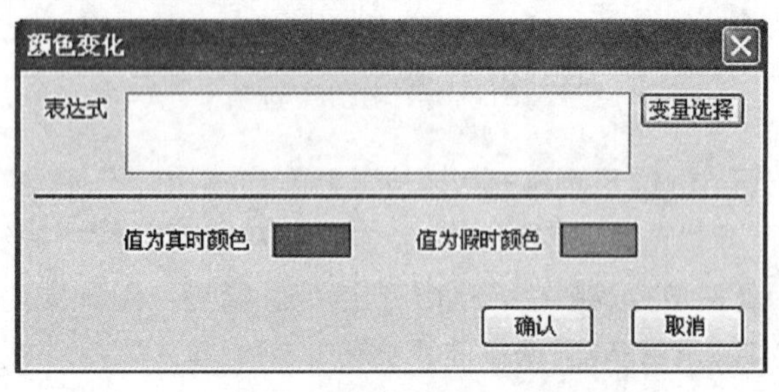

图 5.54 “颜色变化”对话框

（3）单击“变量选择”按钮，弹出“变量选择”对话框，在点名栏中选择“IN_VALVE”，在右边的参数列表中选择“PV”参数，如图 5.55 所示，然后单击“选择”按钮。

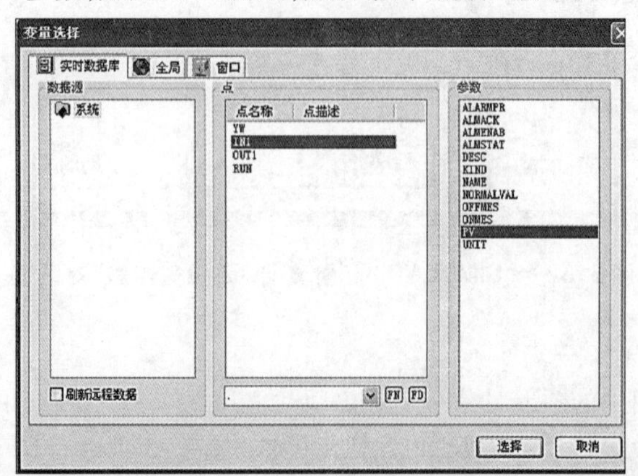

图 5.55 “变量选择”对话框

(4)在“颜色变化”对话框的“条件表达式”的文本框中就可以看到变量名“IN_VALVE. PV”,如图 5. 56 所示。

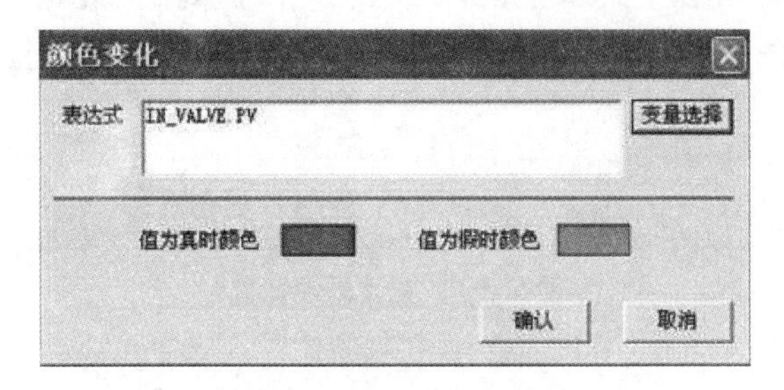

图 5. 56　颜色属性设置

(5)在变量“IN 读 VALVE. PV”后输入“ = = 1”,使最后的表达式为“IN_VALVE. PV = = 1”(所有名称标识、表达式和脚本程序均不区分大小写)。在这里使用的变量 IN_VALVE. PV 是个状态值,用它代表入口阀门的开关状态。上述表达式如果为真(值为 1),则表示入口阀门为开启状态,希望入口阀门变成白色,所以在“值为假时”选项中将颜色通过调色板选为白色,如图 5. 57 所示,单击“确认”按钮返回。用同样的方法,再定义出口阀门的颜色变化条件及相关的变量,如图 5. 58 所示。

图 5. 57　入口阀颜色属性设置

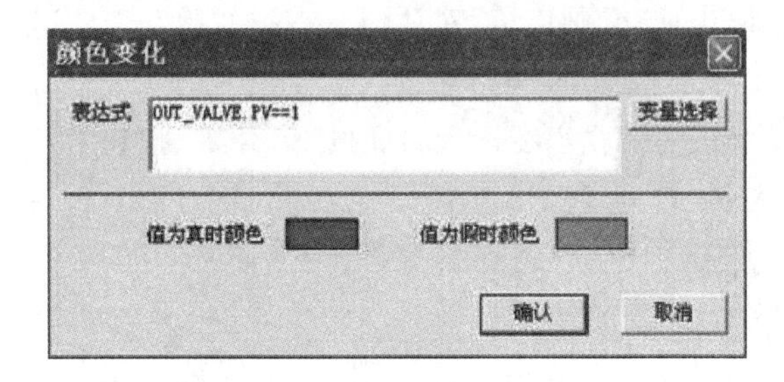

图 5. 58　出口阀颜色属性设置

(6)处理有关液位值的显示和液位变化的显示,选中存储罐下面的#######. ###符号,然后双击鼠标左键,出现动画连接对话框,在这里选择“数值输出—模拟”,点击“模拟”按钮,弹出“模拟值输出”对话框,如图 5. 59 所示。在表达式文本框中输入“LEVEL. PV”或单击“变量选择”按钮,出现“变量选择”对话框,然后选择点名“LEVEL”,在参数列表中选择 PV 参数,单击“选择”按钮,“表达式”文本框中自动加入了变量名“LEVEL. PV”。

(7)现在,已经把存储罐的液位用数值显示出来了,下面将实现存储罐的填充高度也随着液位的变化而变化,这样更形象地显示存储罐的液位变化了。选中存储罐后双击,出现“罐向导”

对话框,如图 5.60 所示。

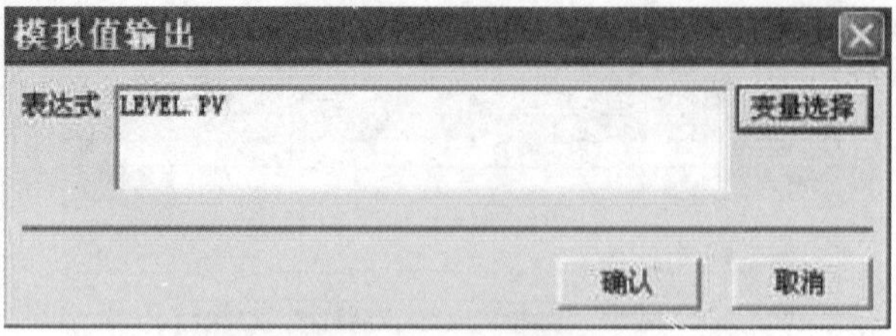

模拟值输出
表达式 LEVEL. PV 变量选择
确认 取消

图 5.59　液位属性设置

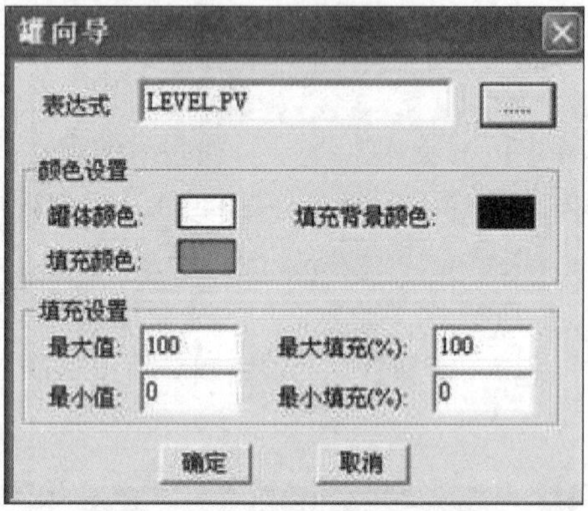

罐向导
表达式 LEVEL.PV ……
颜色设置
罐体颜色: 填充背景颜色:
填充颜色:
填充设置
最大值: 100 最大填充(%): 100
最小值: 0 最小填充(%): 0
确定 取消

图 5.60　“罐向导”对话框

在“表达式”文本框内键入“LEVEL. PV”,选择填充颜色为绿色,填充背景颜色为黑色。这样力控将一直监视变量“LEVEL. PV”的值;如果值为 100,存储罐将是全满的。如果值为 50,将是半满的。然后单击“确定”按钮。

7. 脚本动作

用脚本动作来完成两个按钮的动作来控制系统的起停。

(1)双击“开始”按钮,出现“动画连接”对话框,选择“触敏动作/左键动作”按钮。单击“左键动作”按钮,选择“动作脚本”对话框“按下鼠标”选项卡,在脚本编辑器里输入“RUN. PV = 1”,如图 5.61 所示。这个设置的意思是当在运行界面按下“开始”按钮后,变量 RUN. PV 的值被设成 1,相应地 PLC 中的程序被启动运行。

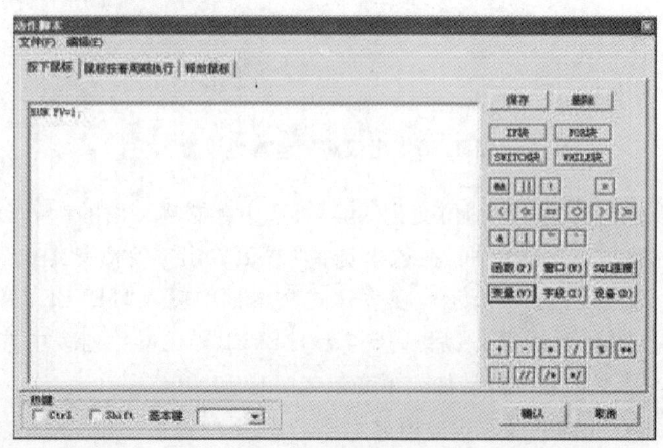

图 5.61　“动作脚本”对话框

(2)同样,定义“停止”按钮的动作。在脚本编辑器里输入“RUN. PV = 0”。这个设置的意思是当鼠标按下“停止”按钮后,变量 RUN. PV 的值被设成 0,设备 PLC 中的程序就会停止运行,如图 5.62 所示。

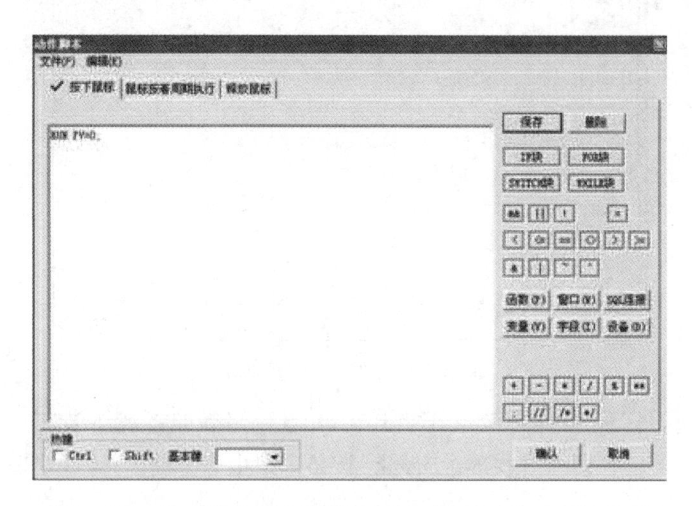

图 5.62　停止运行设置

(3)在整体制作动画连接的过程中,系统自动创建了所有引用到的数据库变量。如果要查看这些变量,可以选择菜单栏中“特殊功能/定义变量”按钮,出现“变量定义”对话框,如图 5.63 所示。

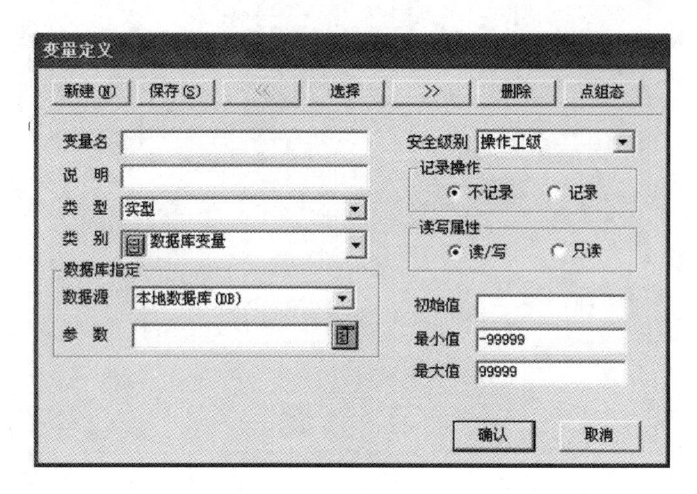

图 5.63　“变量定义”对话框

单击“选择”选项卡,出现“变量选择”对话框,如图 5.64 所示,在“变量类别”下拉列表中选择“数据库变量”,可以看到在上面工程中所引用的所有数据库变量 LEVEL. PV、IN_VAVLE. PV、OUT_VAVLE. PV 和 RUN. PV,它们全部由系统自动创建。

8. 运行

工程初步建立完成,进入运行阶段。首先保存所有组态内容,在力控的开发系统菜单中选择“文件”→“运行”命令,进入力控运系统。在运行系统中选择“文件”→“打开”命令,选择“选择窗口”中“储罐液位监控示例”,显示出力控的运行画面,单击“开始”按钮,开始运行 PLC 的程

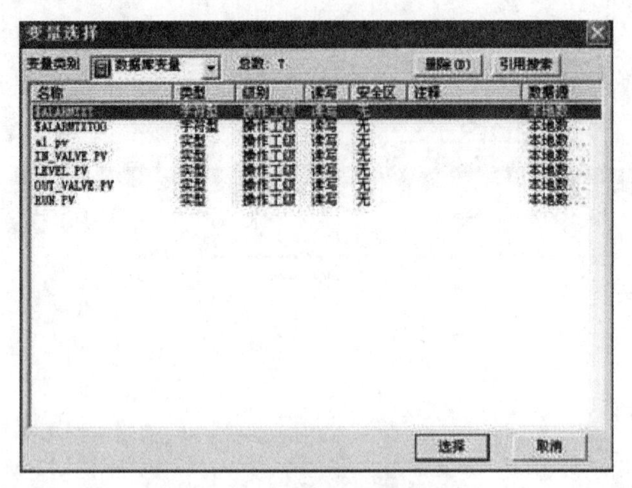

图 5. 64　数据库变量显示

序。这时会看见阀门打开,存储罐液位开始上升,一旦存储罐即将被注满,它会自动排放,然后重复以上的过程。可以在任何时候单击“停止”按钮来中止这个过程,运行效果如图 5. 65 所示。

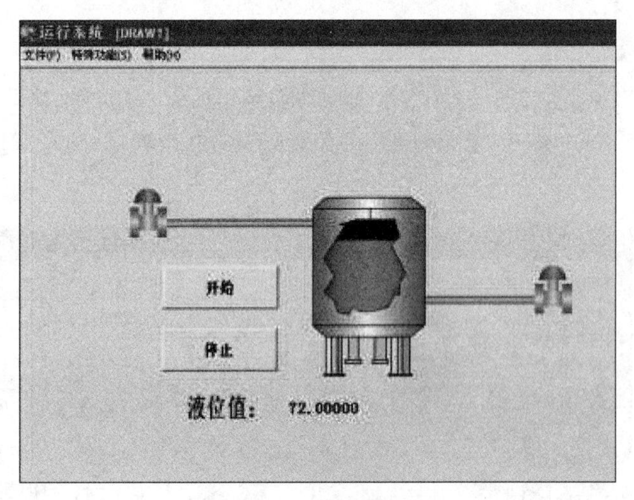

图 5. 65　组态界面运行

习　　题

(1)简述国内常用的组态软件及其功能与特点。

(2)叙述组态软件实现的钢厂水处理系统的工作原理及功能。

(3)叙述触摸屏的工作原理。

(4)简述 MCGS 嵌入版与 PLC 进行触摸屏组态的步骤。

(5)以 GX Developer 编程软件,结合三菱 FX2n 的 PLC 以及组态王软件,说明生产过程中进行组态设计的步骤。

(6)采用力控组态软件,以生产中实际应用为对象,说明组态的过程。

第6章　嵌入式系统设计

嵌入式系统由硬件和软件组成，是以现代计算机技术为基础，能够根据用户需求（功能、可靠性、成本、体积、功耗、环境等）灵活裁剪软硬件模块的专用计算机系统。相比于一般的通用计算机处理系统而言，嵌入式系统服务于特定应用场合，对可靠性、实时性有较高要求，具有专用性及软件可裁剪性。嵌入式系统广泛应用于信息家电、交通管理、工业控制、环境工程、国防科技等几乎所有领域。本章介绍了嵌入式系统及功能、智能小车控制系统硬件设计、智能小车控制系统软件设计和智能小车控制系统的调试过程。

6.1　嵌入式系统及功能

嵌入式处理器是嵌入式系统的核心，是控制、辅助系统运行的硬件单元。其范围极其广阔，从最初的4位处理器，到目前仍在大规模应用的8位单片机，再到最新的受到广泛青睐的32位、64位嵌入式CPU。

目前，世界上具有嵌入式功能特点的处理器已经超过1 000种，流行体系结构包括MCU、MPU等30多个系列。鉴于嵌入式系统广阔的发展前景，很多半导体制造商都大规模生产嵌入式处理器，并且公司自主设计处理器也已经成为了未来嵌入式领域的一大趋势，其中从单片机、DSP到FPGA，有着各式各样的品种，速度越来越快，性能越来越强，价格也越来越低。目前嵌入式处理器的寻址空间可以从64 KB到1 GB，处理速度最快可以达到2 000 MIPS，封装从8个引脚到324个引脚（如TI的ARM Cortex A8 AM335x）不等。

嵌入式微处理器（Micro Processor Unit，MPU）是由通用计算机中的CPU演变而来的。与计算机处理器不同的是，在实际嵌入式应用中，只保留和嵌入式应用紧密相关的功能硬件，去除其他的冗余功能部分，这样就以最低的功耗和资源实现嵌入式应用的特殊要求。和工业控制计算机相比，嵌入式微处理器具有体积小、质量小、成本低、可靠性高等优点。目前主要的嵌入式处理器类型有Am186/88、386EX、SC-400、Power PC、68000、MIPS、ARM/StrongARM/ARM Cortex系列等。其中ARM/StrongARM/ARM Cortex是专为手持设备开发的嵌入式微处理器，属于中档价位。

嵌入式微处理器的典型代表是单片机（Microcontroller Unit，MCU），从20世纪70年代末单片机出现到今天，虽然已经经过了40多年的历史，但这种8位的电子器件目前在嵌入式设备中仍然有着极其广泛的应用。单片机芯片内部集成ROM/EPROM、RAM、总线、总线逻辑、定时/计数器、把关定时器（俗称“看门狗”）、I/O接口、串行口、脉宽调制输出、A/D、D/A、Flash RAM、EEPROM等各种必要功能和外设。由于单片机低廉的价格和优良的功能，其拥有的品种和数量最多，比较有代表性的包括MCS-51、MCS-251、MCS-96/196/296、P51XA、C166/167、68K、ARM Cortex M3系列以及MCU 8XC930/931、C540、C541等，并且有支持IIC、CAN-Bus、LCD及众多专用MCU和兼容系列。目前MCU约占嵌入式系统70%的市场份额。近年来中国深圳宏晶科技公司出产的STC单片机，因性能出众、功能强大，具有很高的性价比，这势必将推动单片机获得更快的发展。

6.2 案例:智能小车控制系统设计

智能小车可以按照预先设定的模式在一个环境里自动的行走,不需要人为管理,可应用于科学勘探等用途。智能小车能够实时显示时间、速度、里程等参数,具有自动寻迹、寻光、避障功能,可程控行驶速度、准确定位停车,远程传输图像等功能。

6.2.1 设计方案

1. 智能小车简介

智能小车可以按照预先设定的模式在一个环境里自动行驶,不需要人为的管理,可应用于科学勘探等用途。此外,随着汽车技术及自动驾驶技术的发展,对于其控制技术的研究也就越来越受关注。全国电子大赛和省内电子大赛几乎每次都有智能小车这方面的题目,全国各高校也都很重视该题目的研究。

智能小车能够实时显示时间、速度、里程,具有自动寻迹、寻光、避障功能、可程控行驶速度、准确定位停车和远程传输图像等功能。智能小车可以分为三部分,包括传感器部分、控制器部分、执行器部分。

传感器部分:机器人用来读取各种外部信号的传感器,以及控制机器人行动的各种开关,好比人的眼睛、耳朵等感觉器官。

控制器部分:接收传感器部分传递过来的信号,并根据事前写入的决策系统(软件程序),来决定机器人对外部信号的反应,将控制信号发给执行器部分,好比人的大脑。

执行器部分:驱动机器人做出各种行为,包括发出各种信号(点亮发光二极管、发出声音)的部分,并且可以根据控制器部分的信号调整自己的状态。对机器人小车来说,最基本的就是轮子,这部分就好比人的四肢一样。

该项目将探索智能小车在智能小车控制方面的应用,以实现无人驾驶、无线传感、自动避障等功能。

2. 技术路线

智能小车控制技术随着微处理芯片性能的不断提高而发展迅速。以ARM系列为代表的高性能芯片,它们体积小、性能高、稳定性高,便于集成开发,功耗低、经济成本低。这些优点使得这些微处理器成了控制系统开发的主流。基于ARM系列芯片为平台的Linux、μC/OS-II、Windows CE嵌入式系统都应用到了小车控制领域的研究中。而8051内核良好的兼容性使得该内核芯片更加适用于嵌入式系统开发,考虑到设计资源、芯片性能、系统功能、程序运行内存相关要求和影响因素,最终选择深圳宏晶科技公司出产的STC高性能芯片STC15W4K作为系统处理核心,选用8051内核的RTX51 Tiny嵌入式操作系统,配合相关传感器模块及相关驱动,运用C语言,编写相关算法,设计出基于STC15单片机的智能小车控制系统,在实验平台上完成精度测试。图6.1为基于STC15单片机的智能小车控制系统技术路线图。

3. 方案

1)工作原理

图6.2的智能小车控制系统工作时需要采集现场工作信息,处理器对采集到的信息进行处

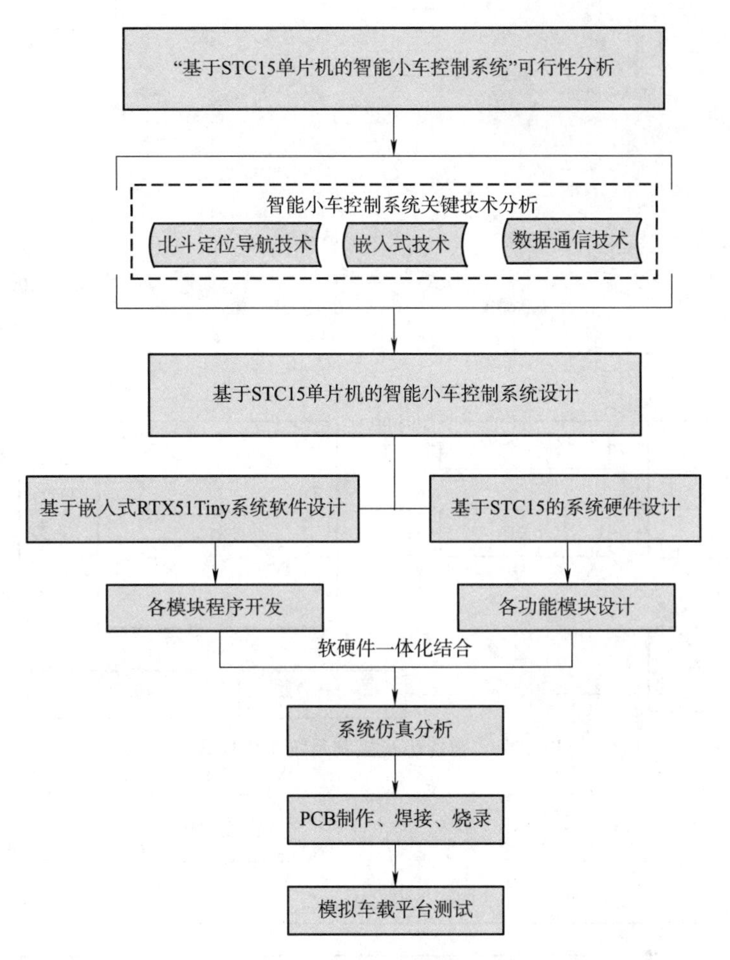

图6.1　技术路线图

理反馈,从而自动控制某些工况。其总体工作原理是:首先控制系统进行作业信息采集,进行工作路线设定,北斗卫星定位模块采集定位数据,从而确定预设的一条路径线段上的两个端点坐标,确定出小车需要要走的一段线段路径,然后通过装在小车上北斗卫星天线与地面固定基站接收的数据进行差分定位,这些差分数据通过通信串口传输给控制器,控制器对差分数据进行处理后确定出小车实际位置,并分析实际位置是否在之前系统确定出的路线上,计算出路径偏差,计算器计算出转向轮需要偏转的角度,控制器输出相应的 PWM 信号及相应的功率信号,控制相应方向阀和相关开关阀(转向执行阀组)的开关量和开关时长,驱动前转向轮转动,从而自动调整小车航向,调整偏离量,实现自动控制。配合相应传感器,收集小车信息速度、航向、耕地面积及系统工作状态信息,开发相应的显示终端,显示小车的实时工作状态。根据需要,设计遥控模式、手动驾驶模式,应对不同工作环境,完善智能小车的控制系统。

此外,系统拓展接口可通过连接网络电台进行域名解析,与监控中心的服务器进行小车作业信息传输,远距离对车辆进行实时状态监测,对多机作业进行调度等。

2)方案设计

根据智能小车控制系统的原理与结构,本设计从导航层、通信层、控制层、人机交互层四个层面制定了模块化设计方案,如图 6.3 所示。

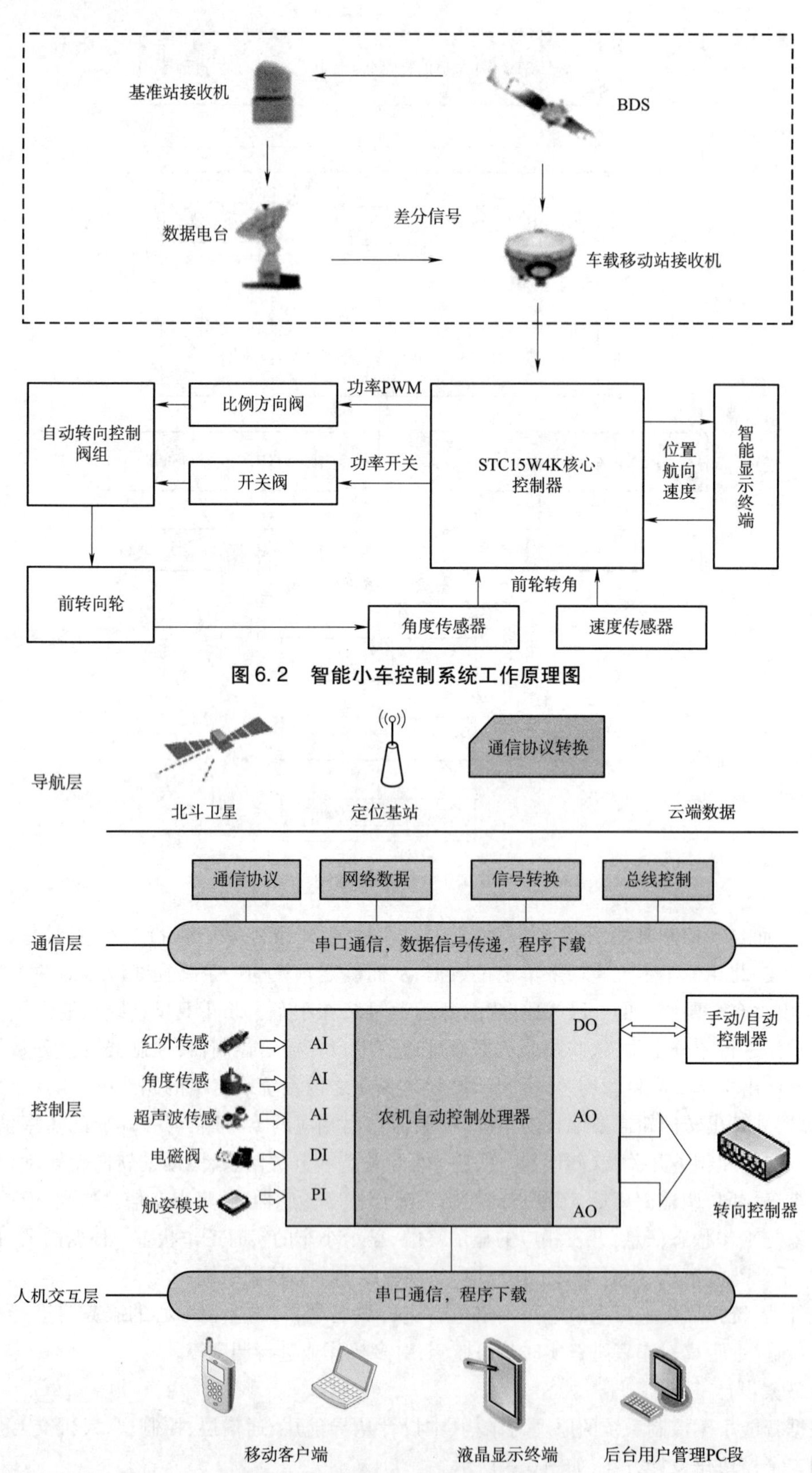

图 6.2　智能小车控制系统工作原理图

图 6.3　小车自动控制系统设计方案图

(1)导航层。

导航层是系统控制小车行驶时精确地沿理想路径行走的关键,作为系统的“眼睛”,导航层在北斗卫星和地面基站的配合下产生差分信号,通过通信层传递信号给控制器,进行信号反馈和导航。

(2)通信层。

通信层包括网络通信、局域通信(以太网 RS-485、CAN 总线、GPRS 等标准通信),作为整个控制系统的“神经”网络,它是信息传递的网络,通信层传输通信还需要各个信号模块的共同作用,通信模块、通信协议、信息传递相关算法是通信层建立三要素。

(3)控制层。

控制层包括核心控制器 STC15W4K、相关传感器模块及相关外围放大驱动电路。作为系统的“大脑”,控制层对输入的 A/D 转换过来的串口信号进行处理反馈输出给相关转向控制器,输出驱动信号,从而控制小车进行路径调整,自动转向。控制器控制流程如图 6.4 所示。

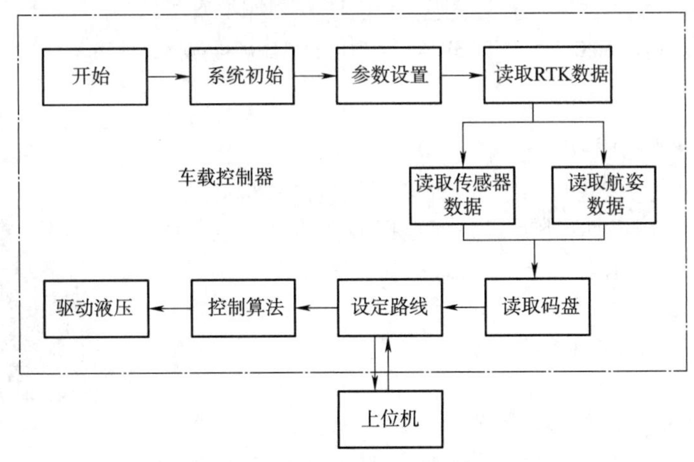

图 6.4　控制器控制流程图

(4)人机交互层。

人机交互层包括多种设备终端,可通过车载显示,移动设备显示,PC 端进行数据监控,如工作时长、耕地面积等;还能对小车的工作信息,如行驶速度、小车位置、剩余油量、机械运行情况等进行更直观的显示;能够进行远距离的参数设定。

6.2.2　硬件设计

1. 总体设计

智能小车控制系统设计以 STC15W4K 单片机为运算控制器核心,采用模块化设计方案,包括 ESP8266 串口转 Wi-Fi 模块、L298N 电动机驱动模块、HC-SR04 + 超声波测距模块、光电传感模块、红外避障模块等,模块间采用标准通信接口,提供拓展接口。STC15W4K 小车控制系统硬件整体设计图如图 6.5 所示。

设计本系统时,首先设计 STC15W4K 单片机的供电电路、复位电路。设计各模块所需要的稳压电路,然后根据不同模块与单片机之间的通信需求,分配好单片机的 I/O 接口,设计出小车驾驶系统的原理图。

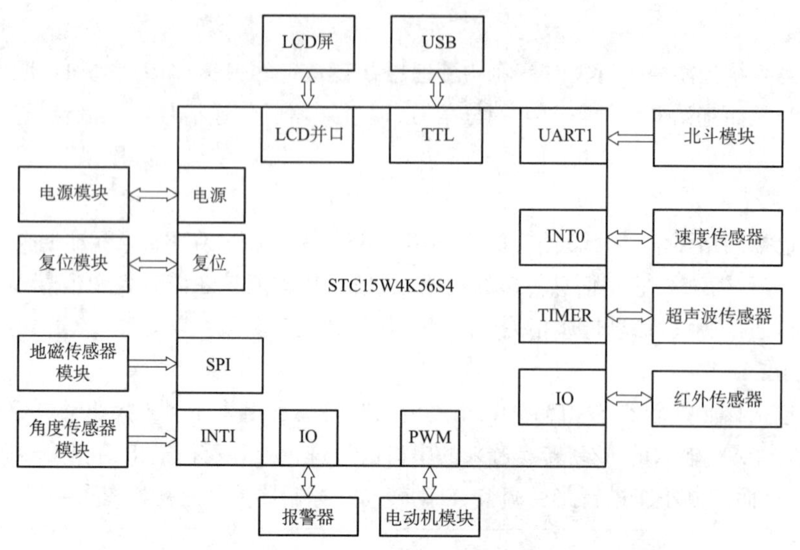

图 6.5　STC15W4K 小车控制系统硬件整体设计图

2. 硬件选型

1）控制器处理器选型

处理器选择时主要考虑以下方面：处理器外接口数量必须满足设计需求，有一定拓展性；处理器处理数据的性能满足系统需求；处理器的兼容性必须满足所选嵌入式系统内核要求；必须具有一定的性价比和抗干扰能力。综上所述，选择 8051 内核处理器 STC15W4K56S4 单片机，如图 6.6 所示。

图 6.6　STC15W4K56S4 单片机

2）无线遥控模块选型

设计使用 ESP8266 系列的无线 Wi-Fi 模块是高性价比的 WiFi SOC 模组，如图 6.7 所示，支持标准 IEEE802.11 b/g/n 协议，采用低功率 32 位 CPU，可以兼用作处理器主频可以达到 160 MHz，串口速度最高可达到 4 Mbit/s，支持 SDK 开发，满足本设计需要。

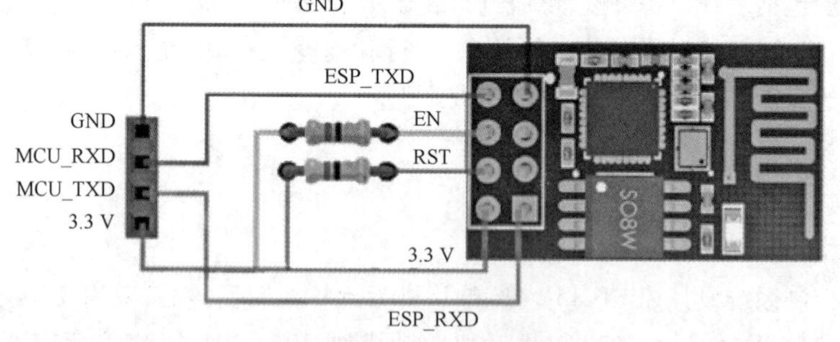

图 6.7　ESP8266 模块

ESP8266 模块在本设计中用于遥控器对小车的远距离控制，包括速度、转向控制，实现小车的远距离遥控，该模块由 3.3 V 电压驱动，通过单片机串口与单片机进行数据通信，在 ESP8266 TCP 服务器模式下进行开发。

3）超声波模块选型

系统超声波模块主要用于小车的超声波转向，选用 HC-SR04 超声波模块作为系统转向控制和距离测量，其可以检测 2～400 cm 内的物体信号，在这个距离内的程序中设定相关触发转向的指令,实现小车到达边界时的转向控制。

该传感器通过 I/O 接口的 TRIG 触发测距,模块能够自动发送 8 个 40 kHz 的方波,并且能够检测是否有信号返回,如果有信号返回,则通过 I/O 接口 ECHO 输出一个高电平,其高电平持续的时间就是超声波从发射到返回所花费的时间。公式为:$S=(V_{声}\times T_{高})/2$,其中,S 为测试距离;$T_{高}$ 为高电平时间;$V_{声}$ 为声速。其实物图如图 6.8 所示,工作电压为 DC 5 V,测量角度为 15°,工作电流为 15 mA,频率为 40 kHz,最远射程为 4 m,最近为 2 cm,输入的 TTL 脉冲为 10 μs,输出的回响信号为 TLL 电平信号。

4)角度传感器模块选型

智能小车控制系统的自动转向方案是设计的重点,小车转向时,需要监控小车转向角度。目前使用最多的就是使用角度传感器实现角度测量。目前,市场上的角度传感器模块很多,例如 SV01A103AEA01R00 电位计模块、GY-521 MPU6050 模块等。这些模块的工作原理大都是相同的,都是角度传感器进行脉冲计数。本设计不仅需要角度传感器,还需要能够读取小车速度的传感器,对比这两种传感器的工作原理之后,最终选用了能同时实现角度传感和速度监控的传感器模块组合:SD-1/2 光电模块 + 测速码盘,如图 6.9 所示。

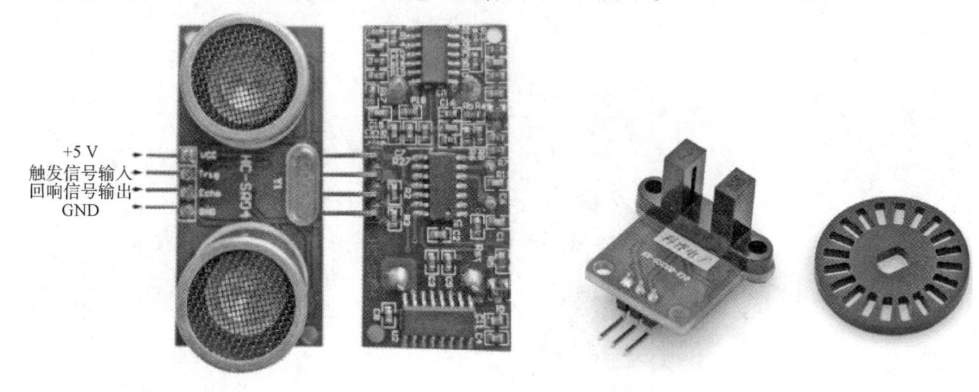

图 6.8　HC-SR04 超声波测距模快　　　　图 6.9　SD-1/2 光电模块 + 测速码盘

组合模块的工作原理是:码盘安装在车轴上随着车轮旋转,SD-1/2 光电模块的 OUT 口连接 MCU 的外部中断口,每当码盘光栅遮档 SD-1/2 红外,SD-1/2 就发出一个外部缓冲,配合软件进行计数,根据单位时间或者一定时间内的脉冲个数,配合不同算法可分别完成角度检测和速度计算。

(1)角度检测。当控制器发出转弯信号时,单片机中就会开始工作,开始脉冲计数,记下控制器从发出技术指令到发出停止计数指令时,计数器所记录的脉冲个数 n。根据码盘光栅格数,知道每个光栅格所占据的角度为 20°,则转向角度 $w=20n$。

(2)速度计算。对于速度计算,思路与角度计算基本一致,首先制定算法,当需要计算小车的瞬时速度时,设定 3 次脉冲计算一下速度 v,从任意时刻记录时间 t_0,计数器记得三次脉冲后,记得此时时间为 t_1,此时,可以算得小车行驶角速度 $w=60/(t_0-t_1)$,量得车轮外径到轴心半径为 r,则 $v=w\times r=60\times r/(t_0-t_1)$,即可计算出小车行驶速度。

(3)耕地面积计算。

量得小车作业宽度为 L,当小车工作 t 时,则小车的耕地面积为:

$$S=\int_0^t v(t)\times L\times t\mathrm{d}t$$

3. 系统电路图

1)电路图设计

系统电路图如图 6.10 所示。

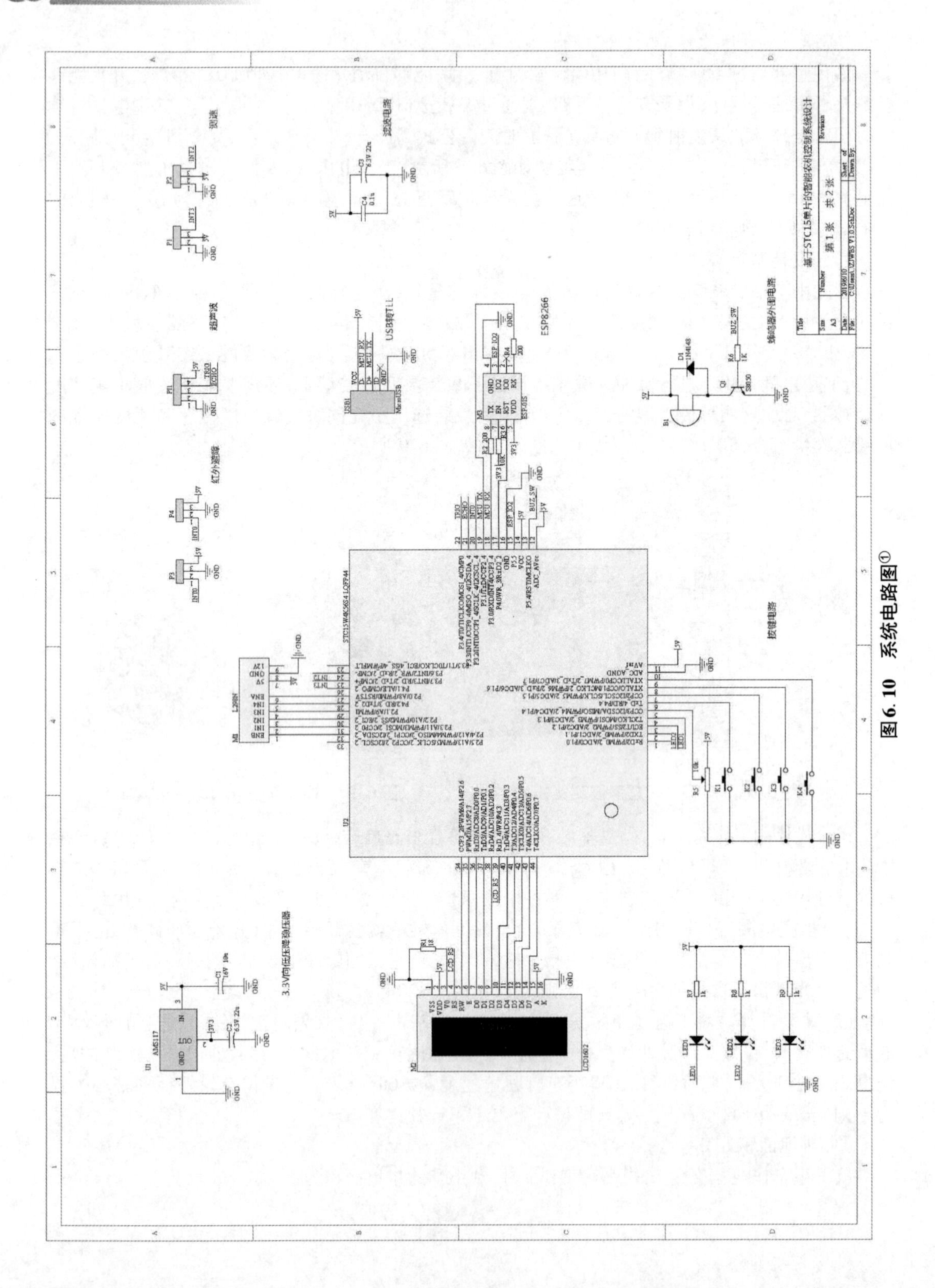

图 6.10　系统电路图①

① 书中电路图中的仿真软件制图，其图形符号与国家标准符号不同，二者对照关系参见附录 A。

2)串口电路设计

由于单片机要外接很多串口模块,例如北斗定位模块、ESP8266 模块,所以至少需要用到两个串口 UART,用来连接这些模块,而该型号单片机支持四路串口 UART,完全满足需要,在与ESP8266 Wi-Fi 模块进行数据交换时设计了串口通信电路,如图 6.11 所示。由于 ESP8266 Wi-Fi模块的供电电压为 3.3 V,而单片机的工作电压为 5 V,因此需要在单片机和 Wi-Fi 模块的串口引脚间加上限流电阻,以防止在串口进行数据传输时有较大的电流灌入 Wi-Fi 模块,对 Wi-Fi 模块造成不可恢复的损坏,达到保护硬件电路的目的。

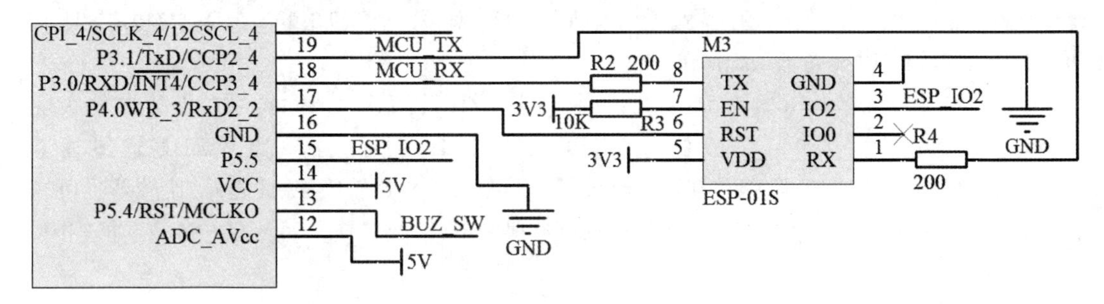

图 6.11　串口通信电路设计

3)稳压电路设计

由于 STC15 单片机的额定工作电压为 5 V,另一些模块的工作电压大多介于 3 ~ 5 V 之间,而 ESP8266 Wi-Fi 模块需要 3.3 V 的电压。为了保证系统的正常运行,首先要保证各部分供电的稳定可靠,所以稳压电路的设计非常重要,针对需求,本设计设计出 5 V 和 3.3 V 两种稳定电压电路,原理图分别如图 6.12 和图 6.13 所示。

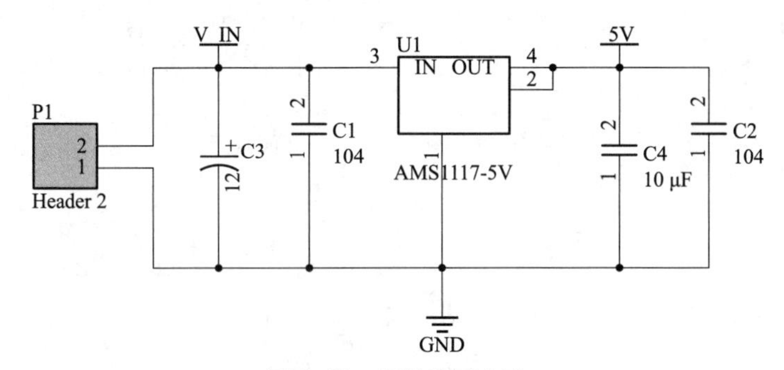

图 6.12　5 V 稳压电路

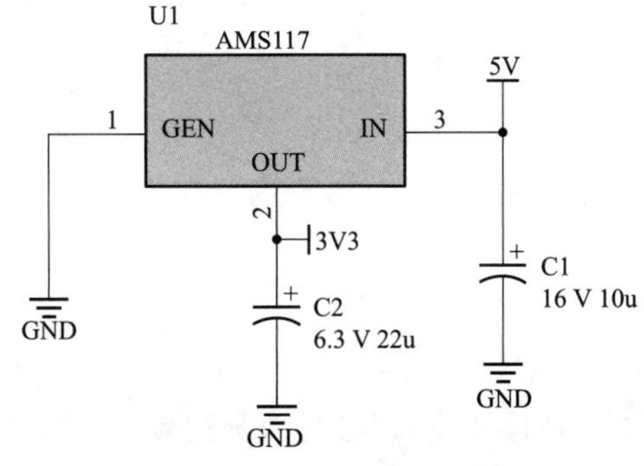

图 6.13　3.3 V 稳压电路

4）A/D 数据采集电路

系统由于采用模块化设计设计方案，主控芯片本身带有 A/D 转换功能，为电路设计提供了很大的便捷性。A/D 转换电路设计如图 6.14 所示。当需要对系统中的一些模拟量进行提取时，如电源电压检测、通过电位器调整参数等应用场合都需要进行 A/D 转换将模拟电压值转化成程序可以处理的数字量。传统的 51 单片机还需要外接 ADC 芯片，通过一系列操作之后才能进行 A/D 转换，而本系统采用的 STC15 系列内部集成了 ADC 功能，只需简单操作寄存器就可以实现 A/D 转换，降低了硬件成本的同时提高了系统的可靠性。

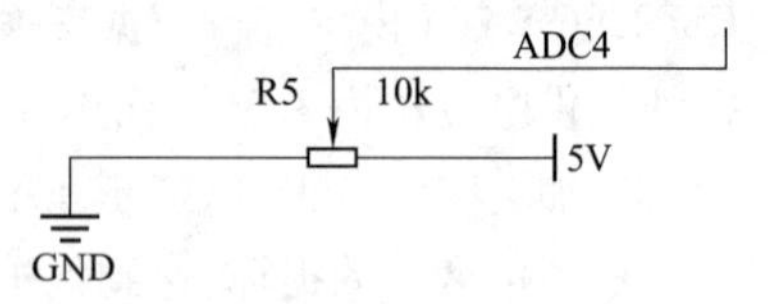

图 6.14　A/D 转换电路设计

STC15W4K56S4 单片机相比 51 系利，具有更多 A/D 转换途径。除可通过外接器件实现 A/D 转换，STC15 单片机自带有 10 位高速 ADC，用以 A/D 转换，包括 8 路 PWM 通道，6 通道 15 位高精度的 PWM 通道，除能实现脉宽传输外，也可用作 A/D 转换，除此之外，比较器也可当作 ADC 通道使用。这使得 STC15 系列单片机在数据采集、模数转换方面具有更多的选择空间，更加方便快捷。

5）TTL 转 USB 电路

对于程序的烧录，需设计出 USB-TTL 下载电路，通过 STC-isp-15 烧录程序，采用 CH340 作为转换芯片，将单片机的 P3.0、P3.1 引脚作为程序下载电路数据的接收和发送引脚，其原理图如图 6.15 所示。

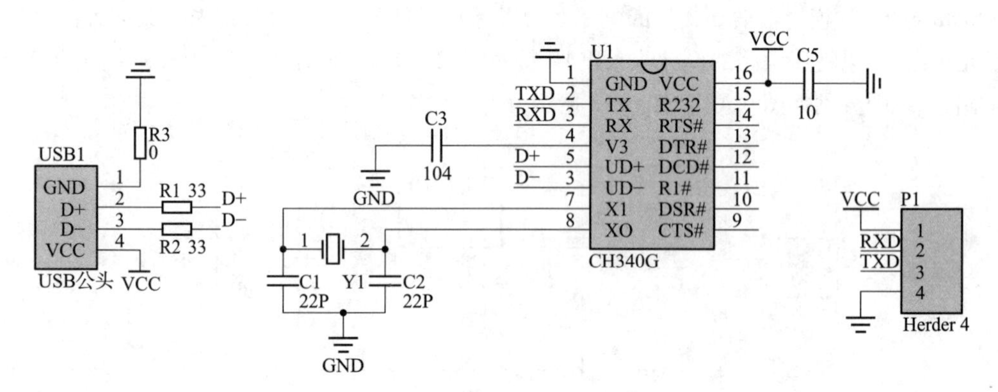

图 6.15　USB 转 TTL 下载电路

6.2.3　软件设计

1. 总体设计

在系统硬件模块搭建完毕后，开始进行软件的设计开开发。软件开发基于 RTX51-Tiny 嵌入式系统，在 Keil4 的环境中进行开发，使用 C 语言进行软件编写，程序设计流程图如图 6.16 所示。

2. 应用开发环境的构建

1）RTX51-Tiny 系统开发环境配置

建立 RTX51-Tiny 所需要的硬件环境后，进行系统配置，这些配置设置处在安装目录下，表 6.1 为允许配置选项。

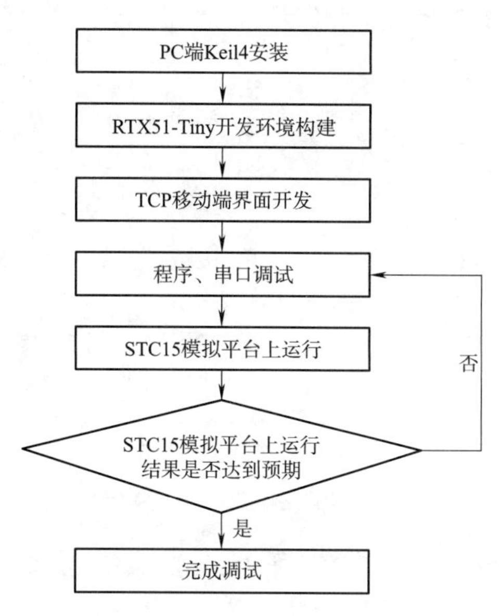

图 6.16　程序设计流程图

表 6.1　CONF_TNY. A51 配置

默认配置	允许配置
指定滴答中断寄存器组	INT_REGBANK EQU 1
指定滴答间隔	INT_REGBANK EQU 1
指定循环超时	TIMESHARING EQU 5
指定应用程序占用长时间的中断	LONG_USR_INTR EQU 0
指定是否使用 code banking	CODE_BANKING EQU 0
定义 RTX51-Tiny 的栈顶	RAMTOP EQU OFFH
指定最小的栈空间需求	FREE_STACK EOU 20
指定栈错误发生时要执行的代码	STACK_ERROR MACRO CLR EA SJMP $ ENDM

2)系统开发环境的搭建

首先给搭建的项目起个名字,设置好项目数据存放目录,选择 STC 芯片库中的芯片,然后写晶振频率,选择“RTX51-Tiny”作为操作系统,选择 output、listing 目录到前面建立的目录结构中去,设置调试应设置的选项,最后将库文移动到 lib 目录。系统环境设置完毕后,尝试运行一段逻辑分析代码,查看系统工作情况,逻辑分析代码如图 6.17 所示,运行结果波形图如图 6.18 所示。

3. ESP8266 模块程序设计

ESP8266 模块通过串口进行调试,设计选用 TCP 进行通信测试。TCP 有两种模式,分别是 TCP Server 为 AP 模式和 TCP Client 为 Station 模式,本次设计采用 Station 模式(将 ESP8266 作为信号发射终端,多台 TCP 设备可连接)。首先通过 ESP8266 串口在 PC 对 8266 芯片进行配置,相应的对 TCP Client 端进行配置,TCP 端配置界面如图 6.19 所示。

```
1 #include <rtx51tny.h>
2 #include "lib/stc12c5a.h"
3
4 int c0,c1,c1;
5
6 void job0 (void) _task_ 0{
7   //INT0
8   IT0=1;
9   EX0=1;
10  os_create_task (1);
11  os_create_task (2)
12  while(1){
13    if(c0++<=20000){
14      P02=1;
15    }
16    else{
17      P02=0;
18    }
19  }
20 }
21 void job1 (void) _task_1{
22  while(1){
23    os_wait(K_SIG,0,0);
24    c1++;
25  }
26 }
27 void job2 (void) _task_ 2{
28  while(1){
29    c1++;
30    os_wait(K_IVL,1,0);
31    P01=~P01;
32  }
33 }
34
35 void INT 0Invoke(void) interrupt 9 using 0
36 {
37  isr_send_signal(1); }
```

图 6.17　逻辑分析代码

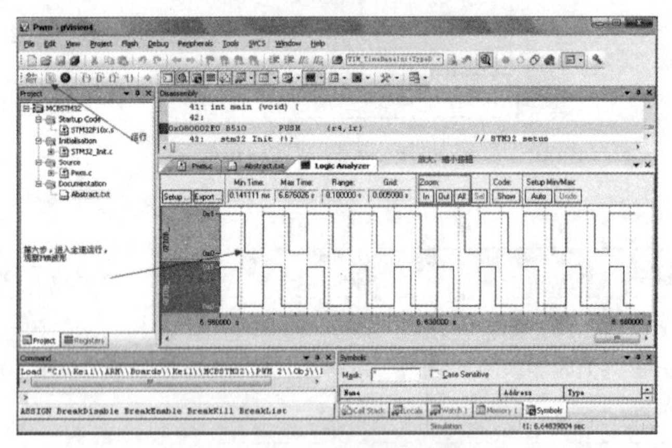

图 6.18　运行结果波形图

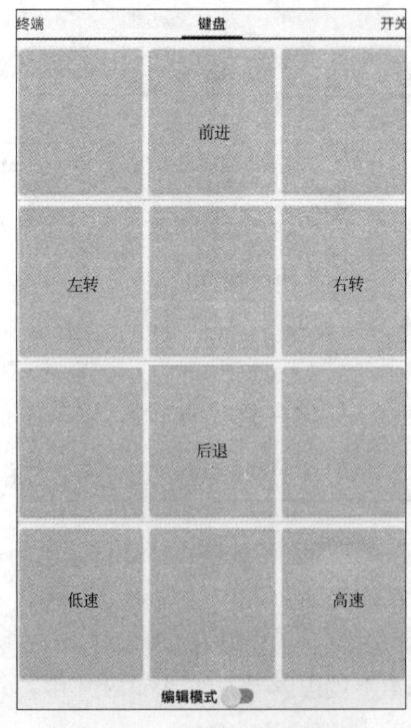

图 6.19　TCP 端配置界面

Wi-Fi 数据指令采用两位十六进制数的格式，接下来对初始配置函数、串口初始化函数、字符串发送函数进行指令解析。

（1）8266 初始配置函数：

```
void UART_tx(unsigned char *str);          //串口字符串发送函数
void Init_UART();                          //串口初始化
void Init_Timer0();                        //定时器 0 初始化
void Init_PWM();                           //PWM 初始化
void Init_8266();                          //8266 模块初始化
void Delay100ms();                         //11.059 2 MHz 晶振，延时 100 ms
void Delay20ms();                          //11.059 2 MHz 晶振，延时 20 ms
```

（2）串口初始化函数：

```
void Init_UART()
{
AUXR1 &= ~0x40;                          //串口 1 配置为 P3.0/RX,P3.1/TX
  SCON = 0x50;                           //8 位可变波特率
  T2L = (65536 - (FOSC/4/BAUD));         //设置波特率和重装值
T2H = (65536 - (FOSC/4/BAUD)) >> 8;

AUXR = 0x14;                             //T2 为 1T 模式，并启动定时器 2
AUXR| = 0x01;                            //选择定时器 2 为串口 1 波特率发生器

ES = 0;                                  //暂时禁止串口中断串口 1 中断
EA = 1;
}
```

（3）字符串发送函数：

```
void UART_tx(unsigned char *str)
{
    while(*str != '\0')
    {
    SBUF = *str;
    str++;
    while(!TI);                            //等待前一个字节发送完毕
    TI = 0;
}
}
```

4. L298N 电动机驱动模块程序设计

电动机驱动程序的设计思路是让串口输出合理的 PWM 脉宽占空比，使 L9110 驱动芯片根据输入其的 PWM 信号调节驱动电动机旋转的电压值的高低，从而控制电动机的转速。核心初始化函数如下。

（1）初始化配置：

```
#define ADC_FLAG 0x10                    //ADC 完成标志
#define T2R 0x10                         //定时器 2 允许控制位
uchar cnt = 0, a = 0, b = 0, c = 0;      //定时器溢出计次、秒、分
uchar adc_ch5 = 0;                       //ADC 通道 5 读取值
```

（2）ADC 初始化函数：

```
void Init_adc(uchar P1_ADC)
{
```

```
    P1ASF = P1_ADC;              //需先将 P1ASF 特殊功能寄存器中的相应位置为'1',设置为
模拟功能。
    ADC_RES = 0;                 //清除结果寄存器
  ADC_CONTR = 0x00;              //关闭 ADC 电源,清零 ADC 转换结束标志位
  CLK_DIV& = 0xdf;               //CLK_DIV^5 - - ADRJ:ADC 转换结果调整 0:ADC_RES[7:
                                   0]存放高 8 位 ADC 结果,ADC_RESL[1:0]存放低 2 位 ADC
                                   结果
                                 //1:ADC_RES[1:0]存放高 2 位 ADC 结果,ADC_RESL[7:0]
                                   存放低 8 位 ADC 结果
}
```

作为 ADC 通道的 I/O 口选择(0x00 ~ 0xff)、转换速度设定(0 ~ 3)、转换结果存放格式。

5. STC15 单片机源程序(略)

6.2.4 控制系统调试

1. STC15 最小开发板程序调试

在设计初期调试程序时,为了进行程序功能测试,使用了一块 STC15 系列最小开发板进行模块功能调试,摆脱了软件仿真时芯片和传感器的局限性,如图 6.20 所示。

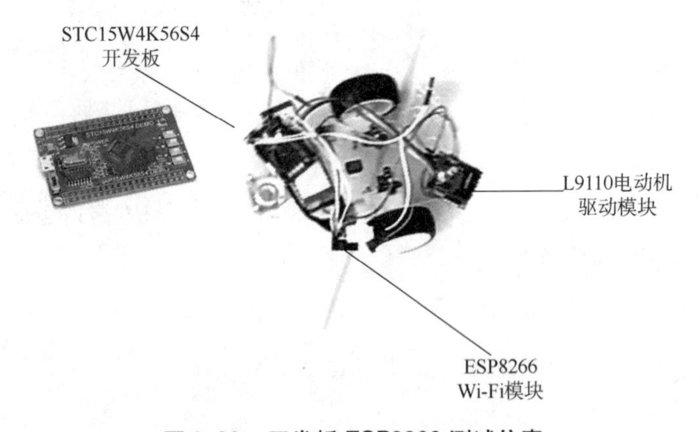

图 6.20 开发板 ESP8266 测试仿真

在所有模块功能测试完毕后,进行软件功能整合,再次测试,在开发板上全部调试通过后,进行原理图绘制、PCB 制作、焊接和测试。

2. PCB 制作和焊接测试

1) PCB 制作

首先在 Altium Designer 中进行原理图绘制,然后利用原理图进行 PCB 设计,设计流程图如图 6.21 所示,PCB 制作过程如图 6.22 ~ 图 6.26 所示。

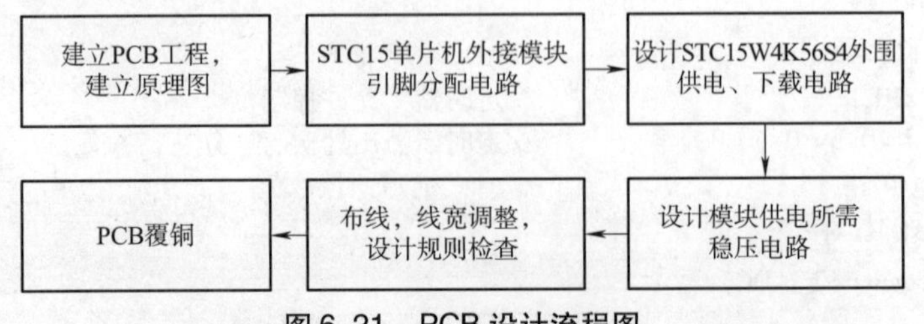

图 6.21 PCB 设计流程图

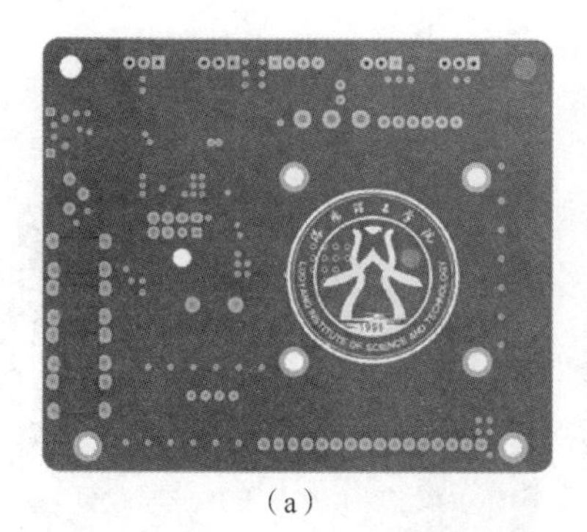

(a)

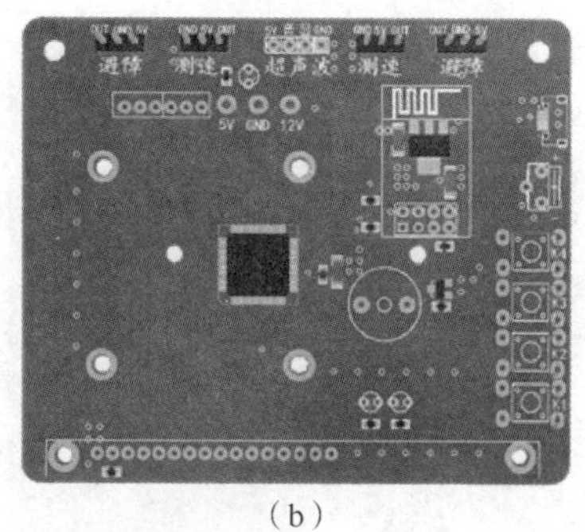

(b)

图 6.22　PCB 三维图生成图

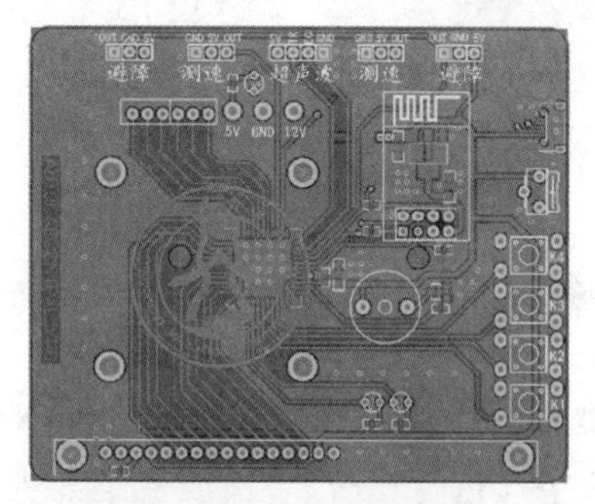

图 6.23　PCB 连线图

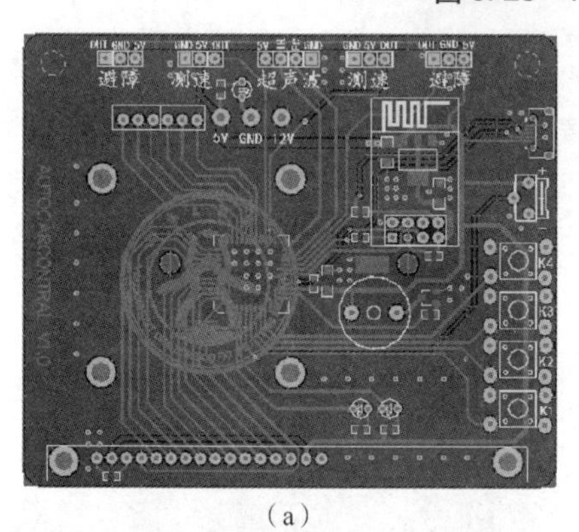

(a)

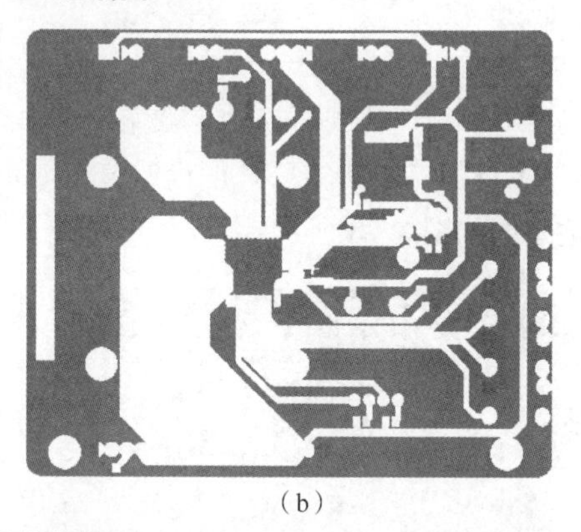

(b)

图 6.24　顶部覆铜层

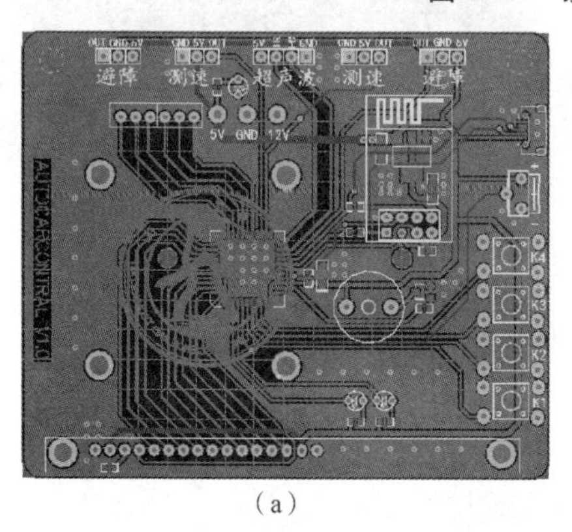

(a)

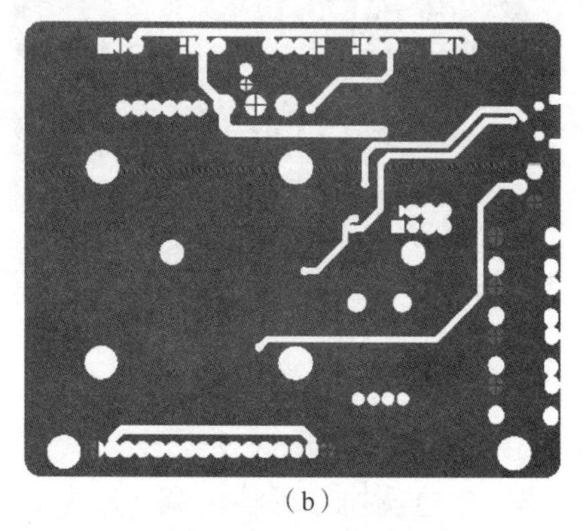

(b)

图 6.25　底部覆铜层

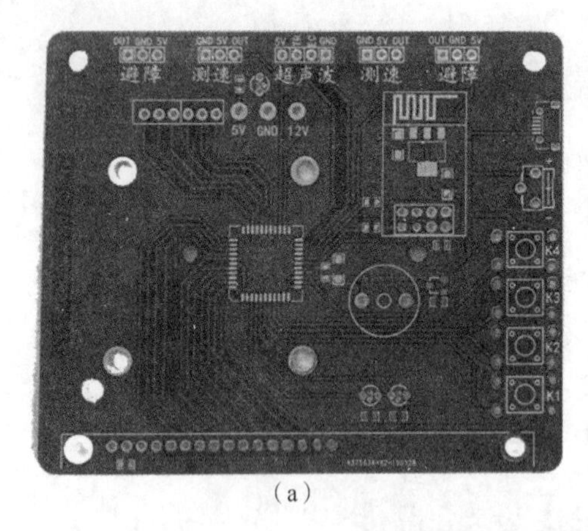

(a)

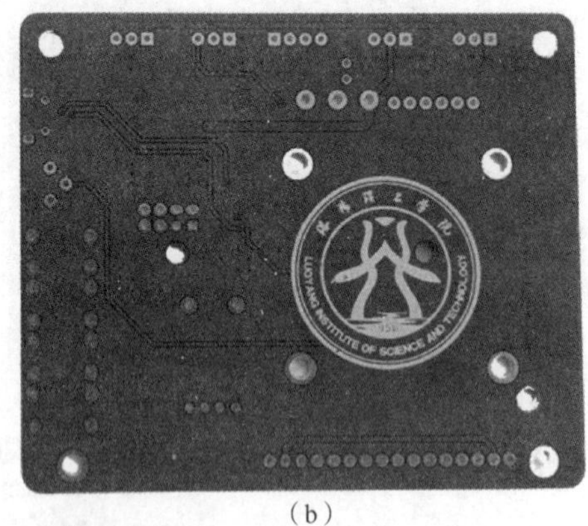
(b)

图 6.26　PCB 实物图

2)系统调试

进行元器件焊接,将传感器模块固定在模拟小车上,进行程序烧录测试。

(1)超声波测距功能测试。

测试超声波传感器的工作状态时,通过将小车与墙放置一段距离,观察显示屏上的距离数值,与实际毫米尺测量得到的距离进行比较,多次改变距离进行测试,记录数据,如图 6.27 所示。

(2)自动转向测试。

自动转向测试时需要测试小车旋转角度误差(由于地面摩擦力因素和小车本身具有的惯性,该误差不可能完全消除),角度设定值为 180°时,多次进行转向实验,记录转向误差数据,自动转向演示图如图 6.28 所示。

图 6.27　HC-SR04 超声波静态测距演示图

图 6.28　自动转向演示图

(3)直线行驶测试。

在小车直线行驶时,如图 6.29 所示,多次观察显示屏速度测量值的变化,比较两个电动机转速差值,是否超过调控范围值。观察小车朝墙行驶过程中超声波传感器示数的变化是否正常,观察面积数据是否累加,将这些数据记录下来。

(4) ESP8266 控制测试。

将手机移动端连接上 Wi-Fi 模块时，对小车进行前进、后退、左转、右转的动作遥控测试，进行无线调速，测试 Wi-Fi 模块功能，如图 6.30 所示。

图 6.29　直线行走状态显示演示图

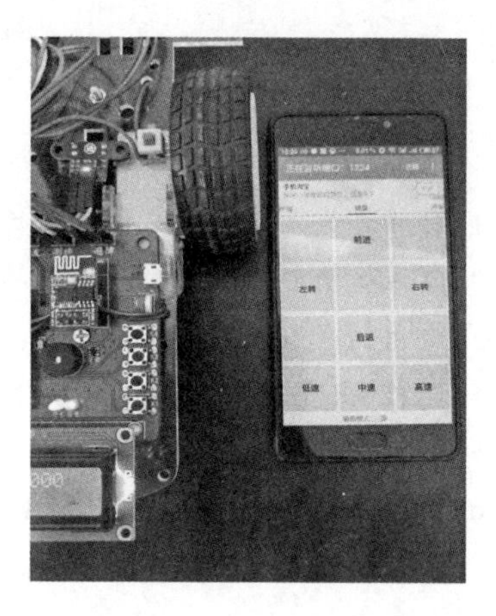

图 6.30　ESP8266 无线控制演示图

3. 系统测试

在模拟小车行驶的 5 m 距离内，取 5 组值进行测量，测试小车在速度 PID 调控后小车的行驶时速度偏差、路径直线度偏差、工作计算面积偏差、5 次转弯动作角度偏差。小车测试参数表如表 6.2 所示。

表 6.2　小车测试参数表

测试类型	速度偏差/cm (V_1-V_2)	路径直线度偏差/cm (左偏为正，右偏为负)	工作计算面积偏差/cm^2 (实际面积–测量面积)	触发转弯时角度差(°) (实际转角–设定转角)
第五次	3	1	10	10
第四次	0	0.5	5	5
第三次	−3	2	6	5
第二次	−1	0	10	4
第一次	−2	1	8	6
平均偏差	−0.6	0.5	7.8	2.2

实验数据表明,开发的智能小车控制系统,测试精度达到设计标准,功能基本实现,同时也发现了一些问题,如选用的红外传感器在光线强的位置,容易受环境光干扰等,可以寻求新的代替方案,包括相关算法的改进等,以提高系统的稳定性。

习　题

(1)什么是嵌入式系统?常见应用有哪些?

(2)嵌入式微处理器有哪两种架构?区别是什么?

(3)常用的嵌入式系统有哪些?简述各自特点。

(4)比较 RTX51 Tiny 和 uC/OS-Ⅱ的内核特点,举例说明其各自适用的场合?

(5)嵌入式系统的开发流程是什么?

(6)简述采用 ARM 架构的微处理器的特点。

第 4 篇

信息与网络篇

信息技术与网络技术的发展,极大地拓展了机电一体化系统的功能,提升了系统的自动化水平及工作效率。以虚拟仪器为代表的计算机仪器系统,可快速灵活地构建人机良好交互的传感信息采集系统。而网络技术的飞速发展,全面促进了机电一体化系统的功能发展,实现了信息的互联互通和设备的远程访问及控制。本篇包括两章,主要介绍了基于虚拟仪器的温度采集系统设计和以物联网为技术的控制系统软硬件设计及云平台建立。

第 7 章　虚拟仪器信息采集系统设计

虚拟仪器作为模块化软件开发系统,能代替一定的硬件或与硬件相结合完成信息的采集与显示。LabVIEW 作为广泛使用的虚拟仪器软件,能借助虚拟模板用户界面和方框图建立虚拟仪器的图形程序设计系统,能更好地完成程序的开发及数据显示,在工业领域应用广泛。本章介绍了基于 LabVIEW 的虚拟仪器的软硬件系统、基于 LabVIEW 的温度采集系统设计和软硬件联合调试。

7.1　虚拟仪器

7.1.1　虚拟仪器介绍

所谓虚拟仪器,是指在以计算机为核心的硬件平台上,由用户设计定义,具有虚拟面板,其仪器的大部分测试功能由测试软件实现的一种计算机仪器系统。仪器的面板由显示在计算机上的软面板来代替,信号的获取和信号的分析、处理、存储及打印等功能完全由软件来实现。其实质是利用计算机显示器的显示功能来模拟传统仪器的控制面板,以多种形式表达输出检测结果;利用计算机的软件功能实现信号数据的运算、分析和处理;利用 I/O 接口通信设备完成信号的采集与传输,最终完成各种测试功能。虚拟仪器与传统仪器在各方面的比较如表 7.1 所示,虚拟仪器在各方面有着传统仪器无法比拟的优势。

表 7.1　虚拟仪器与传统仪器的比较

虚拟仪器	传统仪器
功能由用户自己定义	功能由厂商定义
可方便地与网络外设及多种仪器连接	与其他仪器的连接十分有限

续表

虚拟仪器	传统仪器
界面图形化,计算机直接读取数据并分析处理	图形界面小,人工读取数据,信息量小
数据可编辑、存储、打印	数据无法编辑
软件是关键部分	硬件是关键部分
价格低廉,仅为传统仪器的1/10~1/5	价格昂贵
基于计算机技术开发的功能模块可构成多种仪器	系统封闭、功能固定、可扩展性差
技术更新快	技术更新慢
基于软件体系的结构,可大大节省开发费用	开发和维护费用高

1986年,美国NI公司(National Instrument)提出了虚拟仪器的概念,提出了“软件即仪器”的口号,彻底打破了传统仪器只能由厂家定义,用户无法改变的局面,从而引起仪器和自动化工业的一场革命,代表着从传统硬件为主的测量系统到以软件为中心的测量系统的根本性转变。简单的说,一套虚拟仪器系统就是一台工业标准计算机或工作站,配上功能强大的应用软件、低成本的硬件(例如插入式板卡)及驱动软件,它们在一起共同完成传统仪器的功能。

从虚拟仪器概念提出至今,有关虚拟仪器技术的研究方兴未艾。研究人员在虚拟仪器硬件接口、虚拟仪器软件及其设计方法等方面做了许多有意义的研究工作,并已开发了许多实用的虚拟仪器系统,如卡式仪器、总线式仪器、计算机化仪器等,其共同点是大多强调其软件面板、虚拟界面、控制环境以及数学模型和软件方法。典型的虚拟仪器模式可以理解为,除了信号的输入和输出以外,仪器的其他操作,如测量、控制、变换、分析、显示等功能均由软件来实现,他们依据某种通用或专用总线标准或规约,或以某种接口形式,与计算机进行通信,由计算机统一进行调度和管理的一种数字化仪器。

1986年10月,美国NI推出了图形化虚拟仪器专用开发平台LabVIEW,它采用独特的图形化编程方式,编程方式简单方便,是目前最受欢迎的虚拟仪器主流开发平台。在软件上,为了兼顾其他高级语言开发者的习惯,NI还推出了Lab Windows/CVI等交互式开发平台。经过30多年的发展,NI公司从正式发布LabVIEW 1.0到目前的Lab VIEW 2020,几乎不到两年就推出一个新版本,可见虚拟仪器技术进步的迅速。

7.1.2 基于LabVIEW的虚拟仪器的硬件系统

虽然软件是虚拟仪器系统的主体,但硬件仍然是整个系统最基础的部分。硬件主要负责将被测量物理信号转换为二进制的数字信号数据,而软件系统一方面负责控制硬件的工作,一方面又负责对采集到的数据进行分析处理、显示和存储。

虚拟仪器的硬件系统包括计算机、网络传输设备(路由器或者交换机)、应用软件和测控类仪器硬件。虚拟实验室系统软硬件体系结构如图7.1所示。

1. 传感器

传感器的主要功能是感应物理信息并将该物理信息转换成可测量的电信号,其应用有热电偶、电阻式温度计、热敏电阻器、集成电路传感器、压力传感器、甲烷气体传感器、CO气体传感器、流速传感器、重力传感器等。传感器能够生成和它们所检测的物理量或比例的电信号。这类电信号常见的有五类,包括直流信号、时域信号、频域信号等模拟信号以及通断和脉冲序列两种数字信号。

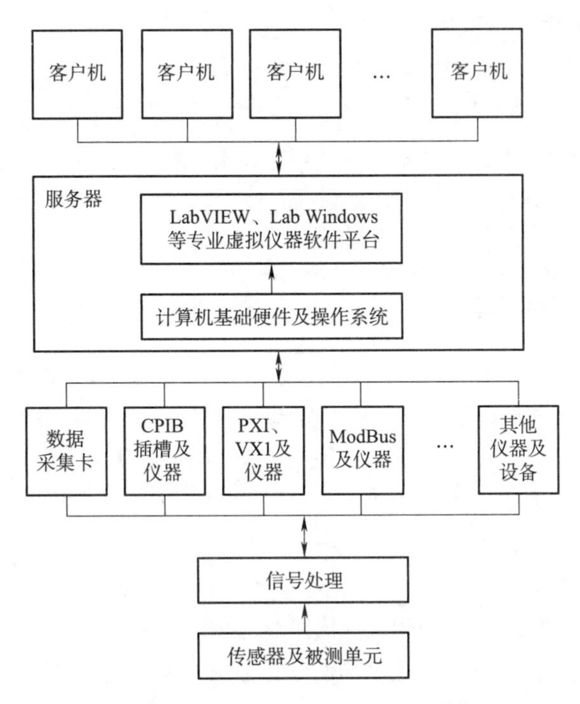

图7.1　虚拟实验室系统软硬件体系结构

2. 信号调理设备

一般来说,从传感器得到的信号多数很微弱,而且一般伴有大量噪声,这些噪声在进入数据采集卡之前需要进行过滤。信号调理主要起到过滤并放大信号的作用。信号调理的方法主要包括放大、衰减、隔离、滤波、多路复用等。其中,放大是指用放大器提高整个输入信号的电平,使信号经过放大,放大后的信号将具备更高的测量精度和灵敏度。另外,信号调理装置要放置在最接近信号源或者转换器的部位;衰减过程是与放大相反的过程。通过衰减可以降低输入信号的幅度,使得经过调理的信号处在模/数转换器的处理范围之内。隔离的主要功能是切断接地回路,阻隔高电压浪涌以及较高的共模电压,以保护操作人员和测量设备。隔离功能的实现需要使用变压器或者电容性耦合技术;多路复用技术的主要将多路信号传输至单一的数字化仪;滤波所做的工作是在一定频率范围内去除一定的噪声,特别是去除常见的来自于电线或者机械设备的50 Hz或者60 Hz的噪声。还有一些转换器上需要设置激励。由于许多传感器感应的电信号和物理量之间并不是线性关系,因此要对输出信号进行线性化,通过线性化来补偿传感器带来的误差。经过上述的步骤之后,最后可以进行数字信号调理。

3. 数据采集设备

数据采集设备中最常见的就是数据采集卡。美国NI公司推出了多种形式的数据采集卡。这些数据采集卡包括PCI、PCI Express、PXI、PCMCIA、USB、Compact Flash、Ethernet等类型。数据采集卡的主要功能包括模拟输入、模拟输出、数字I/O、触发采集和定时I/O等。一般来说传感器可以接到数据采集卡上,也可以接到单片机上。单片机与数据采集卡各有优势。数据采集设备的主要功能就是采集物理信号,并传送给计算机硬件系统。

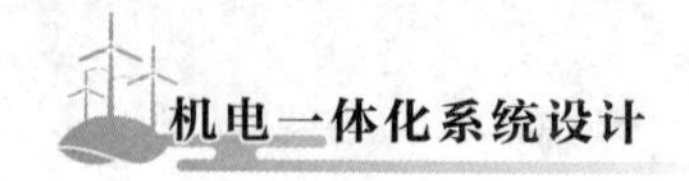

4. 计算机硬件系统

计算机硬件系统的主要功能是接收数据采集设备采集的信号。计算机硬件系统主要指计算机,如PC、便携式计算机、工作站、嵌入式计算机等。

5. 软件系统

软件分成驱动程序和上层应用程序,驱动程序隐藏了复杂的硬件底层编程细节,提供给用户容易理解和方便使用的接口。上层应用程序主要指系统的开发软件,该软件主要用来完成数据分析、计算、存储和显示等。

7.1.3 虚拟仪器的软件系统

LabVIEW是NI公司推出的领先的图形化系统设计软件。拥有直观的图形表达方式和硬件无缝集成的能力,借助丰富函数及相关模块工具包,提升效率的同时拓展应用范围,更好地实现系统应用设计。LabVIEW既可以看成是一种编程语言,也可以认为是一个软件。LabVIEW已经经历了20多年的发展,到如今的LabVIEW 2020,NI公司不断地完善着LabVIEW的功能,从最初简单的图形编程、支持单一平台的开发软件,发展到现在以LabVIEW为核心,支持多核处理器、FPGA、无线传感器等最新技术并能运行于主流平台的工业软件开发环境。LabVIEW不断融合最新技术,使LabVIEW在测试测量应用上充满了生命力。

在用LabVIEW编程时,最基本的程序单位以文件形式VI表示。对于大型程序和项目开发,可基于VI之上,通过Project项目进行组织。每个VI包含3个组成部分:前面板、程序框图和图标/连接器。前面板为图形化用户界面,用于人机交互,每一个前面板对应一个程序框图;程序框图用图形化编程语言编写,可以把它理解成传统编程语言程序中的源代码;而图标/连接器就是实现编程的思路。LabVIEW前面板及程序框图如图7.2所示。

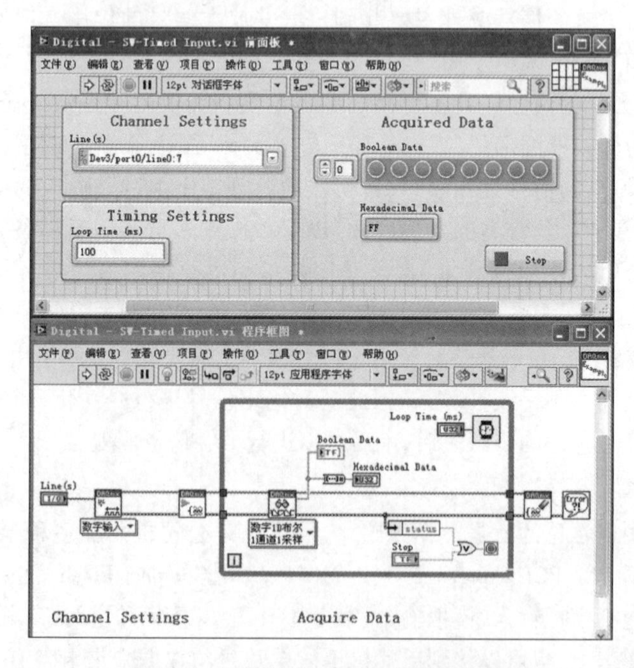

图7.2 LabVIEW前面板及程序框图

LabVIEW 作为一种图形化的编程语言,程序员只需要将图标“拖入”程序框图,再用逻辑连线将各个图标连接在一起便可方便地完成程序的编写,简化了程序的编写,提高了程序员的编程效率。而且相对于其他的文本语言,LabVIEW 的另一个突出的优势便在于其天生的并行执行能力。LabVIEW 的开发环境是基于数据流的,程序中一个模块运行与否取决于数据是否到达该模块,即模块所有的接口都得到数据时模块才会运行,同一个 VI 中两个并行模块的运行是相互独立的。

为满足不同的测试测量需求,NI 公司为用户提供了机器视觉与运动、信号处理、嵌入式开发、FPGA、模拟仿真等开发包和全面而强大的硬件,为过程控制和工业自动化提供了简单易用的解决方案。随着软件和硬件的不断完善,NI 公司提供了整套的产品研发解决方案,极大地缩短了产品原型研发时间。NI 公司针对不同的应用提供了各种软件包,构成了以 LabVIEW 为核心的强大的软件开发平台。主要的工具包及用途如表 7.2 所示。

表 7.2　LabVIEW 工具包及用途

LabVIEW 工具包	用　途
Control Design Toolkit	控制设计工具包
Database Connectivity Toolset	数据库连接工具
Digital Filter Design Toolkit	数字滤波器设计工具包
DSC Module	数据记录和监控模块
DSP Module	DSP 设计工具包
ECU Measurement and Calibration Toolkit	ECU 测量和校准工具包
Embedded Development Module	嵌入式开发模块
Modulation Toolkit	调制解调工具包
PDA Module	PDA 模块
PID Control Toolkit	PID 控制工具包
Real-time module	实时模块
Report Generation Toolkit	报表生成工具包
Simulation Module	仿真模块
Sound and Vibration Toolkit	声音和振动分析工具包
Spectral Measurements Toolkit	频谱量测工具包
Switch Executive	开关管理和应用工具包
System Identification Toolkit	系统认证模组
Touch Panel Module	触控面板模块

为方便程序员对图形化编程语言的操作,LabVIEW 为用户提供了不同的操作工具。在开发或调试程序时,用户可以灵活使用各种工具。在 LabVIEW 的用户界面上,应特别注意它提供的操作选板,包括控件选板、函数选板和工具(Tools)选板,如图 7.3 所示。这些选板集中反映了该软件的功能与特征,控件选板和函数选板的内容会随着新模块的安装而增加。

1. 控件选板(Control Palette)

控件选板仅位于前面板。控件选板包括创建前面板所需要的输入控件和显示控件,根据不同输入控件和显示控件的类型,将控件归入不同的子选板中。

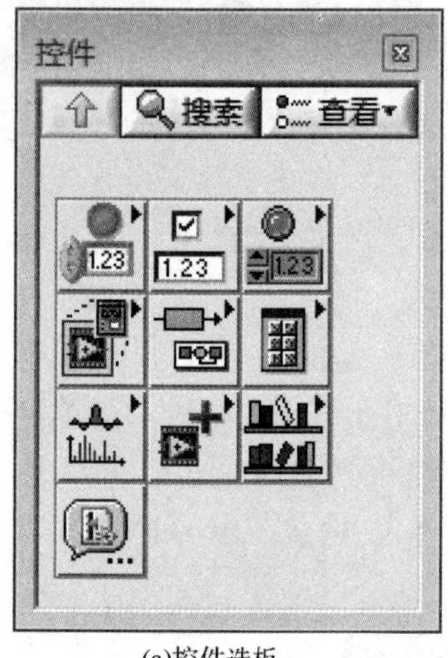

(a)控件选板

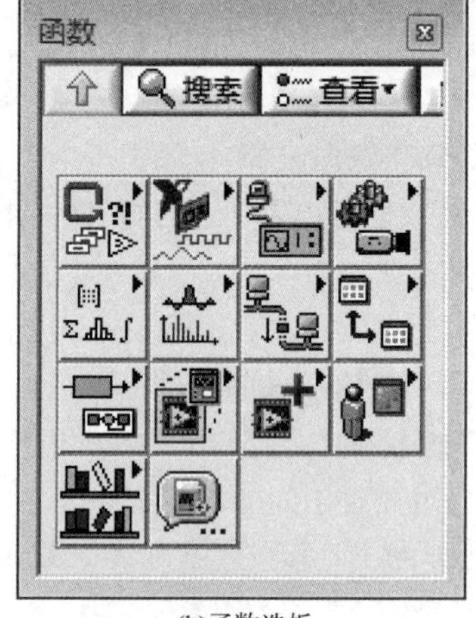

(b)函数选板

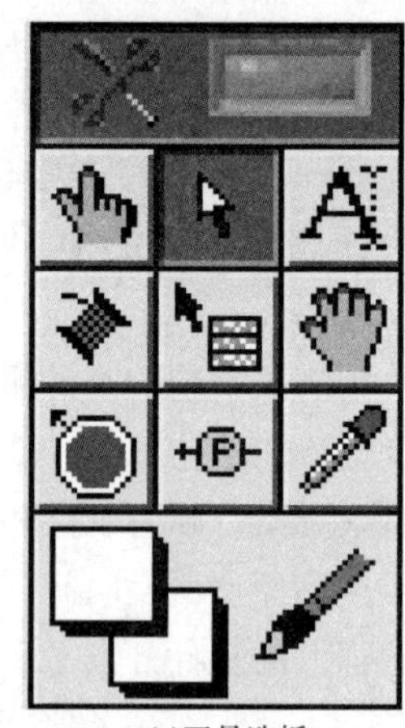

(c)工具选板

图 7.3　LabVIEW 操作选板

每个图标代表一类子选板。如果控件选板不显示,可以选择 Windows 菜单的 Show Controls Palette 命令打开它,也可以在前面板的空白处右击,以弹出控制模板。控件选板的各个子选板的功能如表 7.3 所示。

表 7.3　控件选板的各个子选板

图　标	说　明
	新式:包含了数值型、布尔型、字符串、数组、簇、图形、容器等各种输入/显示控件
	系统:系统控件与 Windows 系统控件相同,在不同的操作系统下,该类控件将根据当前操作系统的界面风格自动更改其颜色和外观
	经典:与新式包含的控件基本相同,经典选板下的控件适合创建在 256 色和 16 色显示器上显示的 VI
	Express:该选板下包含了最常用的一些控件,大部分控件和普通控件一样,只有 Express 表格和 Express XY 图控件会自动在程序框图中产生代码
	控制设计与仿真:安装控制设计与仿真模块后,选板下会放置各种与控制设计和仿真相关的控件
	. NET 与 . Active:该选板下可选择 . NET 和 . Active 容器以及常用的 . NET 和 . Active 控件
	信号处理:该选板下放置了各种与信号处理相关的控件

续表

图　标	说　明
	附加工具包:用于定位 LabVIEW 中安装的其他模块或工具包
	用户控件:用户库选板用于添加 VI 至函数选板
	选择控件:打开选择 VI 对话框,将保存的 VI 作为子 VI 放置到前面板

2. 函数选板(Functions Palette)

函数选板仅位于程序框图,其包含创建程序框图所需要的 VI 和函数。在 LabVIEW 中函数选板是创建流程图程序的工具,该模板上的每一个顶层图标都表示一个子模板,按照 VI 和函数的类型,将 VI 和函数归入不同子选板中,如表 7.4 所示。函数选板在 LabVIEW 中起到了不可或缺的作用。

表 7.4　函数选板的各个子选板

图　标	说　明
	编程:编程 VI 和函数是创建 VI 的基本工具。包括结构、数值、文件 I/O、波形等子选板
	测量 I/O:测量 I/O VI 和函数可与 NI-DAQ(Legacy)、NI-DAQmx 及其他数据采集设备交互。选板显示了已安装的硬件驱动程序的 VI 和函数
	仪器 I/O:仪器 I/O VI 和函数可与 GPIB、模块、PXI 及其他类型的仪器进行交互。NI 仪器驱动查找器用于查找并安装仪器驱动程序
	视觉和运动:安装相应工具包后,该选板下会产生相关的函数,主要是一些图像采集和图像处理的函数
	数学:数学 VI 用于进行多种数学分析,数学算法也可与实际测量任务相结合来实现实际解决方案。该选板下包含了初等与特殊函数和 VI、概率与统计 VI、积分与微分 VI 等各种数学工具
	信号处理:信号处理 VI 用于执行信号生成、数字滤波、数据加窗以及频谱分析,包括了各种波形信号生成、调理工具
	数据通信:函数通信 VI 和函数用于在不同的应用程序间交换数据。该选板下包含有 DataSocket VI 和函数、队列操作函数、共享变量节点、VI 和函数、同步 VI 和函数、协议 VI 和函数
	互连接口:互连接口 VI 和函数用于 .NET 对象、已启用 ActiveX 的应用程序、输入设备、注册表地址、源代码控制、Web 服务、Windows 注册表项和其他软件
	控制设计与仿真:需安装相应的控制设计与仿真模块,该选板下放置了与控制设计和仿真相关的各种函数和 VI

续表

图　标	说　明
	Express:Express VI 和函数用于创建常规测量,包括了输入/输出 Express VI、算术与比较 Express VI、信号操作分析 Express VI、执行过程控制 Express VI 和函数
	附加工具包:附加工具包类别用于定位 LabVIEW 中安装的其他模块或工具包
	收藏:该类别用于存放常用的函数。用户可将常用的 VI 和函数放在此类下,方便查找
	用户库:用户库选板用于添加 VI 至函数选板。默认情况下用户库不包含任何对象
	选择 VI:打开选择 VI 对话框,将保存的 VI 作为子 VI 放置到程序中

3. 工具选板(Tools Palette)

在前面板和程序框图中都可以看到工具选板。工具选板上的每一个工具都对应于鼠标的一个操作模式。可以选择合适的工具对前面板和程序框图进行操作。

该选板提供了各种用于创建、修改和调试 VI 程序的工具。如果该选板没有出现,则可以在 Windows 菜单下选择 Show Tools Palette 命令以显示该选板。当从选板内选择了任一种工具后,鼠标箭头就会变成该工具相应的形状。当从 Windows 菜单下选择了 Show Help Window 命令后,把工具选板内选定的任一种工具光标放在流程图程序的子程序(Sub VI)或图标上,就会显示相应的帮助信息。工具选板中各工具功能如表 7.5 所示。

表 7.5　工具选板各工具功能

图　标	说　明
	自动选择工具:根据鼠标相对于控件的位置自动选择合适的工具
	操作值工具:用于操作前面板对象数据,或选择对象内的文本或数据
	定位/调整大小/选择工具:用于选择对象、移动对象或缩放对象大小
	编辑文本工具:用于在对象中输入文本或在窗口创建标注
	进行连线工具:用于在框图程序中节点端口之间连线,或定义子程序的端口
	对象快捷菜单工具:用于弹出右键菜单,与单击鼠标右键作用相同
	滚动窗口工具:同时移动窗口内所有的对象
	设置/清除断点工具:用于在框图程序内设置或清除断点

续表

图　标	说　明
	探针数据工具:用于在框图程序内的数据连线上设置数据探针
	获取颜色工具:获取对象某点的颜色
	设置颜色工具:利用在颜色选择对话框中选择的颜色,或用由颜色复制工具获得的颜色给对象上色

7.1.4　Lab VIEW 初步操作

建立一个测量温度和容积的 VI,其中须调用一个仿真测量温度和容积的传感器子 VI。步骤如下:

(1)选择 File→New 命令,打开一个新的前面板窗口。

(2)选择 Controls→Numeric 命令,选择 Tank 放到前面板中。

(3)在标签文本框中输入“容积”,然后在前面板中的其他任何位置单击。

(4)把容器显示对象的显示范围设置为 0.0 ~ 1 000.0。

①使用文本编辑工具(Text Edit Tool),双击容器坐标的 10.0 标度,使它高亮显示。

②在坐标中输入 1000,再在前面板中的其他任何地方单击。这时 0.0 ~ 1 000.0 之间的增量将被自动显示。

(5)在容器旁配数据显示。将鼠标移到容器上右击,在出现的快速菜单中选择 Visible Items→Digital Display 命令即可。

(6)选择 Controls→Numeric,从中选择一个温度计,将它放到前面板中。设置其标签为“温度”,显示范围为 0 ~ 100,同时配数字显示,可得到前面板,如图 7.4 所示。

(7)选择 Windows→Show Diagram 命令,打开流程图窗口。从函数选板中选择对象,将它们放到流程图上,如图 7.5 所示(其中的标注是后加的)。

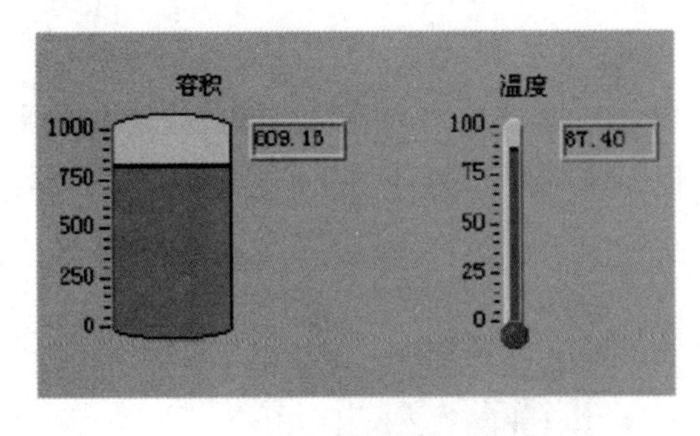

图 7.4　前面板

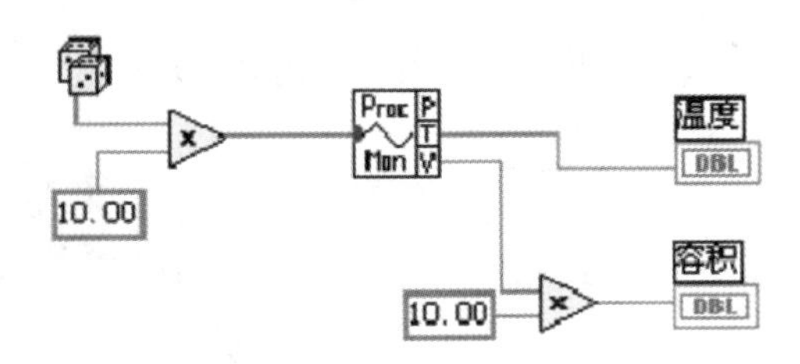

图 7.5　流程图

该流程图中新增的对象有两个乘法器、两个数值常数、一个随机数发生器、一个进程监视器,温度和容积对象是由前面板的设置自动带出来的。

①选择 Functions→Numeric 命令,将乘法器和随机数发生器拖出,尽管数值常数也可以这样得到,但是建议使用步骤(8)中的方法。

②进程监视器(Process　Monitor)不是一个函数,而是以子 VI 的方式提供的 ,它存放在

LabVIEW/Activity 目录中,调用它的方法是选择 Functions→Select a VI,打开 Process Monitor,然后在流程图上单击,就可以出现它的图标。

注意:LabVIEW 目录一般在 Program Files/National Instruments/目录下。

(8)用连线工具将各对象按规定连接。创建数值常数对象的另一种方法是在连线时一起完成。具体方法是:用连线工具在某个功能函数或 VI 的连线端子上右击,再从下拉菜单中选择 Create Constant 命令,就可以创建一个具有正确的数据格式的数值常数对象。

(9)选择 File→Save 命令,把该 VI 保存为 LabVIEW/Activity 目录中的 Temp & Vol. vi。在前面板中,单击 Run(运行)按钮,运行该 VI。注意:电压和温度的数值都显示在前面板中。

(10)选择 File→Close 命令,关闭该 VI 。

7.2 案例:温度采集系统设计

温度是工业生产过程中最常见的物理量之一,温度监测是工业生产过程中的一个重要环节,对安全生产、质量控制、生产效率、节约能源意义重大。本案例通过 LabVIEW 虚拟仪器软件配合采集卡,利用热电阻传感器实现了温度的实时检测,同时还可以实时显示温度曲线的变化。

7.2.1 设计步骤

基于 Labview 的温度采集系统设计,一般根据以下步骤进行:

(1)确定系统控制方案及人机交互方案。

(2)进行控制系统硬件设计以及外部接口。

(3)根据人机交互方案,通过 LabVIEW 前后面板函数设计界面。

(4)选择控制算法,以及数据传输协议等。

(5)系统软硬件调试及运行。

7.2.2 系统硬件结构选型

1. 温度传感器模块

温度传感器种类很多,目前工业常用的有:热电阻、热电偶、热敏电阻、半导体温度传感器、集成电路温度传感器等。本案例选用 Pt100 热电阻传感器,配套选用 SBWZ 温度变送器,其实物图如图 7.6 所示。

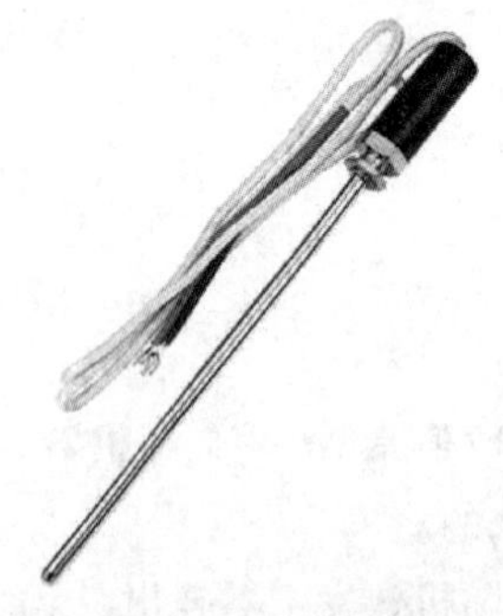

(a) 手柄式热电阻传感器外形图

(b) 热电阻温度变送器外形

图 7.6 温度传感器模块实物图

热电阻有二、三、四线制3种接法。工业上用的铂电阻的引线多为3根,其电路图如图7.7所示。图中R_t为热电阻的阻值,它有3根引线,引线内阻分别为R_2'、R_E、R_3',其中R_2'和R_3'分别接电桥的两端,R_E接电桥电源端,目的是消除连接线电阻的影响。

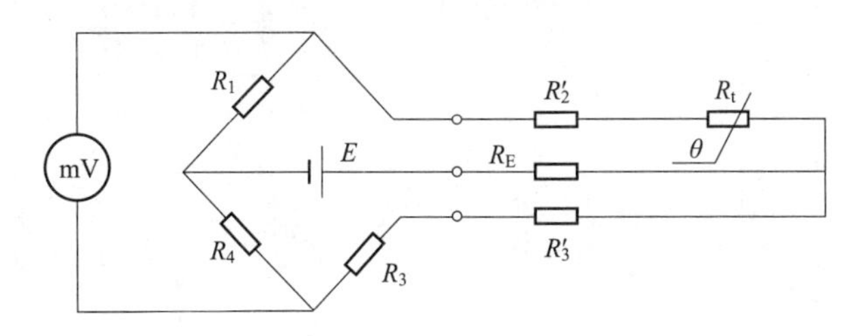

图7.7　热电阻测温电路图

将被测温度经热电阻转换为电阻信号后由热电阻温度变送器模块将其转换为直流标准电流(4~20 mA)或电压信号(0~5 V)的输出信号。通过测量其输出的直流电流或直流电压信号可以得到被测量的温度值。

其特点是精度高、性能稳定。当采用恒流源供电测量电压降法时,外界温度信号的变化通过信号调理电路的放大、整形后得到标准的电压信号,再通过数据采集卡将采集到的电压信号送到计算机内存中,最后通过软件的设计达到对温度测量的目的。

2. 数据采集系统

数据采集(DAQ)是指从传感器和其他待测设备等模拟和数字被测单元中自动采集非电量或者电量信号,送到上位机中进行分析和处理。

数据采集卡是为计算机数据采集系统数据采集与控制而设计的,集成了多路开关、程控放大器、采样/保持器、A/D转换器、D/A转换器等器件,如图7.8所示,即实现数据采集功能的计算机扩展卡。按处理信号的不同,数据采集卡模拟量输入板卡、模拟量输出板卡、开关量输入板卡、开关量输出板卡等。按安装位置的不同分为内插式外挂式板卡。内插式有基于ISA、PCI、PXI/Compact PCI总线式板卡等,外挂式则包括USB、IEEE1394、RS-232/485和并口板卡。

本案例采用研华USB-4704多功能数据采集卡,如图7.9所示。USB-4704是一款USB总线的多功能数据采集卡,包含五种最常用的测量和控制功能:14位A/D转换、D/A转换、数字量输入、数字量输出及计数器/定时器功能。其先进的电路设计使之具有更高的质量和更多的功能,包含五种最常用的测量和控制功能:8路单端或4路差分模拟量输入,或组合方式输入;14位A/D转换器,采样率可达48 kHz;2路12位模拟量输出;8路数字量输入;8路数字量输出;1路可编程触发器/定时器功能。

研华USB-4704多功能数据采集卡的特性参数如下。

功耗:+5V@360 mA(典型值)　+5V@450 mA(最大)

工作温度:0~60 ℃(30~140 ℉)

存储温度:-20~70 ℃(-4~158 ℉)

工作湿度:5%~95% RH

3. 24 V稳压电源

SBWZ温度变送器需外接24 V直流稳压电源。

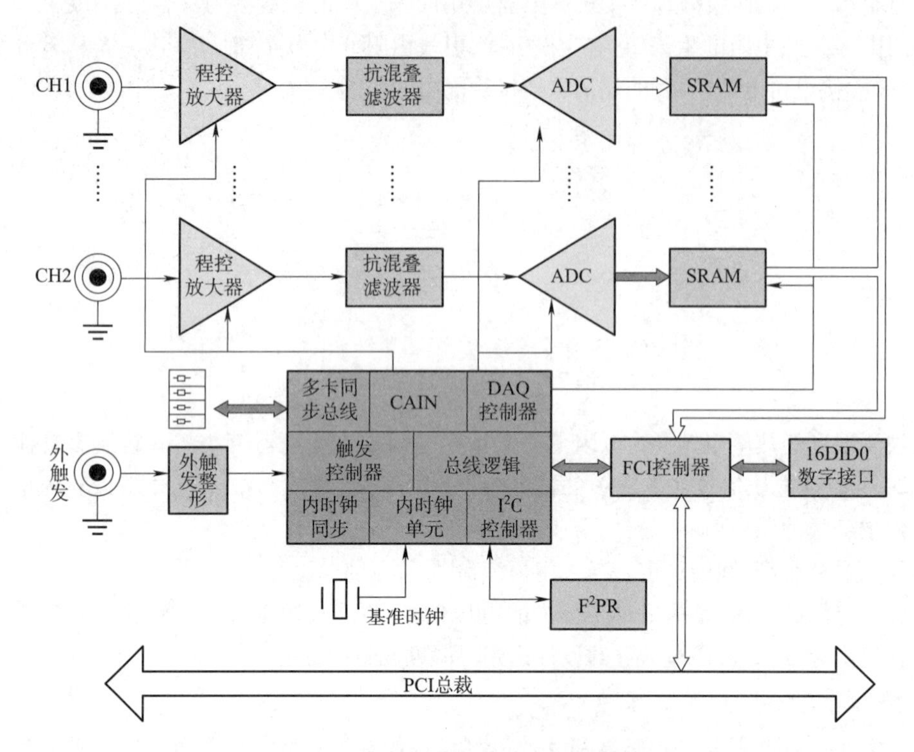

图 7.8　数据采集板卡内部功能模块

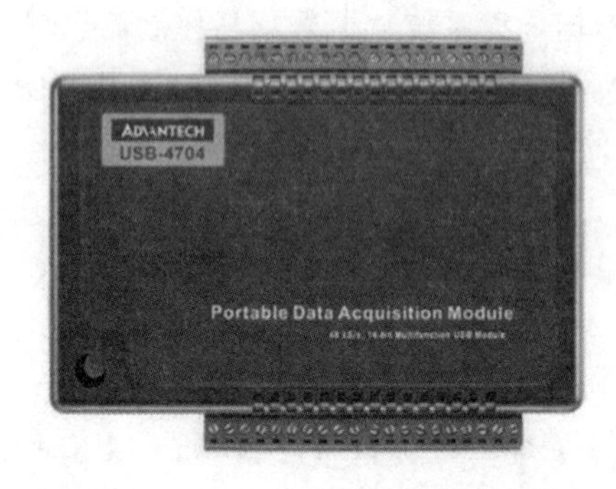

图 7.9　USB-4707 多功能数据采集卡

7.2.3　系统软件设计

1. 工业温度检测任务分析

1)功能界面要求

(1)设置温度测量开关;

(2)温度计;

(3)数值显示;

(4)放置波形图表控件。

2)信号分析(见表 7.6)

表 7.6　任务信号汇总

序号	信号名称	代码定义	信号类型	备　注
1	传感器信号(AI0)	U_0	输入	传感器接采集卡 AI0
2	温度标尺显示	T_B	输出	
3	温度数字显示	T_S	输出	
4	温度测量开关	K_W	输入	运行开关
5	温度动态显示	T_D	输出	波形图

3)温度测量

经测试,采集卡采集到的传感器变送器电压 U_0(用 U 表示)与温度显示信号 t 的关系为

$$t = 20U \tag{7.1}$$

则两个温度输出为

$$T_S = T_B = t \tag{7.2}$$

相应的温度测量流程图如图 7.10 所示。

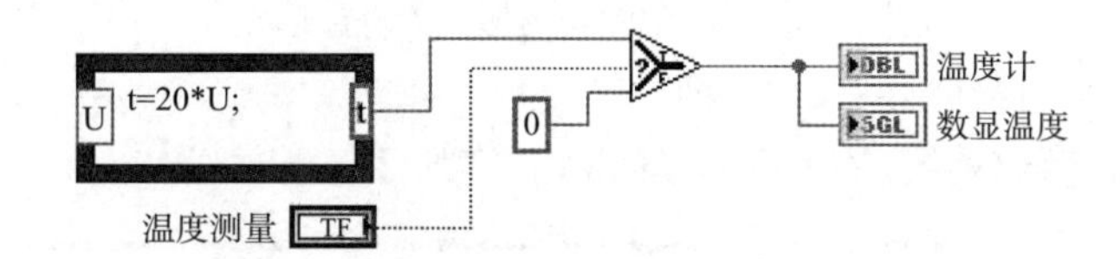

图 7.10　温度测量流程图

4)温度曲线输出

要绘制温度曲线,需要将温度每间隔一个时间周期采样一次,存到数组中,然后按照时间与温度坐标关系创建波形图,并显示(在此时间周期为 20 ms/1 000 = 20 μs),温度曲线输出流程图如图 7.11 所示。

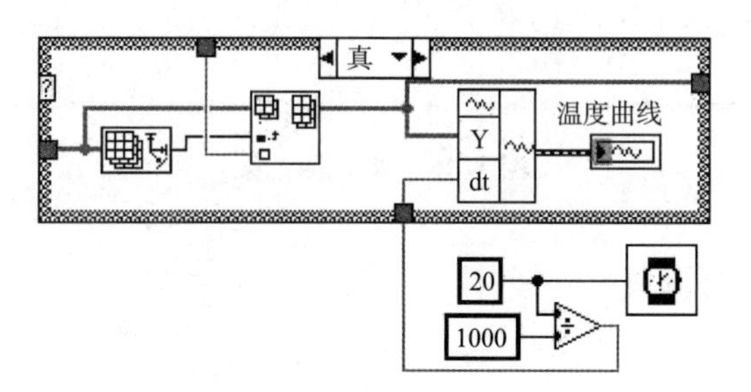

图 7.11　温度曲线输出流程图

2. 建立工业温度检测任务文件

1)新建温度检测 VI 文件并保存

根据上述分析,编辑前面板,结果如图 7.12 所示。

2)程序设计

(1)放置循环体。

(2)选择采集卡配套配置模块控件。

(3)数据转换、公式节点、条件结构。

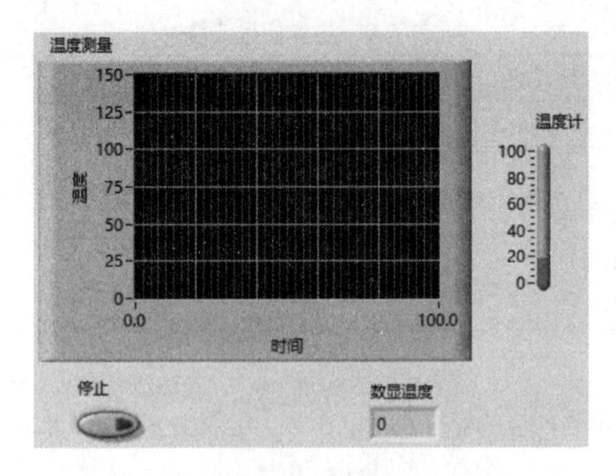

图 7.12　前面板

(4)放置数据存储数组函数,在编程、数组,找到初始化数组、数组大小、数组插入函数,放到合适位置。

(5)放置波形函数。在编程、波形,找到创建波形,放到合适位置。

(6)放置除法函数,得到温度采样周期。

(7)放置移位寄存器,连线,流程图结果如图 7.13 所示。

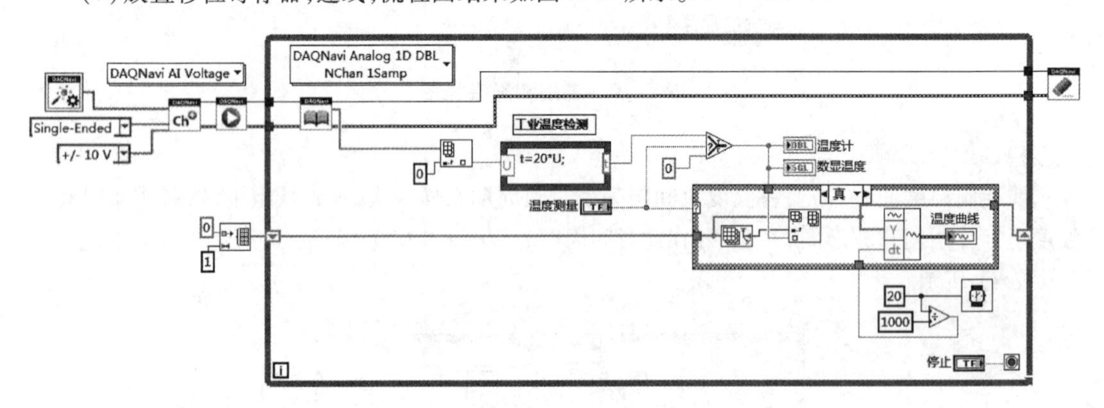

图 7.13　流程图结果

7.2.4　软硬件联合调试

1. 硬件线路连接

图 7.14 为传感器模块与电源和采集卡线路连接图,Pt100 热电阻采用三线制与温度变送器连接,可以消除接线电阻的影响,提高检测精度。电源正极与温度变送器正极相连,电源负极与温度变送器接地相连。

本案例中传感器模块输出信号为模拟信号,故与研华 USB-4704 多功能数据采集卡的 A10 相连;采集卡与电源共地,采集卡 AGND 与电源接地相连。

最后把数据采集卡的 USB 与计算机的 USB 相连,如图 7.15 所示。完成温度检测系统线路连接。

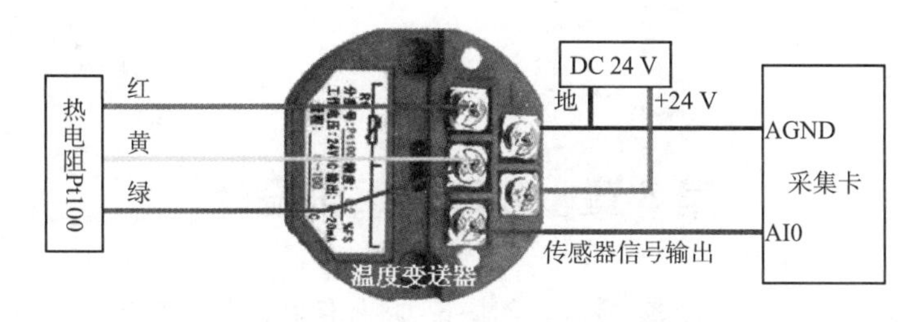

图7.14　传感器模块与电源和采集卡线络连接图

2. 检查线路连接是否正常

打开24 V稳压电源，用万用表测量电源的正负极，观察电源两端电压，如果测量结果在24 V左右，表示电源连接正常；用万用表测量温度变送器的正负极，观察测量电压，如果测量结果在0～5 V之间，表示传感器模块正常。

3. 软件运行与调试

打开计算机温度检测VI文件，进入流程图界面，双击采集卡图标，检查采集卡设置是否正常。

检查接线没有问题后，进入前面板界面，单击“运行”按钮，进行温度检测。软件运行结果如图7.16所示。

图7.15　硬件连线

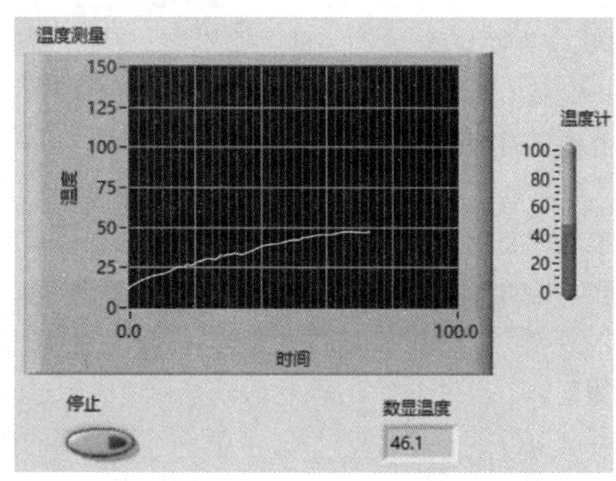

图7.16　软件运行结果

习　题

(1)传统仪器和虚拟仪器各有何优点？虚拟仪器能否取代传统仪器？

(2)信号调理设备的方法主要有哪些？其各自作用是什么？

(3)如何进行前面板编辑区与流程图编辑区的切换？

(4)在LabVIEW中有哪三种用来创建和运行程序的模板？它们各有哪些用途？

(5)虚拟仪器通用测试平台由哪几个部分组成？它们主要包括哪些部分？

(6)创建一个VI，实现将华氏温度转换为摄氏温度的功能，并在前面板显示华氏温度和摄氏温度。

第8章　物联网系统设计

物联网是指通过信息传感设备,按约定的协议,将任何物体与网络相连接,物体通过信息传播媒介进行信息交换和通信,以实现智能化识别、定位、跟踪、监管等功能。随着物联网技术的飞速发展,机电一体化技术的内涵与外延发生了很大变化。在机电一体化系统中采用物联网技术,将拓展机电一体化系统的功能。本章介绍了物联网的概念与功能、常用的物联网感知技术、智能家居控制系统的软硬件设计和手机物联与云平台的建立。

8.1　物联网的概念与功能

8.1.1　物联网的概念

物联网(Internet of Things,IoT)是指通过各种信息传感器、射频识别技术(RFID)、全球定位系统、红外感应器、激光扫描器等各种装置与技术,实时采集任何需要监控、连接、互动的物体或过程,采集其声、光、热、电、力学、化学、生物、位置等各种需要的信息,通过各类可能的网络接入,实现物与物、物与人的泛在连接,实现对物品和过程的智能化感知、识别和管理。物联网是一个基于互联网、传统电信网等的信息承载体,它让所有能够被独立寻址的普通物理对象形成互联互通的网络。

物联网概念最早出现于比尔·盖茨1995年《未来之路》一书,在《未来之路》中,比尔·盖茨已经提及物联网概念,只是当时受限于无线网络、硬件及传感设备的发展,并未引起世人的重视。1998年,美国麻省理工学院创造性地提出了当时被称作EPC系统的"物联网"的构想。1999年,美国Auto-ID首先提出"物联网"的概念,主要是建立在物品编码、RFID技术和互联网的基础上。过去在中国,物联网被称之为传感网。中科院早在1999年就启动了传感网的研究,并已取得了一些科研成果,建立了一些适用的传感网。同年,在美国召开的移动计算和网络国际会议提出了"传感网是下一个世纪人类面临的又一个发展机遇"。2003年,美国《技术评论》提出传感网络技术将是未来改变人们生活的十大技术之首。2005年11月17日,在突尼斯举行的信息社会世界峰会上,国际电信联盟ITU发布了《ITU互联网报告2005:物联网》,正式提出了"物联网"的概念。报告指出,无所不在的"物联网"通信时代即将来临,通过RFID和传感器等都可以获取物体的信息,世界上所有的物体都可以通过互联网主动进行信息交换。报告指出,无所不在的"物联网"通信时代即将来临,射频识别技术、传感器技术、纳米技术、智能嵌入技术将得到更加广泛的应用 。

国际通用的对物联网的定义:物联网是通过射频识别、红外感应器、全球定位系统、激光扫描器等信息传感设备,按约定的协议,把任何物品与互联网连接起来,进行信息交换和通信,以实现智能化识别、定位、跟踪、监控和管理的一种网络。物联网不是一个独立的网络,它是对现在的互联网进一步发展、泛在的一种形式,其概念模型如图8.1所示。

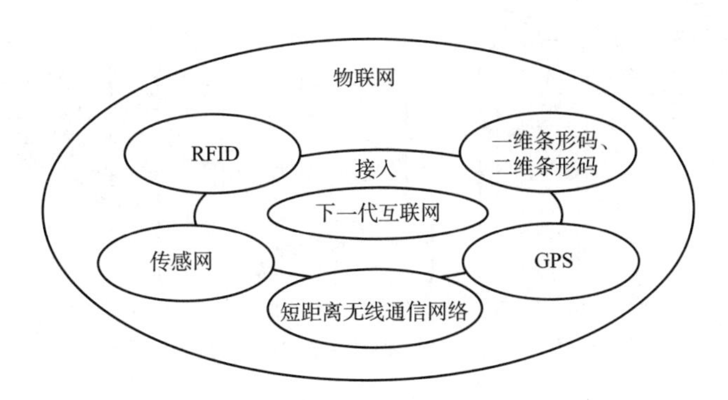

图 8.1　物联网概念模型

物联网并不是一个新的独立的网络，在过去互联网解决了人与人之间的交流联系的基础上，现在要将物与物联系起来，同时，人与物之间也要联系起来，实现人与人、人与物、物与物之间的互联。某种意义上说，物联网就是互联网更广泛的应用，实现物理世界与数字世界的无缝连接，其应用领域如图 8.2 所示。

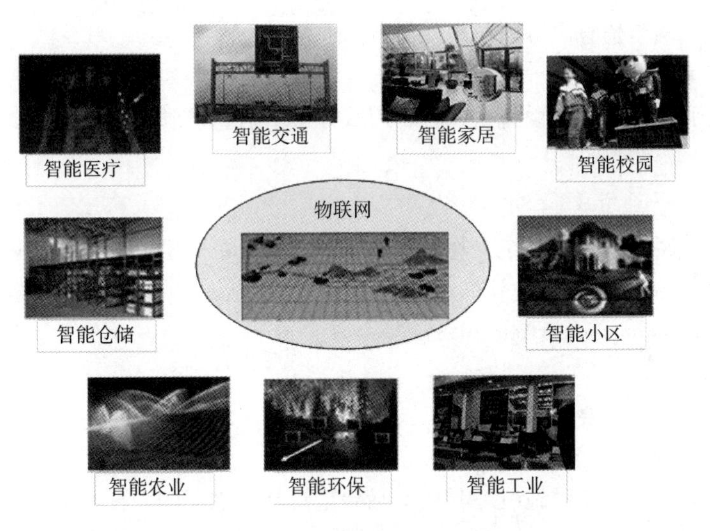

图 8.2　物联网的应用领域

8.1.2　物联网系统的基本组成

人们可以把物联网看成传统互联网的自然延伸，因为它的信息传输基础仍然是互联网。物联网是“万物沟通”的，具有全面感知、无缝互联、智能处理特征的连接物理世界的网络，实现任何时间、任何地点及任何物体的连接。从不同的角度看物联网会有多种类型，不同类型的物联网，其软硬件平台组成也会有所不同。从其系统组成来看，可以把它分为硬件平台和软件平台两大系统。

1. 物联网硬件平台组成

物联网是以数据为中心的面向应用的网络，主要完成信息感知、数据处理、数据回传及决策支持等功能，其硬件平台可由传感器网络、核心承载网和信息服务系统等部分组成，如图 8.3 所示。

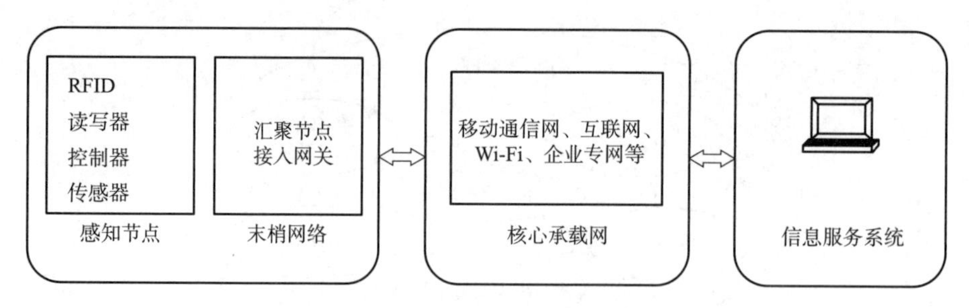

图 8.3　物联网硬件平台组成示意图

1）感知节点

感知节点由各种类型的采集和控制模块组成，如温度传感器、声音传感器、振动传感器、压力传感器、RFID 读写器、二维码识读器等，完成物联网应用的数据采集和设备控制等功能。

2）末梢网络

末梢网络即接入网络，包括汇聚节点、接入网关等。

3）核心承载网

主要承担接入网与信息服务系统之间的数据通信任务。

4）信息服务系统硬件设施

物联网信息服务系统硬件设施由各种应用服务器（包括数据库服务器）组成，还包括用户设备（如 PC、手机）、客户端等。

2. 物联网软件平台组成

软件平台是物联网的神经系统。物联网软件平台建立在分层的通信协议体系之上，通常包括数据感知系统软件、中间件系统软件、网络操作系统（包括嵌入式系统），以及物联网管理信息系统（Management Information System，MIS）等。

1）数据感知系统软件

数据感知系统软件主要完成物品的识别。

2）中间件系统软件

中间件是位于数据感知设施（读写器）与后台应用软件之间的一种应用系统软件。

3）网络操作系统

物联网通过互联网实现物理世界中的任何物品的互联，在任何地方、任何时间可识别任何物品，使物品成为附有动态信息的“智能产品”，并使物品信息流和物流完全同步，从而为物品信息共享提供一个高效、快捷的网络通信及云计算平台。

4）物联网管理信息系统

物联网大多采用基于 SNMP（简单网络管理协议）建设的管理系统，这与一般的网络管理类似，提供对象名解析服务。ONS（对象名解析服务）类似于互联网的 DNS，要有授权，并且有一定的组成架构。它能把每一种物品的编码进行解析，再通过 URL 服务获得相关物品的进一步信息。

8.1.3　物联网的基本架构与关键技术

1. 物联网的基本架构

物联网有三个层次，底层是用来感知数据的感知层，第二层是数据传输的网络层，最上层则是应用层,如图 8.4 所示。

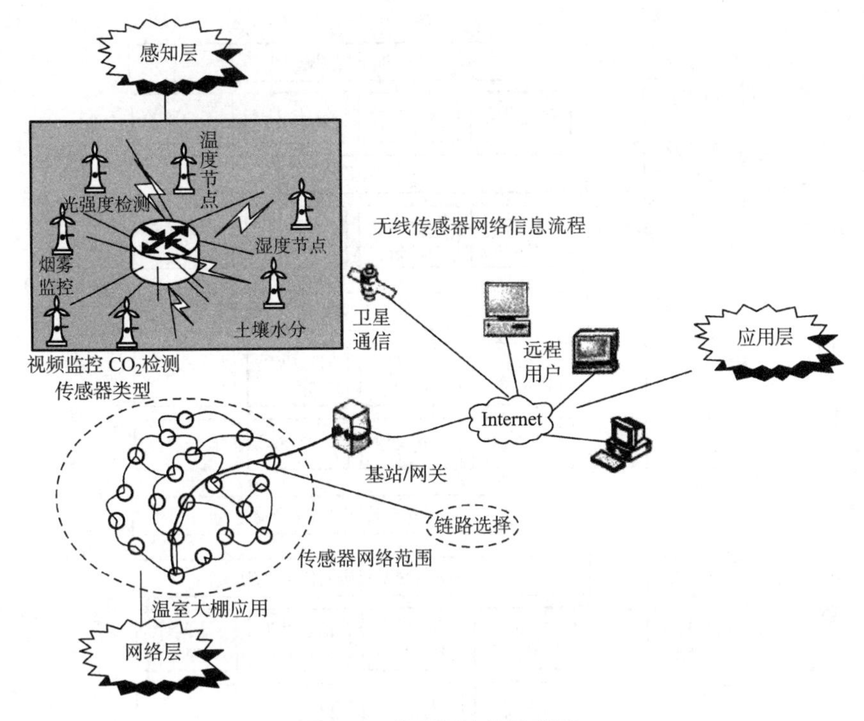

图 8.4　物联网连接示意图

1)感知层

感知层主要就是指系统信息的采集。感知层完成把所有物品信息通过条形码、射频识别、传感器、红外感应器传输到互联网的准备工作。

2)网络层

网络层可以理解为搭建物联网的网络平台,它由各种私有网络、互联网、有线和无线通信网、网络管理系统和云计算平台等组成。

3)应用层

应用层是物联网和用户(包括人、组织和其他系统)的接口,主要利用经过分析处理的感知数据,为用户提供丰富的应用,将物联网技术与个人、家庭和行业信息化需求相结合,实现广泛智能化应用解决方案,其基本平架构如图 8.5 所示。

2. 物联网的关键技术

物联网技术涵盖了从信息获取、传输、存储、处理直至应用的全过程,在材料、器件、软件、网络、系统各个方面都要有所创新才能促进其发展。通过对物联网内涵的分析,将实现物联网的关键技术归纳为感知技术、网络通信技术(主要为传感器网络技术和通信技术)、数据融合与智能技术、云计算等。

1)感知技术

感知技术可理解成在物联网中让物品"开口说话"的关键技术。

2)传感器技术

传感器技术是从自然信源获取信息,并对其进行处理、变换和识别的一门多学科交叉的现代科学与工程技术,它涉及传感器、信息处理和识别的规划设计、开发、制造、测试、应用及评价改进等活动。

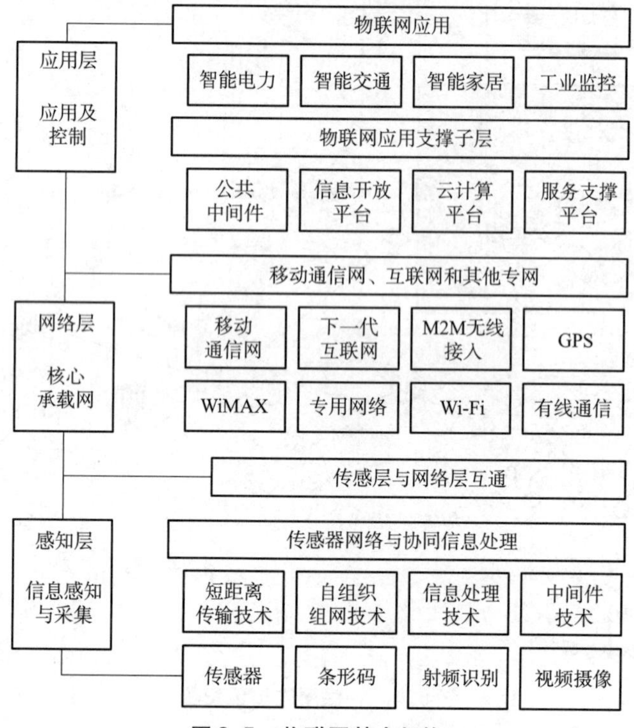

图 8.5　物联网基本架构

3)无线网络技术

无线网络既包括允许用户建立远距离无线连接的全球语音和数据网络,也包括为近距离通信所提供的蓝牙技术和红外技术。

4)人工智能技术

人工智能是研究使计算机模拟人的某些思维过程和智能行为(如学习、推理、思考、规划等)的技术。

5)云计算技术

物联网中的终端的计算和存储能力有限,云计算平台可以作为物联网的"大脑",实现对海量数据的存储、计算。云计算是物联网应用发展的基石。其原因有两个:一是云计算具有超强的数据处理和存储能力;二是物联网无处不在的数据采集,需要大范围的支撑平台以满足其规模需求。云计算支撑物联网应用发展的几种方式:

(1)单中心、多终端应用模式。

(2)多中心、多终端应用模式。

(3)信息与应用分层处理、海量终端的应用模式。

8.2　物联网感知技术

8.2.1　自动识别技术

自动识别技术(Auto Identification and Data Capture,AIDC)是一种高度自动化的信息或数据

采集技术,对字符、影像、条形码、声音、信号等记录数据的载体进行机器自动识别,自动地获取被识别物品的相关信息,并提供给后台的计算机处理系统以完成相关后续处理。

1. 条形码识别技术

条形码(简称条码)由一组规则排列的条、空以及对应的字符组成,用以表达一组信息的图形标识符,常见条形码如图 8.6 所示。"条"指对光线反射率较低的部分,"空"指对光线反射率较高的部分,这些条和空组成的数据表达一定的信息,并能够用特定的设备识读,转换成与计算机兼容的二进制和十进制信息。条形码技术是集条码理论、光电技术、计算机技术、图像技术、条码印制技术于一体的一种针对识别技术。条形码技术具有速度快、准确率高、可靠性强、寿命长、成本低等特点,因而被广泛应用。

图 8.6　常见的条形码

一个完整的条码的组成次序依次为:静区(前)、起始符、数据符、中间分割符(主要用于EAN码)、校验符、终止符、静区(后),如图 8.7 所示。

图 8.7　条码符号的组成

条码符号是图形化的编码符号,对条码符号的识读需要借助一定的专用设备,将条码符号中含有的编码信息转换成计算机可识别的数字信息。从系统结构和功能上讲,条码识读系统由阅读系统、信号整形、译码和计算机系统等部分组成,如图 8.8 所示。

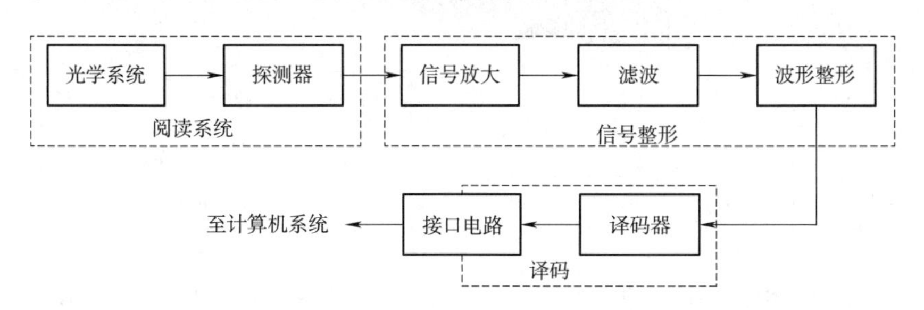

图 8.8　条码识读系统的组成

2. 磁卡和 IC 卡技术

磁卡和 IC 卡是自动识别中常见的识别技术。在 IC 卡推出之前,从世界范围来看,磁卡由于技术基础好,得到了广泛应用,但与后来发展起来的IC卡相比存在信息存储量小、磁条易读出和伪造、保密性差,以及需要计算机网络或中央数据库的支持等缺点,为此IC卡得到了迅速发展。由于IC卡具有信息安全、便于携带、比较完善的标准化等优点,在身份认证、银行、电信、公共交通、车场管理等领域正得到越来越多的应用,如图8.9所示。

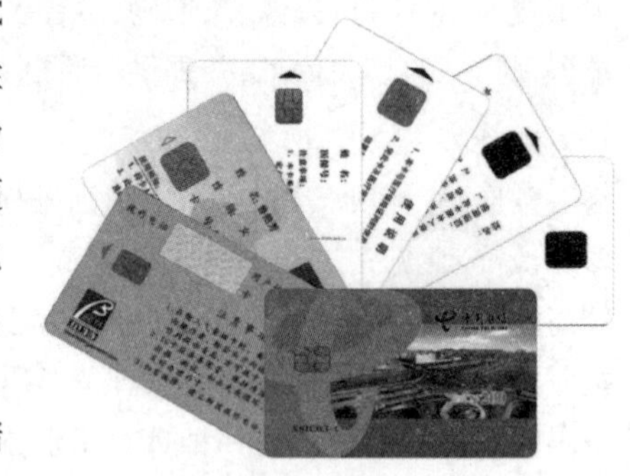

图8.9 典型IC卡

IC卡是集成电路卡,IC卡芯片具有写入数据和存储数据的能力,可对IC卡存储器中的内容进行判定。在卡上封装有符合ISO标准的芯片,有6~8个触点和外部设备进行通信。当IC卡插入IC卡读卡器后,各接点对应接通,IC卡上的超大规模集成电路就开始工作。IC卡内的信息加密后不可复制,密码核对错误,卡本身有自毁功能,所以IC卡中的数据安全可靠;网络要求不高,IC卡的安全可靠性使其在应用中对计算机网络的实时性、敏感性要求低,可以在网络质量不高的环境中或在不联机的情况下应用;IC卡的读写机构比磁卡的读写机构简单,可靠,造价便宜,容易推广,维护简单。

3. RFID技术

1)RFID的原理与组成

射频识别,即RFID(Radio Frequency Identification)技术,是一种利用射频通信实现的非接触式自动识别技术,又称电子标签,无线射频识别。RFID射频识别通过射频信号自动识别目标对象并获取相关数据,识别工作无须人工干预,可工作在各种恶劣环境。射频识别技术可识别高速运动物体并可同时识别多个标签,操作快捷方便,其识别距离可以从几厘米到几十米不等。射频技术的基本原理是电磁理论,利用无线电波对记录媒体进行读写,如图8.10所示。射频技术利用无线射频方式在阅读器和标签之间进行非接触双向数据传输,以达到目标识别和数据交换的目的。

装有RFID电子标签的物体进入读写器的射频场、RFID读写器发出微波查询信号、电子标签收到读写器的查询信号后,此信号与标签中的数据信息合成一体发射出去、读写器内部处理器处理后,将信息分离读取出来,如图8.11所示。典型的标签结构如图8.12所示。

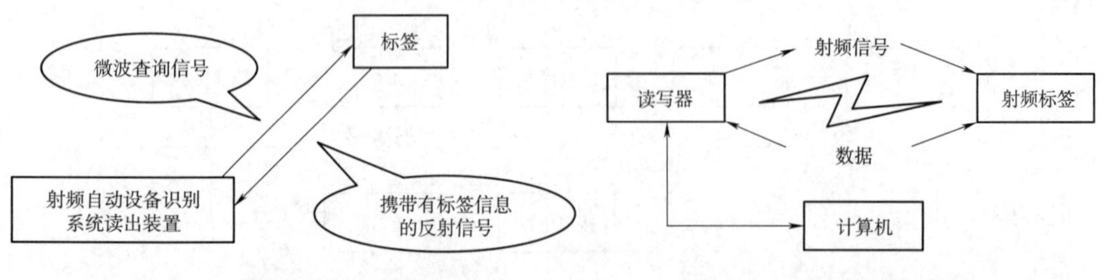

图8.10 射频识别的工作原理

图8.11 RFID系统工作流程

一个RFID系统由电子标签、读写器天线、读写器、传感器/执行器/报警器、控制器、主机和软件系统、通信设施等部分组成,其系统结构如图8.13所示。RFID技术最大的优点在于非接触,它的识读距离可以从十厘米到几十米不等,具有识别速度快、可识别高速运动物体、抗恶劣环境、保密性强、可同时识别多个识别对象等特点。RFID 系统架构如图 8.14 所示。

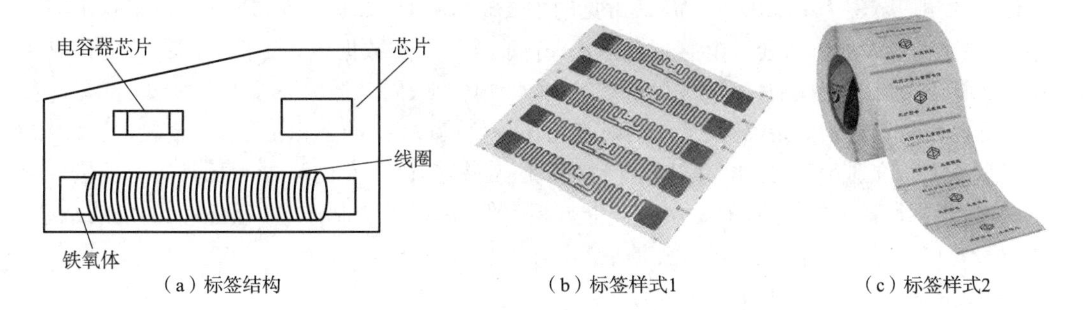

（a）标签结构　　（b）标签样式1　　（c）标签样式2

图 8.12　典型的标签结构

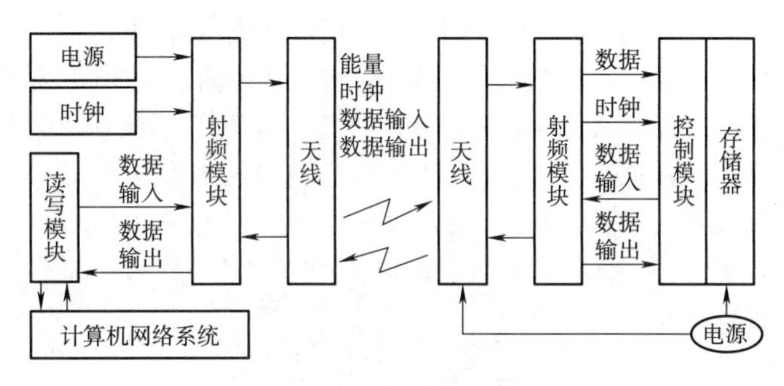

图 8.13　RFID 系统结构

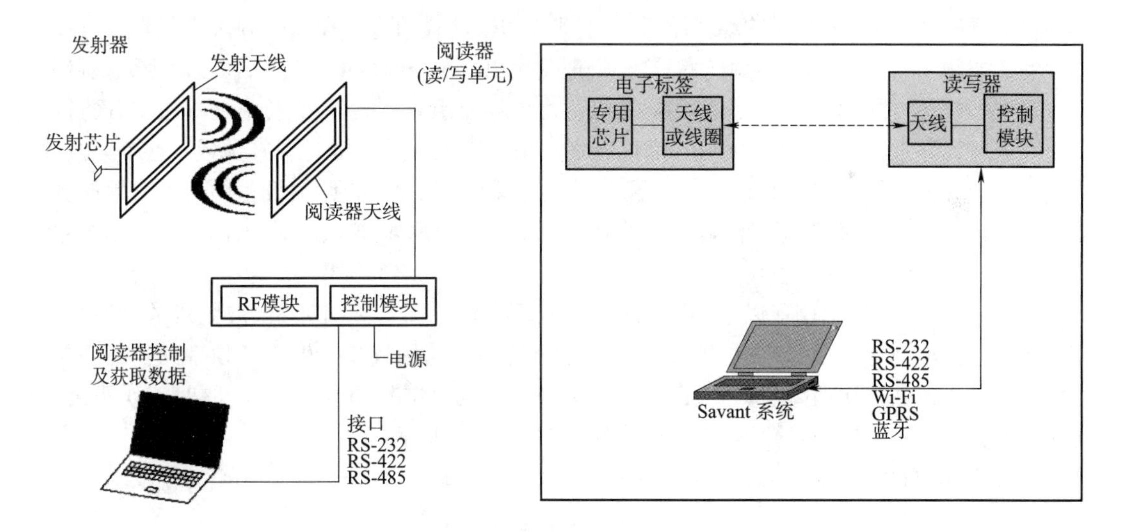

图 8.14　RFID 系统架构

2）RFID 的选取

RFID 系统通常使用为工业、科学和医疗特别保留的 ISM（Industrial Scientific Medical Band）频段。ISM 常用频段的中心频率有 6.78 MHz、13.56 MHz、27.125 MHz、40.68 MHz、433.92 MHz、869 MHz、915 MHz、2.45 GHz、5.8 GHz 及 24.125GHz 等。除此之外，RFID 也采用 0 ~ 135 kHz 之间的频率。RFID 从供电状态来看可以分为有源和无源两大类；从工作频率来看，可以分为低频（125 ~ 135 kHz），高频（13.56 MHz），超高频（UHF，868 ~ 928 MHz），微波（2.45 GHz，5.8 GHz）等几类。

(1)低频(Low Frequency)。

使用的频段范围为 10 kHz ~ 1 MHz,常见的主要规格有 125 kHz、135 kHz 等。一般这个频段的电子标签都是被动式的,通过电感耦合方式进行能量供应和数据传输。低频的最大的优点在于其标签靠近金属或液体的物品上时标签受到的影响较小,同时低频系统非常成熟,读写设备的价格低廉。缺点是读取距离短、无法同时进行多标签读取(抗冲突)以及信息量较低,一般的存储容量在 128 位到 512 位,主要应用于门禁系统、动物芯片、汽车防盗器和玩具等。虽然低频系统成熟,读写设备价格低廉,但是由于其谐振频率低,标签需要制作电感值很大的绕线电感,并常常需要封装片外谐振电容,其标签的成本反而比其他频段高。

(2)高频(High Frequency)。

使用的频段范围为 1 ~ 400 MHz,常见的主要规格为 13. 56 MHz 这个 ISM 频段。这个频段的标签还是以被动式为主,也是通过电感耦合方式进行能量供应和数据传输。这个频段中最大的应用就是我们所熟知的非接触式智能卡。和低频相较,其传输速度较快,通常在 100 kbit/s 以上,且可进行多标签辨识(各个国际标准都有成熟的抗冲突机制)。该频段的系统得益于非接触式智能卡的应用和普及,系统也比较成熟,读写设备的价格较低。产品最丰富,存储容量从 128 位到 8K 以上字节都有,而且可以支持很高的安全特性,从最简单的写锁定,到流加密,甚至是加密协处理器都有集成。一般应用于身份识别、图书馆管理、产品管理等。安全性要求较高的 RFID 应用,目前该频段是唯一选择。

(3)超高频(Ultra High Frequency)。

使用的频段范围为 400 MHz ~ 1 GHz,常见的主要规格有 433 MHz、868 ~ 950 MHz。这个频段通过电磁波方式进行能量和信息的传输。主动式和被动式的应用在这个频段都很常见,被动式标签读取距离为 3 ~ 10 m,传输速率较快,一般也可以达到 100 kbit/s 左右,而且因为天线可采用蚀刻或印刷的方式制造,因此成本相对较低。由于读取距离较远、信息传输速率较快,而且可以同时进行大数量标签的读取与辨识,因此特别适用于物流和供应链管理等领域。这个频段的缺点是在金属与液体的物品上的应用较不理想,同时系统还不成熟,读写设备的价格非常昂贵,应用和维护的成本也很高。此外,该频段的安全性特性一般,不适合安全性要求高的应用领域。

(4)微波(Microwave)。

使用的频段范围为 1GHz 以上,常见的规格有 2. 45 GHz 和 5. 8 GHz。微波频段的特性与应用和超高频段相似,读取距离约为 2 m,但是对于环境的敏感性较高。由于其频率高于超高频,标签的尺寸可以做得比超高频更小,但水对该频段信号的衰减较超高频更高,同时工作距离也比超高频更小。一般应用于行李追踪、物品管理、供应链管理等。

选择 RFID 标签时,要考虑频率与距离的关系,见表 8. 1。

表 8. 1　标签频率性能表

频　率	低　频	高　频	超　高　频		微　波
识别距离	125. 125kHz <60 cm	13. 56 MHz ~60 cm	433. 92 MHz 50 ~ 100 m	860 ~ 960 MHz ~3. 5 m ~ 5m(P) ~ 100 m(A)	2. 45 GHz ~1 m 以内(P) ~ 50 m(A)
一般特性	①比较高价; ②几乎没有环境变化引起的性能下降	①比低频低廉; ②适合短识别距离和需要多重标签识别的应用领域	①长识别距离; ②实时跟踪、对集装箱内部湿度、冲击等环境敏感	①先进的 IC 技术使最低廉的生产成为可能; ②多重标签识别距离和性能最突出	①特性与 900 频带类似; ②受环境的影响最多

续表

频　率	低　频	高　频	超 高 频		微　波
运行方式	无源型	无源型	无源型	有源型/无源型	有源型/无源型
识别速度	低速←——→高速				
环境影响	迟钝←——→敏感				
标签大小	大型←——→小型				

选择 RFID 标签时,还要考虑成本和技术等方面因素。

①一个射频识别系统的成本,包含硬件成本、软件成本和集成成本等。而硬件成本不仅包括读写器和标签的成本,还包括安装成本。很多时候,应用和数据管理软件和集成是整个应用的主要成本。如果从成本出发考虑,一定要根据系统的整体成本进行,而不仅仅局限于硬件,如标签的价格。

②即使是在同一个频段内的射频识别系统,其通信距离也是差异很大的。通信距离通常依赖于天线设计、读写器输出功率、标签芯片功耗和读写器接收灵敏度等。我们不能够简单地认为某一个频段的射频识别系统的工作距离大于另一个频段的射频识别系统。

③虽然理想的射频识别系统是长工作距离,高传输速率和低功耗的。然而,现实的情况下这种理想的射频系统是不存在的,高数据传输率只能在相对较近的距离下实现。反之,如果要提高通信距离,就需要降低数据传输率。所以我们如果要选用通信距离远的射频识别技术,就必须牺牲通信速率。选择频段的过程常常是一种折中的过程。

④除了考虑通信距离以外,在我们选择一个射频系统时,通常还要考虑存储器容量、安全特性等因素。根据这些应用需求,才能够确定适合的射频识别频段和解决方案。

从本案例解决方案来看,超高频和微波射频识别系统的操作距离最大(可以达到 3 ~ 10 m),并具有较快的通信速率,但是为了降低标签芯片的功耗和复杂度,并不实现复杂的安全机制,仅限于写锁定和密码保护等简单安全机制。而且,该频段的电磁波能量在水中衰减严重,所以对于跟踪动物(体内含超过 50% 的水)、含有液体的药品等是不合适的。

低频和高频系统的读写距离较小,通常不超过 1 m。高频频段为技术成熟的非接触式智能卡采用,非接触式智能卡能够支持大的存储器容量和复杂的安全算法。如前所述,由于通信速率和安全性需求,非接触式智能卡的工作距离一般在 10 cm 左右。高频频段中的 ISO15693 协议规范通过降低通信速率使通信距离加大,通过大尺寸天线和大功率读写器,工作距离可以达到 1 m 以上。低频频段由于载波频率低,比高频 13. 56 MHz 低 100 倍以上,因此通信速率最低,而且通常不支持多标签的读取。

8. 2. 2　网络技术

1. ZigBee 技术

ZigBee 技术是一种短距离、低功耗的无线通信技术,适用于传输距离短、数据传输速率低的一系列电子元器件设备之间。ZigBee 无线通信技术可于数以千计的微小传感器相互间,依托专门的无线电标准达成相互协调通信。ZigBee 无线通信技术还可应用于小范围的基于无线通信的控制及自动化等领域,可省去计算机设备或一系列数字设备相互间的有线电缆,更能够实现多种不同数字设备相互间的无线组网,使它们实现相互通信,或者接入因特网。图 8. 15 为

ZigBee 网络的拓扑结构。

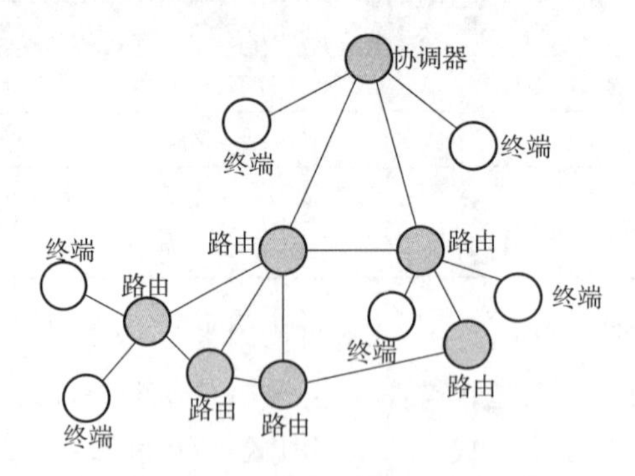

图 8.15　ZigBee 网络拓扑结构

ZigBee 工作在 20 ~ 250 kb/s 的速率，分别提供 250 kb/s(2.4 GHz)、40 kb/s(915 MHz)和 20 kb/s(868 MHz)的原始数据吞吐率，满足低速率传输数据的应用需求。传输范围一般介于 10 ~ 100 m 之间，在增加发射功率后，亦可增加到 1 ~ 3 km。这指的是相邻节点间的距离。如果通过路由和节点间通信的接力，传输距离将可以更远。ZigBee 可采用星状、片状和网状网络结构，由一个主节点管理若干子节点，最多一个主节点可管理 254 个子节点；同时主节点还可由上一层网络节点管理，最多可组成 65 000 个节点的大网。

ZigBee 技术的先天性优势，使得它在物联网行业逐渐成为一个主流技术，在工业、农业、智能 家居等领域得到大规模的应用。例如，它可用于厂房内进行设备控制、采集粉尘和有毒气体等数据；在农业，可以实现温湿度、PH 值等数据的采集并根据数据分析的结果进行灌溉、通风等联动动作；在矿井，可实现环境检测、语音通信和人员位置定位等功能，图 8.16 为 ZigBee 模块及 ZigBee 网络的应用。

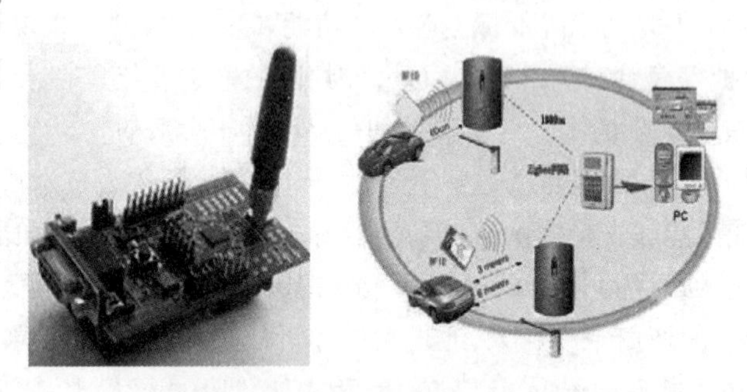

图 8.16　ZigBee 模块及 ZigBee 网络

2. 蓝牙技术

蓝牙是一种支持设备短距离通信(一般 10 m 内)的无线电技术，工作在免许可的 2.4 GHz ISM 射频频段，有 BLE4.0，BLE4.1，BLE4.2，BLE 5.0 等多个协议版本，能在包括移动电话、PDA、无线耳机、笔记本电脑、相关外设等众多设备之间进行无线信息交换，其应用如图 8.17 所示。利用蓝牙技术，能够有效地简化移动通信终端设备之间的通信，也能够成功地简化设备与 Internet 之间的通信，从而数据传输变得更加迅速高效，为无线通信拓宽道路。

3. Wi-Fi 技术

Wi-Fi 是一种允许电子设备连接到一个无线局域网(WLAN)的技术，通常使用 2.4GUHF 或

5GSHFISM 射频频段。连接到无线局域网通常是有密码保护的，但也可是开放的，这样就允许任何在 WLAN 范围内的设备可以连接上。Wi-Fi 具有速度快、可靠性高、安装简单、入网方便、覆盖范围较广等特点，常用于一定范围内的大容量数据吞吐。Wi-Fi 技术传输速度非常快，可以达到 54 Mbit/s，符合个人和社会信息化的需求。Wi-Fi 最主要的优势在于不需要布线，可以不受布线条件的限制，因此非常适合移动办公用户的需要，并且由于发射信号功率低于 100 mW，低于手机发射功率，所以 Wi-Fi 上网相对也是最安全健康，Wi-Fi 应用如图 8.18 所示。

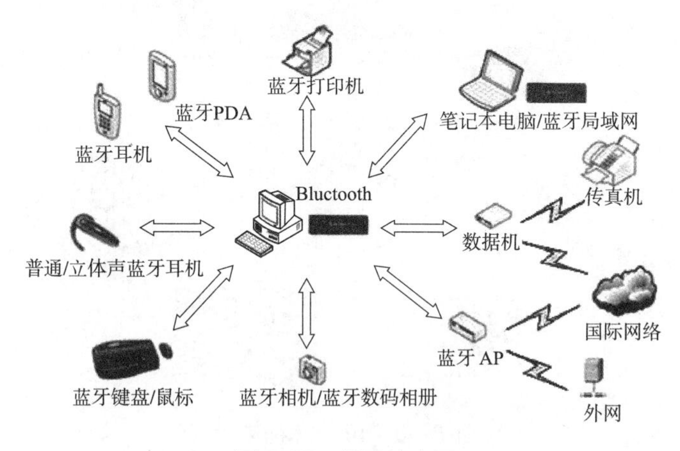

图 8.17　蓝牙的应用

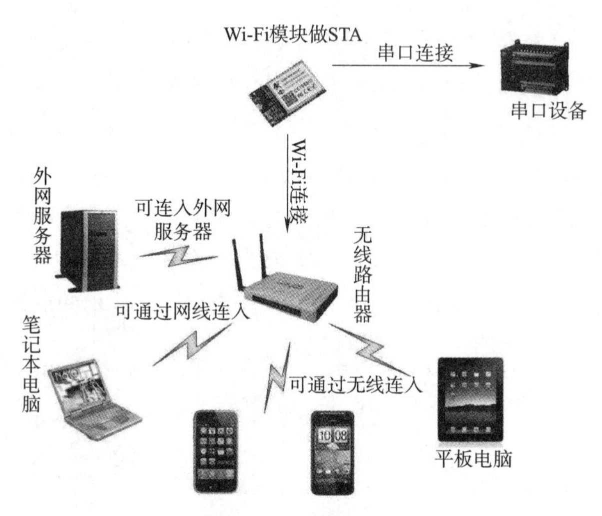

图 8.18　Wi-Fi 的应用

4. 4G 技术

4G 通信技术是第四代的移动信息系统，是在 3G 技术上的一次更好的改良，其相较于 3G 通信技术来说一个更大的优势是将 WLAN 技术和 3G 通信技术进行了很好的结合，使图像的传输速度更快，让传输图像的质量和图像看起来更加清晰。在智能通信设备中应用 4G 通信技术让用户的上网速度更加迅速，速度可以高达 100 Mbit/s。

4G 通信技术融合了 3G 通信技术的优势，并衍生出了一系列自身固有的特征，以 WLAN 技术为发展重点。4G 通信技术的创新使其与 3G 通信技术相比具有更大的竞争优势。首先,4G 通信在图片、视频传输上能够实现原图、原视频高清传输,其传输质量与电脑画质不相上下;其次,利用 4G 通信技术,在软件、文件、图片、音视频下载上其速度最高可达到最高每秒几十兆,这是 3G 通信技术无法实现的,同时这也是 4G 通信技术一个显著优势,4G 技术的应用如图 8.19 所示。

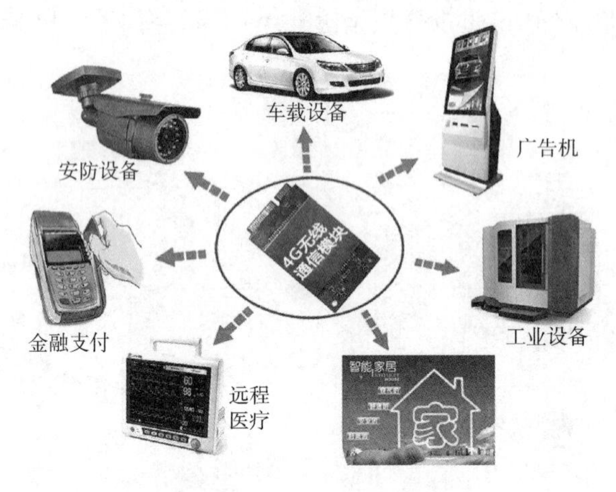

图 8.19　4G 技术的应用

5. 5G 技术

5G 网络(5G Network)是第五代移动通信网络,其峰值理论传输速度可达 20 Gbit/s,合 2.5 Gbit/s,比 4G 网络的传输速度快 10 倍以上。5G 网络通信技术不仅做到了在传输速度上的提高,在传输的稳定性上也有突出的进步。5G 网络通信技术应用在不同的场景中都能进行很稳定的传输,能够适应多种复杂的场景。5G 网络通信技术在实际的应用过程中非常实用,传输稳定性的提高使工作的难度降低,工作人员在使用 5G 网络通信技术进行工作时,由于 5G 网络通信技术的传输能力具有较高的稳定性,因此不会因为工作环境的场景复杂而造成传输时间过长或者传输不稳定的情况,会大大提高工作人员的工作效率,5G 技术的应用如图 8.20 所示。

图 8.20　5G 技术的应用

5G在移动互联网的主要应用有以下三个方面。首先，5G可以提供极广覆盖率、高移动性的网络，将蜂窝覆盖范围扩展到更广的建筑物中，同时将支持更高效的数据传输，即对于大流量传输需求的地点保持流量不间断。在办公楼、工业园区、购物中心等大型场所，5G可以满足移动通信用户的基本连接需求，无论是处在覆盖中心还是处在覆盖边缘都可以被连续广域覆盖；能够在保证移动性和业务连续性的前提下，使处于静止或高速移动（高铁、地铁等）的用户都可以随时随地享受100 Mbit/s以上的体验速率。其次，5G可以提供极高数据速率的移动网络，4K视频甚至是8K视频将能够流畅实时播放；视频360°直播或转播、通过AR/VR改善游戏体验、虚拟现实样板间看房等方便的服务、增强现实移动导览系统、增强现实体育赛事转播等解决方案的应用。另外，由于5G技术的普及将大大提高移动数据传输的速度，云计算技术也将会更好地被利用，生活、工作、娱乐将都有“云”的身影，极高的网络速率也意味着硬盘将被云盘所取代，随时随地可以将大文件上传到云端，5G将带来移动内容云端化。

5G在物联网的应用将极大地拓展行业应用的空间。由于物联网应用对设备数量、数据规模、传输速率等要求较高，目前的3G、4G技术还不能有效支撑物联网数据传输，物联网大规模应用受到限制，5G技术将成为推动物联网发展的动力。优质的5G技术是未来物联网应用发展的标配。低成本、低能耗、低延迟、高可靠性的通信网络可支持长时间、大规模连接需求的物联网应用，5G网络同时具备在1平方千米范围内向超过100万台物联网设备提供每秒100 MB平均传输速度的能力，可以保障车与车、车与路、车与其他障碍物的信息延时在1 ms内。由此可见，无人驾驶的安全性将得到满足。不仅手机和电脑能联网，家电、门锁、监控摄像机、汽车、可穿戴设备，甚至老年人走失也可以快速找回。Wi-Fi是一种短程的无线传输技术，这项技术已经基本普及大部分的家庭和企业。但因为现在普遍使用只能覆盖一定区域的路由器，所以有范围局限，使用人数限制和距离限制的问题，网络信号强度相对较差。5G与Wi-Fi融合组网具有传统的单一方面技术所不具有的优势，最大优势是更快捷更安全。5G速率将至少是现阶段WiFi的三倍，5G与Wi-Fi融合组网的应用范围将不仅包括现在网络所普遍覆盖的普通住宅区和企业办公区，还将覆盖到更加公共的区域，如街道校园等，还有一些对吞吐量要求较高的专业领域，如远程医疗和车载娱乐等。以广域网和城域网融合、微基站与宏基站融合的5G连接网络将实现真正的“万物互联”、“服务百姓”。

5G为移动通信技术的发展描绘了一个美好的蓝图。为了实现5G要求的超高频率效率、超低时延、超高连接数密度、超低能耗，中国仍然需要依据5G技术的演进规律加大研发力度，培养人才，拓展市场，推动5G通信技术发展，成为5G的领跑者。

8.3　案例：智能家居控制系统设计

智能家居一直是物联网关注的热点之一，智能家居的实现将极大地便利人们的日常生活，有着非常重要的现实意义。在本案例中，将物联网技术应用到智能小屋的建设上，通过数据的采集、迁移、云端处理数据以及整个控制逻辑的构架，实现了设备端数据的采集、数据上云、云端处理以及基于物联网平台的WEB页面控制和显示，最后构建了通过手机APP实现控制的整个完整流程。

8.3.1　设计步骤

基于物联网的智能家居控制系统设计，一般根据以下步骤进行：

(1)基于 Arduino 嵌入式开发平台的系统硬件设计。

(2)基于 Arduino 平台的系统软件设计。

(3)手机物联与云平台的建立。

(4)物联网平台设备的关联。

(5)系统软硬件调试及运行。

8.3.2 硬件设计

1. 设计方案

智能家居基于 Arduino 嵌入式开发平台的系统构成如图 8.21 所示。

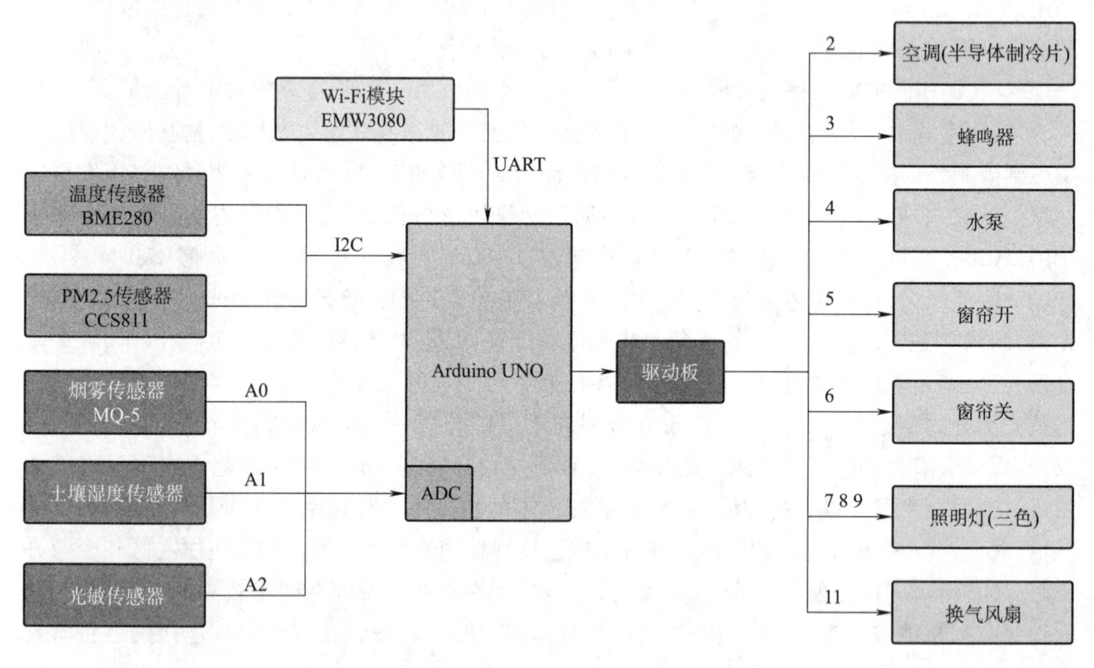

图 8.21　系统设计硬件框图

Arduino 是一款便捷灵活、方便上手的开源电子原型平台,包含硬件(各种型号的 Arduino 板)和软件(Arduino IDE)。Arduino 不仅仅是全球最流行的开源硬件,也是一个优秀的硬件开发平台,更是硬件开发的趋势。Arduino 简单的开发方式使得开发者更关注创意与实现,更快地完成自己的项目开发,大大节约了学习的成本,缩短了开发的周期。

本案例搭建了一个智能家居的模型,其中包括了一般的家居所需的装置,包含的传感器件有:室内温湿度传感器、室外温湿度传感器、PM2.5 传感器、可燃气体传感器、土壤湿度传感器、光敏传感器;包含的执行模块有:空调、换气扇、水泵、可调光以及调色的 LED 灯。传感信号是输入信号,由 Arduino 模块进行采集,数据采集后,由无线模块进行传输,在小屋实例中,我们采用了 Wi-Fi 通过 AP(Access Point)进行传输的方式,通过公网传送到云平台端,实现数据的转发、处理等,云端将控制信号发回给设备端执行。通过智慧小屋功能完整的演示,将传感器和执行机构之间的逻辑关系关联起来。目前设定的五个场景是:

(1)室内的温度与空调关联,温度高了,开启空调制冷。平时开空调都是温度高了,自己用遥控器开启空调。在智慧小屋里,只需要给定相应的参数,就可以按照设定的参数,空调就可以自主运行，开启空调降温和去湿。

(2)当可燃气体传感器超标时，风扇、蜂鸣器动作。

(3)光敏电阻感知外界的光线的强弱，用以判定夜幕降临，在光线暗淡时，拉上窗帘、开启室内的灯光。

(4)PM2.5 传感器感知数据超标时，将开启风扇(模拟空气净化器)换气。

(5)检测植物的土壤的湿度，在偏低时启动水泵，进行浇灌作业。

物联网大致可以分成：感知层、网络层、平台层和应用层。我们可以直观看到物联网的分层架构，其与智慧小屋里相对应的关系为：感知层主要是负责通过传感器设备来识别和收集信息，我们搭建了通过 Arduino 采集不同接口形式的传感数据的实例来学习感知层的构架；网络层负责安全的把这些信息进行传输，我们通过 AT(Attention)指令，将数据通过 Wi-Fi 传送到物联网平台端。平台层负责数据的鉴权、接入和转发，我们以阿里云为例，讲述了接入云平台需要的鉴权方式、MQTT 协议。应用层负责结合具体的应用需求，利用 IoT Studio 这些先进的可视化工具，将建立服务编排，详细讲解了如何创立直观的 Web 显示、调度和控制的页面，并可方便地编制出手机控制的 APP，通过实例让大家能快速掌握构架物联网系统原型的能力，并在云平台上对数据进行计算、处理、挖掘，来实现智能化的物联网应用。

2. 控制器的选择

Arduino 是一款使用简单，集硬件、软件环境于一身的开源开发平台，旨在为智能硬件爱好者，交互艺术设计师以及电子软件工程师，提供简单易用的开发体验。Arduino 包括一个硬件平台 Arduino Board，和一个开发工具 Arduino IDE。两者都是开源的，既可以获得 Arduino 开发板的电路图，也可以获得 Arduino IDE 的源代码。在全球创客们的共同完善与努力下，Arduino 形成了硬件、软件完整丰富的开发生态，现在官方已经推出了几十种不同性能、应用的硬件平台，在软件上也提供了丰富完整的代码开发资源。

Arduino 的理念就是开源，软硬件完全开放。针对周边 I/O 设备的 Arduino 编程，很多常用的 I/O 设备都已经带有库文件或者样例程序，在此基础上进行简单的修改，即可编写出比较复杂的程序，完成功能多样化的作品。因此，本案例采用 Arduino UNO 开发板进行设计，如图 8.22 所示。

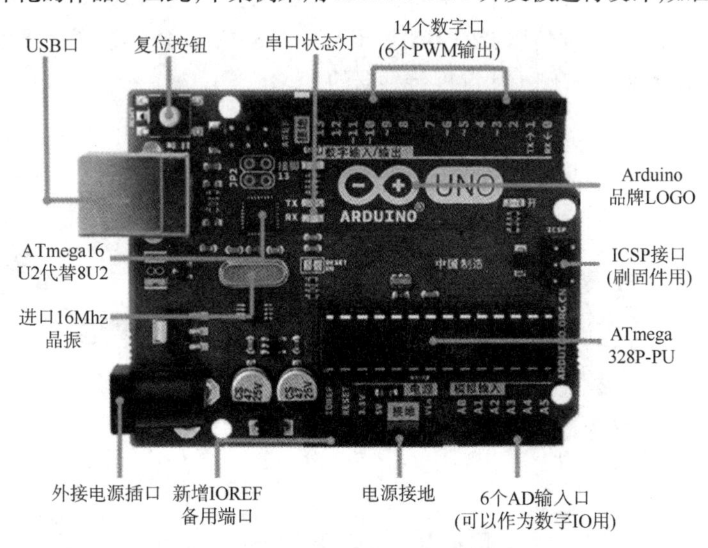

图 8.22　Arduino UNO 开发板

3. 传感器的选型

1)光敏传感器传感器

选用的光敏传感器由光敏电阻和精密电位器组成分压电路,采集的信号通过运算放大器整形输出,输出信号为模拟信号,并通过 LED 显示工作电压是否正常。

图 8.23(a)为光敏传感器的驱动板接口,位于驱动板的左下角。为了方便说明接线,图 8.23(b)为常见的四线光敏传感器引脚示意图。驱动板接口的 GND 为地线,接右侧光敏传感器的 GND。DATA 为模拟信号线,接右侧光敏传感器的 AO 驱动板接口的 5 V 为供电电源线,接右侧光敏传感器的 VCC。

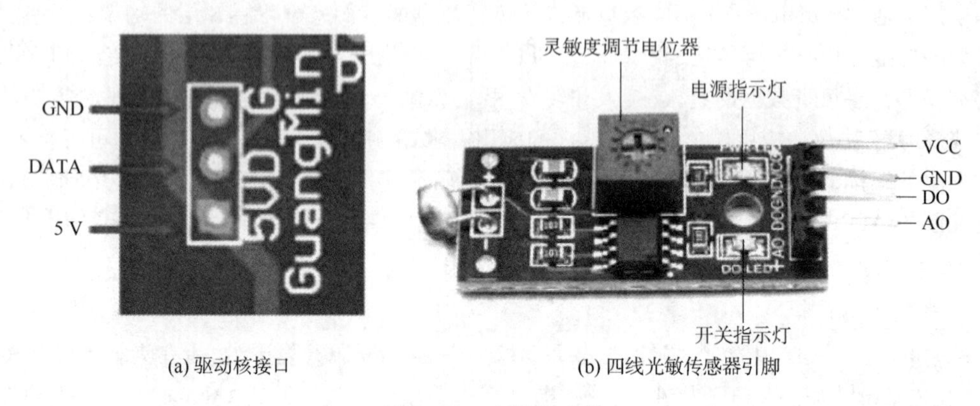

(a) 驱动核接口　　(b) 四线光敏传感器引脚

图 8.23　光敏传感器

2)土壤湿度传感器

土壤湿度传感器是一个简易的水分传感器可用于检测土壤的水分,表面镀镍而不易生锈,延长使用寿命,感应面积宽提高导电性能。模块双输出模式,数字量输出简单,模拟量输出更精确。比较器采用 LM393 芯片,工作稳定,信号干净。设有固定螺栓孔,方便安装。

图 8.24(a)为土壤湿度传感器的驱动板接口,位于光敏传感器接口的上方。图 8.24(b)为常见的四线土壤湿度传感器模块,从左至右端口丝印依次为 VCC、GND、DO、AO。驱动板接口的 GND 为地线,接右侧土壤湿度传感器的 GND。DATA 为模拟信号线,接右侧土壤湿度传感器的 AO。5 V 为供电电源线,接右侧土壤湿度传感器的 VCC。

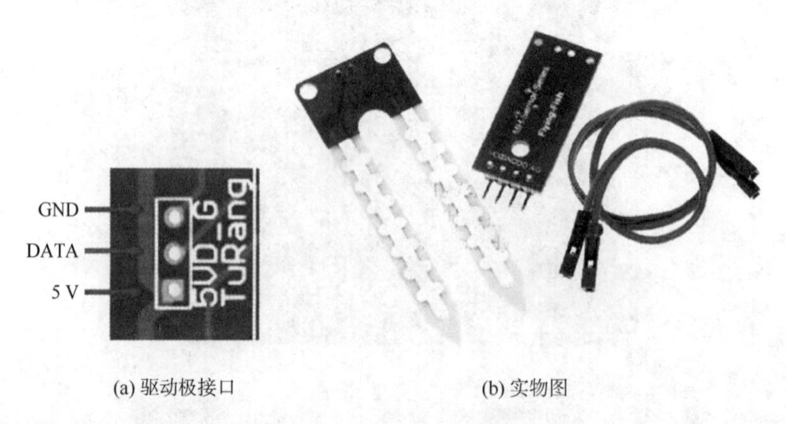

(a) 驱动极接口　　(b) 实物图

图 8.24　土壤湿度传感器

3）可燃气检测传感器

图8.25的MQ-5气体传感器所使用的气敏材料是在清洁空气中电导率较低的二氧化锡（SnO_2）。当传感器所处环境中存在可燃气体时，传感器的电导率随空气中可燃气体浓度的增加而增大。使用简单的电路即可将电导率的变化转换为与该气体浓度相对应的输出信号。MQ-5气体传感器对丁烷、丙烷、甲烷的灵敏度高，对甲烷和丙烷可较好的兼顾。这种传感器可检测多种可燃性气体，特别是天然气，是一款适合多种应用的低成本传感器。

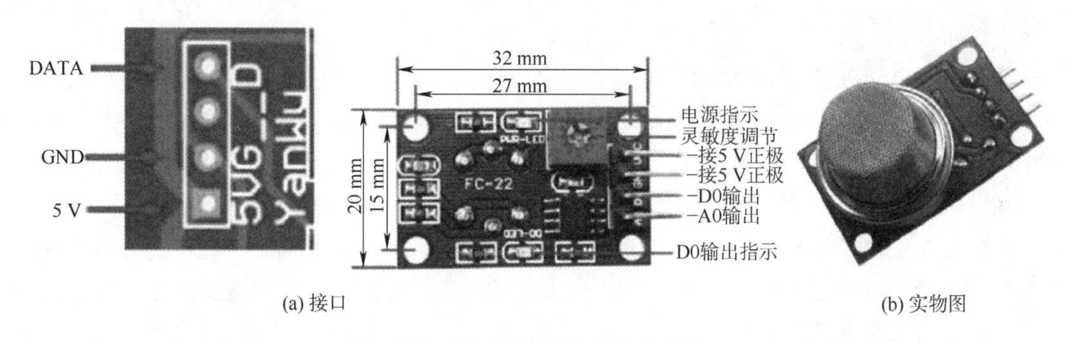

(a) 接口　　(b) 实物图

图8.25　可燃气检测传感器

图8.25（a）为可燃气检测传感器接口，丝印标注为YanWu，位于土壤湿度传感器接口的上方，DATA与GND之间的端口为悬空，不需要接。图8.25（b）为常见的可燃气检测传感器接线图与正面示意图。驱动板接口的GND为地线，接右侧可燃气检测传感器的GND。图中GND标注为接5 V负极实际是为了方便电压比较器工作，我们不需要数字量输出，接GND就好。DATA为模拟信号线，接右侧可燃气检测传感器的AO。5 V为供电电源线，接右侧可燃气检测传感器的VCC。

4）空气温湿度传感器和空气质量传感器

空气温湿度传感器和空气质量传感器分别采用BME280和CCS811，都是IIC接口的传感器，如图8.26所示。BME280传感器是一款具有温度、大气压力和湿度的环境传感器，该传感器非常适合各种天气或环境传感，可以在I2C中使用。这种精密传感器是用于湿度测量的最佳低成本传感解决方案，精度为±3%精度，绝对精度为±1 hPa的大气压力和精度为±1.0 ℃的温度。

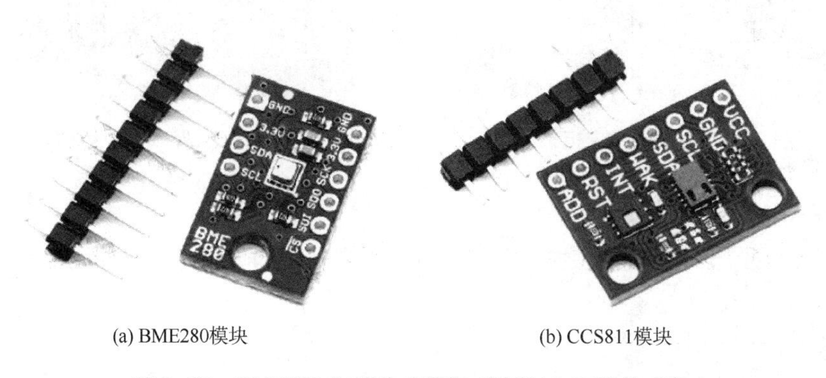

(a) BME280模块　　(b) CCS811模块

图8.26　BME280环境传感器和CCS811环境传感器

CCS811空气质量传感器是一款超低功耗数字气体传感器，集成了MOX（金属氧化物）气体传感器,可通过集成的 MCU(微控制器单元)检测各种 VOC(挥发性有机化合物),用于室内空气质量监测。MCU 由 ADC(模数转换器)和 I2C 接口组成。它基于 AMS 独特的微型热板技术,为低功耗的气体传感器提供高度可靠的解决方案。

图 8.26(a)为常见的 BME280 模块,3.3 V、SDA、SCL、GND 对应丝印接好即可。图 8.26(b)为常见的 CCS811 模块,除了端口的四根线外,RST 引脚也要接到 GND。

4. 执行器的选型

1)窗帘步进电动机

窗帘步进电动机选用 28BYJ-48 型,如图 8.27 所示。步进电动机是一种将电脉冲转化为角位移的执行机构,当步进驱动器接收到一个脉冲信号,它就驱动步进电动机按设定的方向转动一个固定的角度(步进角)。可以通过控制脉冲个来控制角位移量,从而达到准确定位的目的;同时还可以通过控制脉冲频率来控制电动机转动的速度和加速度,从而达到调速的目的。

步进电动机 28BYJ-48 型四相八拍电动机,电压为 DC 5 V ~ DC 12 V。当对步进电机施加一系列连续不断的控制脉冲时,它可以连续不断地转动。每一个脉冲信号对应步进电动机的某一相或两相绕组的通电状态改变一次,也就对应转子转过一定的角度(步距角)。当通电状态的改变完成一个循环时,转子转过一个齿距。四相步进电动机可以在不同的通电方式下运行,常见的通电方式有单(单相绕组通电)四拍(A-B-C-D-A),双(双相绕组通电)四拍(AB-BC-CD-DA-AB),八拍(A-AB-B-BC-C-CD-D-DA-A)。

图 8.27(a)为窗帘步进电机端口,位于驱动板左上角。图 8.27(b)为常见的五线四相减速步进电动机。步进电动机的连接端使用了 XH-2.54 插接端口,具有防呆设计,若方向错误无法插入。

2)风扇

风扇选用 5 V 小型散热风扇,如图 8.28 所地示。

(a) 端口　　(b) 实物图

图 8.27　窗帘步进电动机　　　图 8.28　风扇

3)LED 三色灯

LED 三色灯采用独立红色、绿色和蓝色 LED 灯模块。

4)水泵

用于浇灌的水泵采用 5 V 的小型水泵。

5)模拟空调的制冷器件

模拟空调的制冷器件选用 TEC12706。半导体制冷片的工作原理基于帕尔帖原理,该效应是在 1834 年由 J. A. C 帕尔帖首先发现的,即利用当两种不同的导体 A 和 B 组成的电路且通有直流电时,在接头处除焦耳热以外还会释放出某种其他的热量,而另一个接头处则吸收热量,且帕尔帖效应所引起的这种现象是可逆的,改变电流方向时,放热和吸热的接头也随之改变,吸收和放出的热量与电流强度 I 单位:A,成正比,且与两种导体的性质及热端的温度有关。

图 8.29(a)为驱动板空调端口,位于水泵端口下方。图 8.29(b)为半导体制冷片的示意图,有红黑两根线,红色代表正极,黑色代表负极。对应端口的正负极丝印标注连接。

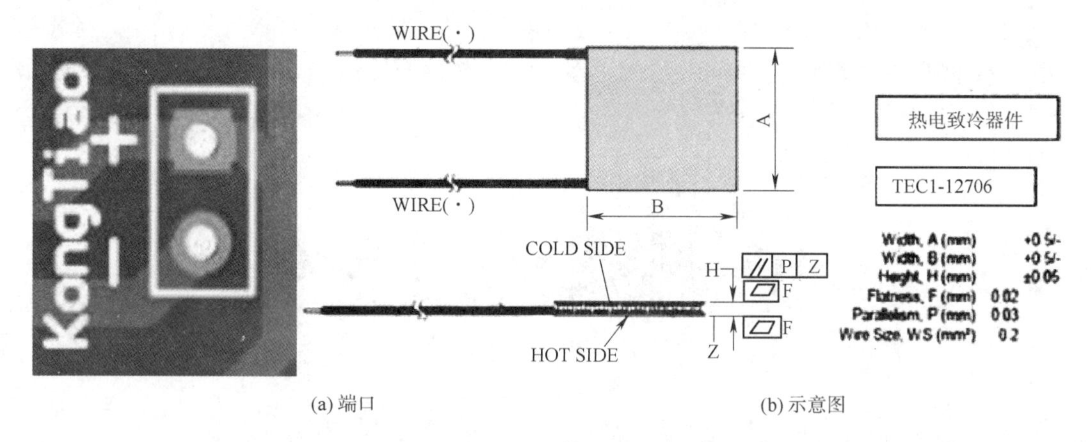

(a) 端口　　(b) 示意图

图 8.29　空调(半导体制冷片)PCB 端口

5. Wi-Fi 模块选型

Wi-Fi 模块是实现 Wi-Fi 协议的硬件单元模块,其内置无线网络协议 IEEE802.11b.g.n 协议栈以及 TCP/IP 协议栈。传统的硬件设备嵌入 Wi-Fi 模块可以直接通过 Wi-Fi 接入互联网,在物联网场景下有着非常广泛的应用。

选用庆科 EMW3080 的低功耗 Wi-Fi 模块,如图 8.30 所示。无线标准为 IEEE802.11a,它有两个接口类型:SMT 和 DIP,有效通信距离为 100 m,适用于智能温室大棚。

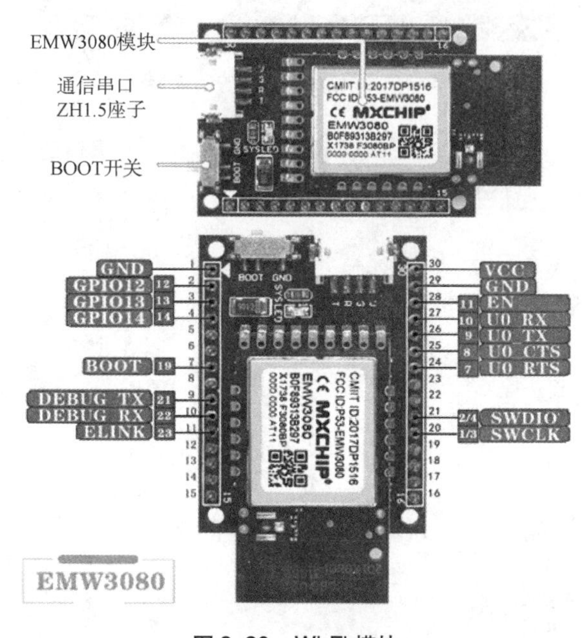

图 8.30　Wi-Fi 模块

8.3.3 软件设计

1. Arduino 开发环境

Arduino 有许多的特点,其中包括廉价、跨平台、简单清晰的编程方式以及开源的软件与开放的硬件相结合。打开 Arduino 软件,如图 8.31 所示,软件的窗口分成四个部分:最顶层是菜单栏,提供了各种功能的菜单;接下来是工具栏,或者称快捷工具栏,总共有六个按键;中间区域是编辑区域,可以在这里编写代码,完成智能温室大棚的软件开发;最下方的是状态栏,输出各种编译或者报错信息。

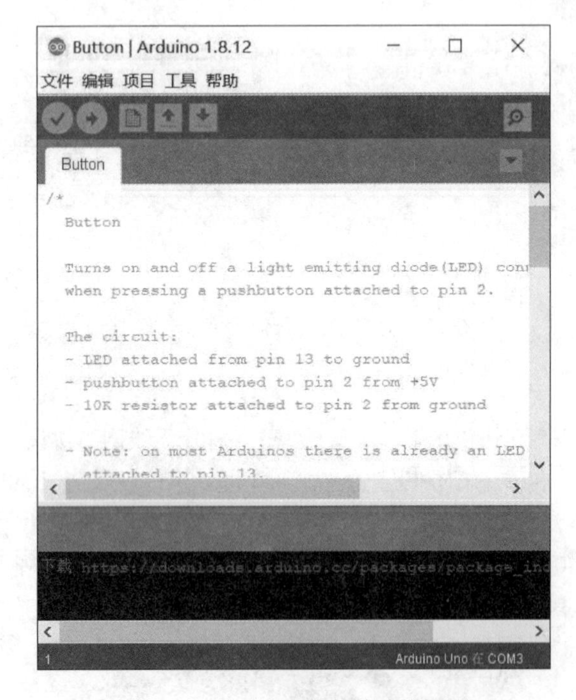

图 8.31 Arduino 软件的功能界面

2. 程序设计

(1)温度传感器程序,具体代码如下:

```
void setup()
{
    Serial.begin(9600);//设置波特率
}

void loop()
{
    int val;
    int dat;
    val = analogRead(1);//温度传感器接到模拟 PIN0 上;
    //dat = (125 * val) > >8;
    Serial.print("Tep:");
    Serial.print(val);
    Serial.println("C");
```

```
    delay(500);
}
```

(2)湿度传感器程序,具体代码如下:

```
//
//    FILE:  dht11_test1.pde
// PURPOSE: DHT11 library test sketch for Arduino
//

//Celsius to Fahrenheit conversion
double Fahrenheit(double celsius)
{
return 1.8 * celsius + 32;
}

//Celsius to Kelvin conversion
double Kelvin(double celsius)
{
    return celsius + 273.15;
}

    //dewPoint function NOAA
    // reference: http://wahiduddin.net/calc/density_algorithms.htm
double dewPoint(double celsius, double humidity)
{
    double A0 = 373.15/(273.15 + celsius);
    double SUM = -7.90298 * (A0 - 1);
    SUM += 5.02808 * log10(A0);
    SUM += -1.3816e-7 * (pow(10, (11.344 * (1 - 1/A0))) - 1);
    SUM += 8.1328e-3 * (pow(10,(-3.49149 * (A0 - 1))) - 1);
    SUM += log10(1013.246);
    double VP = pow(10, SUM-3) * humidity;
    double T = log(VP/0.61078);    // temp var
    return (241.88 * T) / (17.558-T);
}


// delta max = 0.6544wrt dewPoint()
// 5x faster thandewPoint()
// reference: http://en.wikipedia.org/wiki/Dew_point
double dewPointFast(double celsius, double humidity)
{
    double a = 17.271;
    double b = 237.7;
    double temp = (a * celsius) / (b + celsius) + log(humidity/100);
    double Td = (b * temp) / (a-temp);
    return Td;
}


#include <DHT11.h>
```

```
dht11DHT11;

#define DHT11PIN 2

void setup()
{
  Serial.begin(9600);
  Serial.println("DHT11 TEST PROGRAM ");
  Serial.print("LIBRARY VERSION: ");
  Serial.println(DHT11LIB_VERSION);
  Serial.println();
}

void loop()
{
  Serial.println("\n");

  int chk = DHT11.read(DHT11PIN);

  Serial.print("Read sensor: ");
  switch (chk)
  {
    case 0: Serial.println("OK"); break;
    case-1: Serial.println("Checksum error"); break;
    case-2: Serial.println("Time out error"); break;
    default: Serial.println("Unknown error"); break;
  }

  Serial.print("Humidity (%): ");
  Serial.println((float)DHT11.humidity, 2);

  Serial.print("Temperature (oC): ");
  Serial.println((float)DHT11.temperature, 2);

  Serial.print("Temperature (oF): ");
  Serial.println(Fahrenheit(DHT11.temperature), 2);

  Serial.print("Temperature (K): ");
  Serial.println(Kelvin(DHT11.temperature), 2);

  Serial.print("Dew Point (oC): ");
  Serial.println(dewPoint(DHT11.temperature, DHT11.humidity));

  Serial.print("Dew PointFast (oC): ");
  Serial.println(dewPointFast(DHT11.temperature, DHT11.humidity));

  delay(2000);
}
//
```

```
// END OF FILE
//
```

3. 模拟仿真测试

(1)温度传感器模拟仿真测试,如图 8.32 所示。

(2)湿度传感器模拟仿真测试,如图 8.33 所示。

```
COM3
Tep:168C
Tep:182C
Tep:182C
Tep:182C
Tep:152C
Tep:173C
Tep:178C
Tep:178C
Tep:179C
Tep:179C
Tep:179C
Tep:179C
Tep:179C
Tep:179C
Tep:179C
Tep:179C
Tep:179C
Tep:179C
Tep:179C
Tep:179C
Tep:188C
Tep:188C
Tep:188C
Tep:188C
Tep:188C
Tep:187C
Tep:188C
Tep:203C
Tep:200C
Tep:190C
Tep:188C
Tep:214C
Tep:183C
Tep:190C
Tep:203C
Tep:175C
Tep:173C
Tep:172C
Tep:171C
Tep:170C
Tep:166C
Tep:166C
Tep:166C
☑自动滚屏 ☐Show timestamp
```

图 8.32　温度传感器模拟

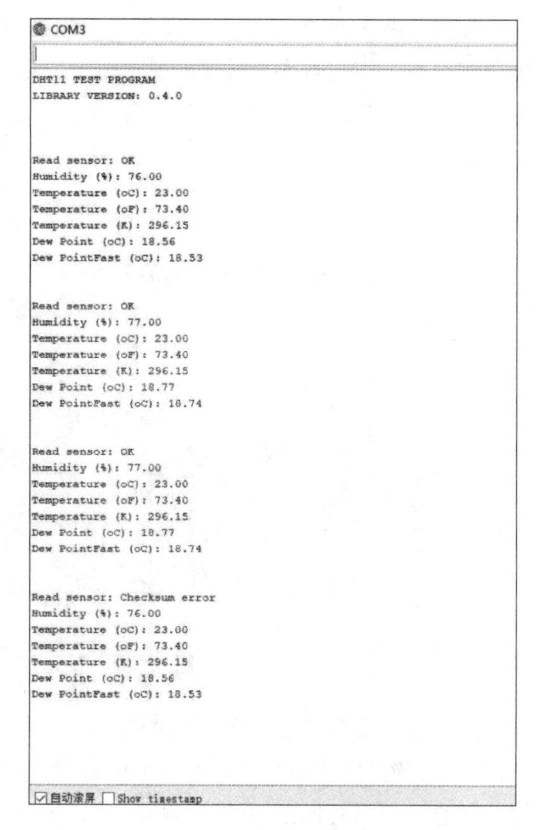

图 8.33　湿度传感器模拟

4. 运行测试

运行测试分为两部分:嵌入式本地运行测试以及嵌入式和云平台的联调测试。

嵌入式运行测试:将烧写好的开发板通过排插连接到驱动板,开启电源供电,蜂鸣器会提示当前程序的运行状态。

响一声代表 IIC 传感器初始化完成,若没有响请检查 IIC 传感器连接。

响两声代表 Wi-Fi 连接完成,若没有响请检查 Wi-Fi 配置信息。

响三声代表与阿里云物联网平台的连接已经建立。若没有响请确认平台篇部分替换的字段是否正确。

总计六次蜂鸣器的响声过后,小屋开始正常运行各种功能。除可燃气检测联动场景的消除静音需要正确接收下发的消息,其余场景的联动均在本地运行。读者可以根据场景进行各种测试,检查各类传感器,执行器的状况。

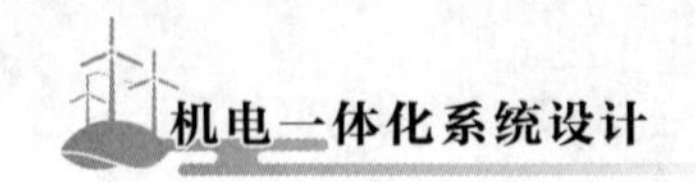

8.3.4 手机物联与云平台的建立

8.3.1～8.3.2 节初步完成了智能家居硬件部分的设计以及嵌入式编码，本节将对物联网平台上的操作进行说明，在物联网平台上完成应用层的开发，学习掌握物联网平台的基本使用方法，对云端服务、应用前端架构有一定的认识。

在物联网平台的实践部分，设备与云端进行双向的连接，主要通过在云端调用物联网平台提供的设备操作能力或者通过可视化编辑创建服务流完成设备在云端完成对设备的交互逻辑。本案例的设备与阿里云物联网平台简单的交互逻辑如图 8.34 所示。

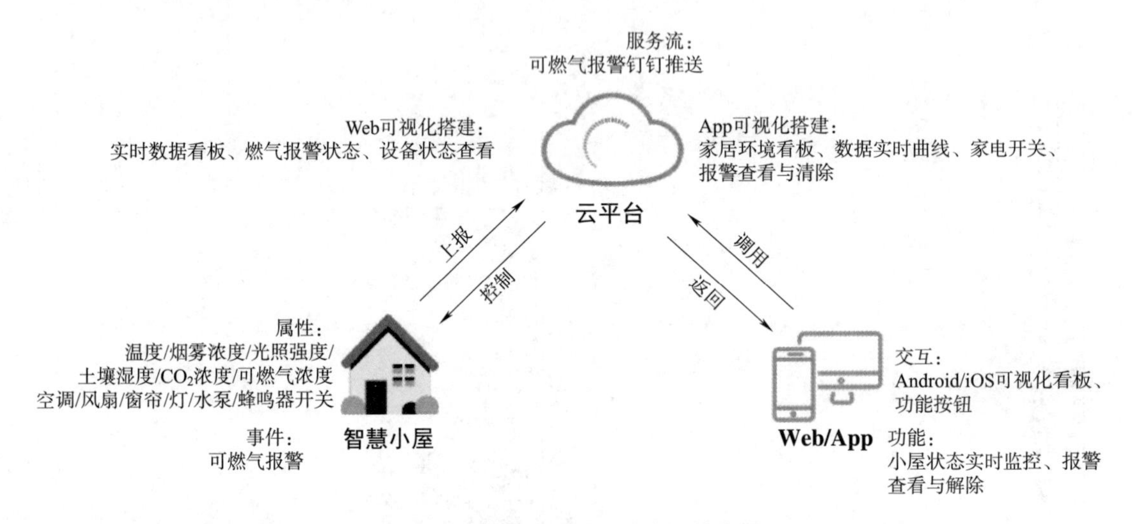

图 8.34 智慧小屋端到端交互功能图

智能家居设备在运行嵌入式 Arduino 平台上运行的逻辑外，Arduino 还将设备采集到的环境信息、设备的开关状态以及设备检测到可燃气泄露信息进行上报，云平台运行的服务流将会对报警信息进行钉钉推送，并提供 Web 和 App 端的访问能力。

8.3.5 平台注册与控制台操作

1. 阿里云平台注册和登录

首次使用阿里云物联网平台需要注册阿里云账号，也可以使用支付宝扫码直接登录，进入阿里云平台，单击击右上角登录，可采用注册阿里云或扫描支付宝二维码完成登录。

2. IoT 服务开通

完成登录后，依次选择物联网与云通信—物联网应用开发—立即使用，进行 IoT Studio 服务的开通。

3. 创建 IoT 项目

开通完服务后，进入 IoT Studio 的操作控制台面板，进入后如图 8.35 所示，在控制台上显示有 IoT Studio 应用开发流程，即设备开发—创建项目—应用开发—发布维护，按照已完成的设备开发，直接开始创建项目。单击项目管理栏右侧蓝色“新建项目”按钮，进入新建项目流程，可以看到 IoT Studio 为开发者提供的模板化项目，可以基于各类模块项目快速初始化项目。在此单击创建空白项目(也可基于项目模版创建，学习平台提供标准的项目资源)，输入项目名称及备注，平台即会完成项目的创建。

图 8.35　登录阿里云平台

在 IoT Studio 中，所有的资源均以项目制进行管理，项目即可以理解为一个场景的解决方案的集合，各项目之间资源均进行了隔离，项目资源中包括各类产品，包括基于产品模型创建的设备、编排的云端服务、搭建的 Web 应用以及 App 应用等。

IoT Studio 项目控制台如下图所示，在控制台主要分为 4 个部分，包括项目资源看板、Web/App/服务开发、设备管理、运营中心等，各个部分主要功能如下。

(1)项目资源面板：项目下资源数据统计，包括项目内产品数量、设备数量、Web 应用数量、移动应用数量、服务数量。

(2)Web/App/服务开发：提供了 IoT Studio 核心开发能力，即设备上云后服务编排、Web 搭建、App 搭建功能。

(3)设备管理/移动配置：提供 IoT Studio 内的产品管理、设备管理以及 IoT Studio 到物联网平台的设备关联导入，提供移动 App 配网引导配置以及面板配置。

(4)运营运维：对项目管理各类角色、管理员进行管理，以及服务的权限配置与管理能力。服务监控运维中可以对已发布的服务进行监控，如调用次数、错误次数、运行时长统计。

8.3.6　设备绑定与调试

新创建的项目中是不包含产品和设备，可以通过在 IoT Studio 项目中直接创建和从物联网平台导入两种方法，在物联网平台完成了产品的创建和设备调试后，直接从物联网平台导入产品和设备即可。

在项目控制台，选择设备管理—产品，选择关联物联网平台产品，在列表中选择“关联物联网平台产品”即可，如图 8.36 所示。

图 8.36　IoT Studio 中关联物联网平台产品

关联产品后，有两种方法创建设备，可通过 IoT Studio 中的设备管理基于导入的智慧小屋新建智慧小屋设备，或者在设备管理直接导入物联网平台的设备，这里我们可以直接导入嵌入式开发时调试好的智慧小屋设备，省去重新烧写设备三元组固件的流程。

如图 8.37 所示，在设备管理页面单击“关联物联网平台设备”，在弹出的列表中勾选智慧小屋产品下已调试完成的设备，完成设备导入。

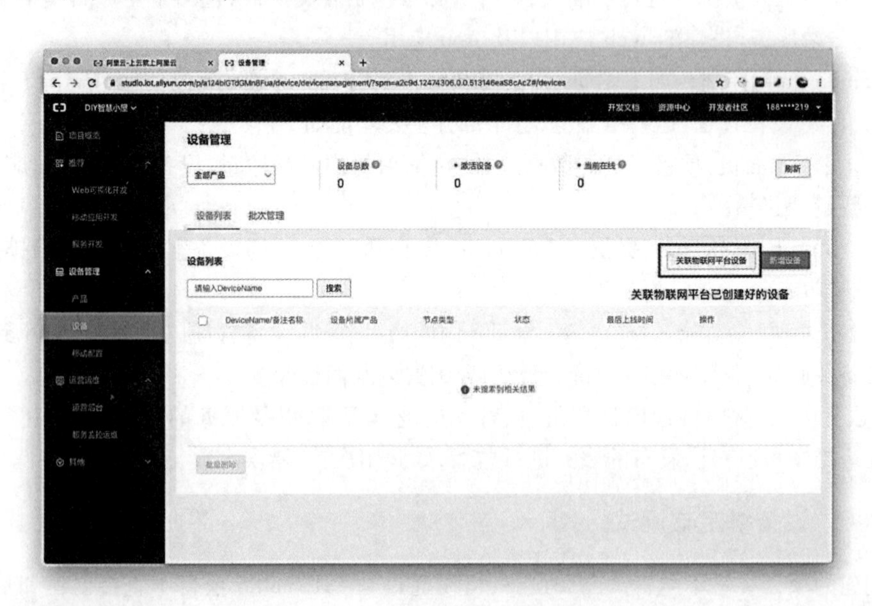

图 8.37　关联物联网平台设备

至此，已经完成产品和设备的导入，IoT Studio 中也提供了对设备进行调试的能力，可以观察设备的上行数据以及对设备进行下行命令控制。IoT Studio 同时提供虚拟设备,如果开发者手中没有真实硬件设备,也可以在虚拟设备中模拟设备数据上报,解耦硬件开发和后续服务、Web、App 搭建。

8.3.7　服务编排

在完成 IoT Studio 平台上完成了设备的导入以及调试,设备在数据上云后,需要依靠服务完成数据的各类处理,例如数据存储、数据加工、消息推送等。在 IoT Studio 项目控制台,单击下拉菜单中“服务开发”按钮进入服务开发控制台,如图 8.38 所示。

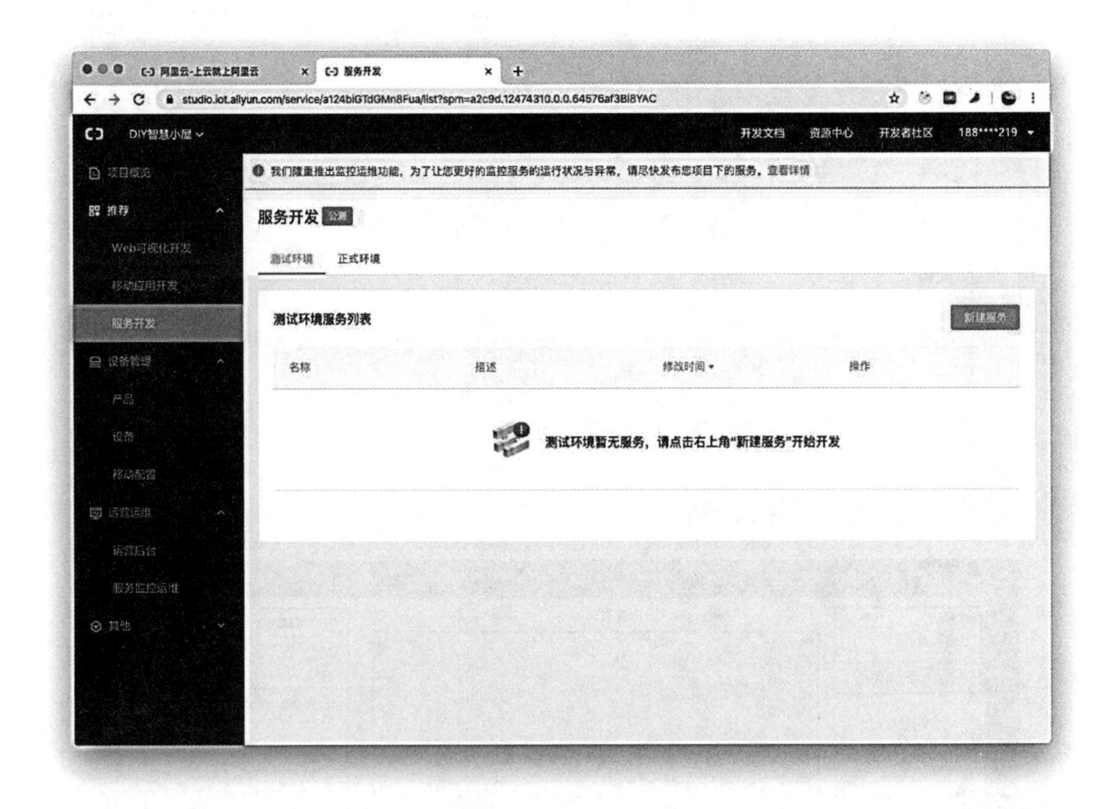

图 8.38　服务开发控制台

服务开发具有两套开发环境,分为“测试环境”和“正式环境”。一般来说,服务开发具有调试阶段(开发时)和运行阶段(运行时),对于已发布的服务将稳定运行在运行时的环境,服务开发的测试环境和正式环境有利于将开发时和运行时环境解耦开,尽量减少对已上线稳定运行的服务的干扰。单击“新建服务”创建 DIY 智慧小屋第一条服务流。与项目模版类似,在服务开发阶段,IoT Studio 也提供了服务流模版,包含报警、设备控制、数据存储等,可以帮助开发者快速基于模版进行构建。本次基于空白模版进行创建,输入服务名称以及备注,如图 8.39 所示。

创建好服务后,即会进入此项目下的服务列表,在此可以继续创建服务,也可以对服务进行编辑和删除操作,服务列表可以在多个服务间快速跳转,进行编辑。帮助栏提供当前服务工作台的一些指导,建议阅读。在服务中间的区域为服务节点内容的编辑区域 ,菜单栏提供服务的编辑功能,如保存、新建、调试、发布等,如图 8.40 所示。

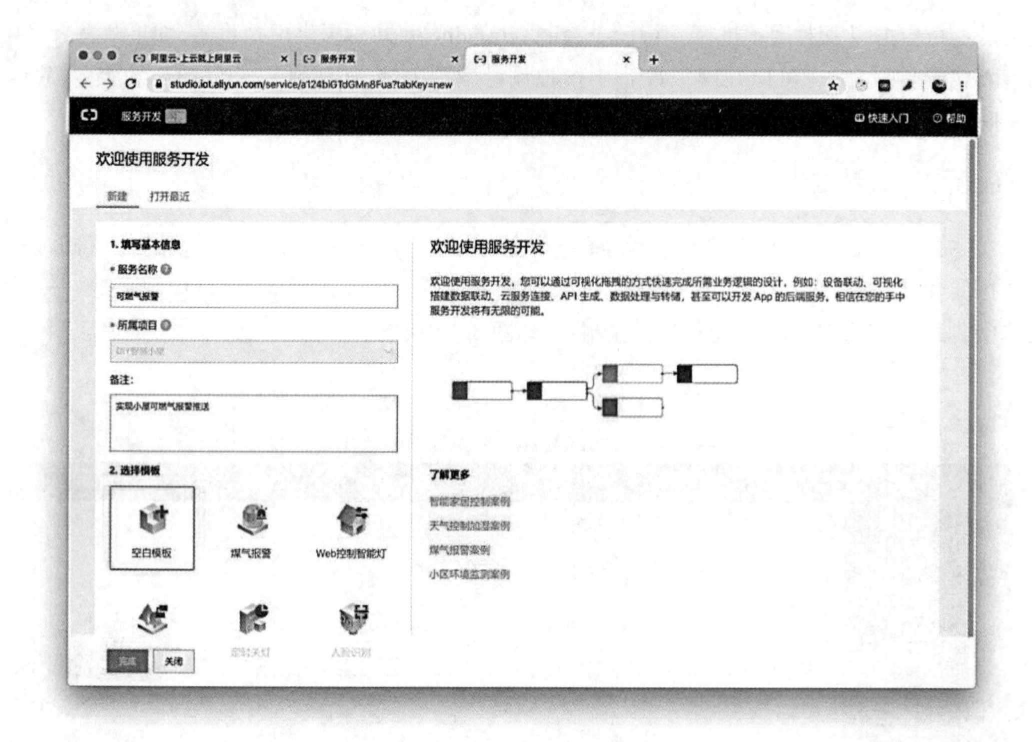

图 8.39　创建服务

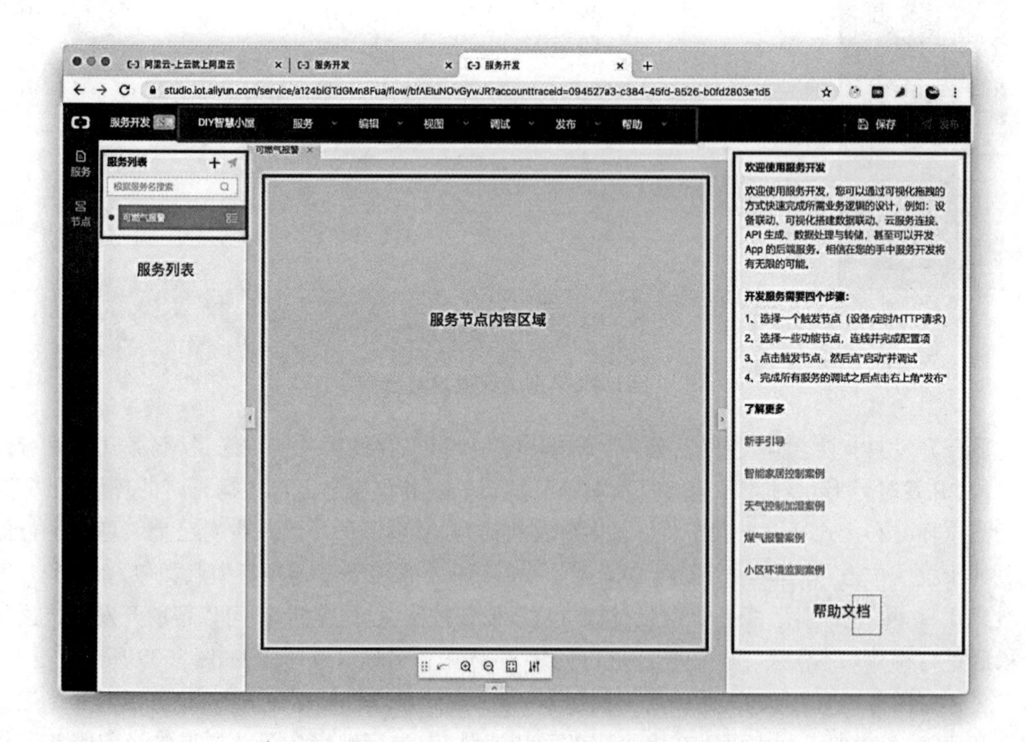

图 8.40　IoT Studio 服务工作台功能区划分

从左侧“服务”切换到“节点”，即可使用 IoT Studio 提供的丰富节点对服务进行编辑与完善。节点共分为输入、输出、功能、AI、消息、API、存储等，在每个分类中均有具体的功能节点提供相应的能力。在设备区域，将会展示导入到此项目的产品和设备信息，提供设备触发和对设备的控制能力。

8.3.8　App 可视化搭建

在 IoT Studio 中同样提供了 App 可视化搭建的能力，在智慧小屋中，本案例将通过可视化搭建 App 来完成 Web 可视化开发类似的小屋状态查看以及报警查看清除能力。在项目控制台，选择左侧推荐菜单中“移动应用开发”菜单项，新建可视化应用，如图 8.41 所示。

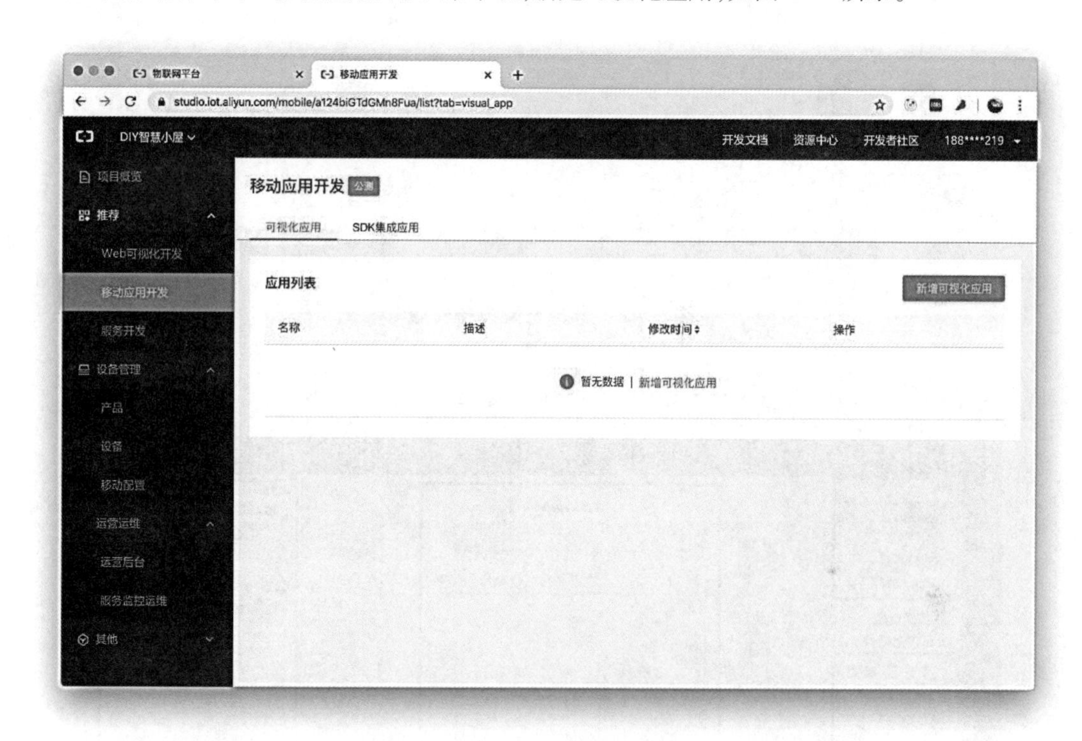

图 8.41　移动应用开发

在移动 App 可视化搭建平台也提供了模版，目前提供的有基础模版和智能设备模版，智能设备包含账户、首页、我的（用户中心）和设备管理能力，如图 8.42 所示。

进入 IoT Studio 的 App 可视化开发工作台与 Web 可视化搭建的工作台布局类似，在菜单中可以对页面进行增删，也为各类 UI 组件和模版提供的 App 功能模块，如图 8.43 所示。

App 可视化开发提供的组件如下。

（1）页面模版：直接集成平台提供的模版。

（2）基础组件：提供图片、文字、按钮、设备列表等基础的可视化组件。

（3）容器组件：容器组件对页面的结构进行划分，由横向和纵向的容器组成，可以将页面结构划分成为横向和纵向的页面空间。

（4）图标组件：图表组件提供了柱状图、折线图、实时曲线等页面常用的图表。

（5）仪表组件：仪表组件提供仪表盘、开关、指示灯组件。

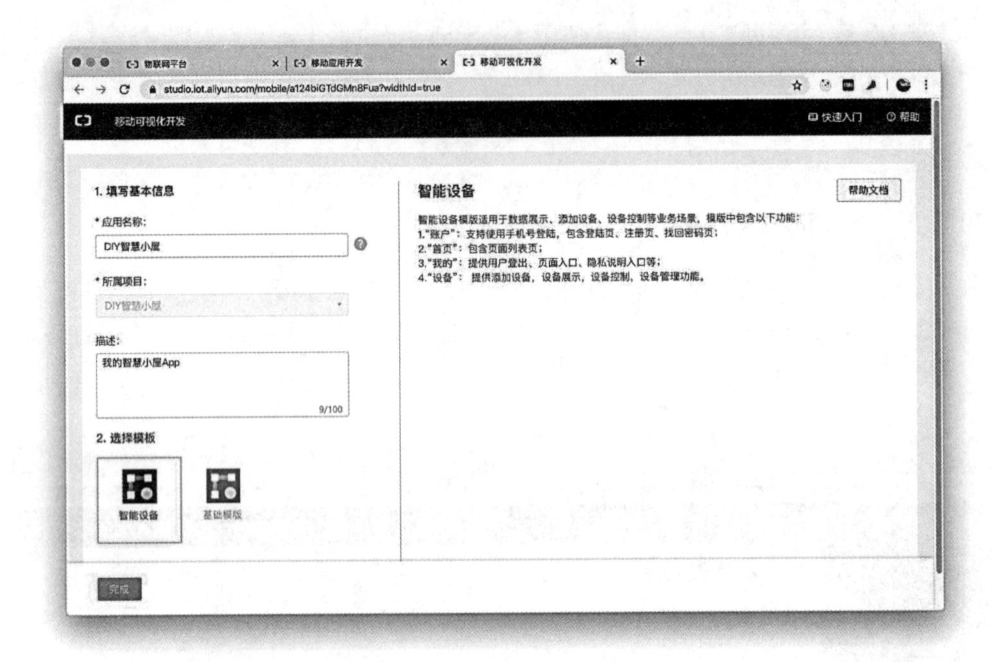

图 8.42　选择智能设备模版

图 8.43　App 可视化开发工作台页面结构

(6)卡片组件:卡片组件提供单行和双行的页面卡片,可以更美观得展示设备状态和数据。

在 App 搭建小屋创建四个页面,分别是“报警查看”页面,查看燃气有机物浓度并取消蜂鸣器报警;“开关状态”页面,查看小屋家电的开关状态;“实时曲线”页面,查看室内传感器采集到浓度信息的实时变化曲线;“家居环境”页面也是主页面,展示家居环境主要指标的数据,也是用户进入 App 的主页。

“家居环境”页面采用图片组件和双行以及单行卡片组件，在布局方式采用竖排排列，在单行卡片组件上展示小屋设备上报的各类传感器读数，需要在选中组件后在数据栏进行数据的配置，如图 8.44 所示。

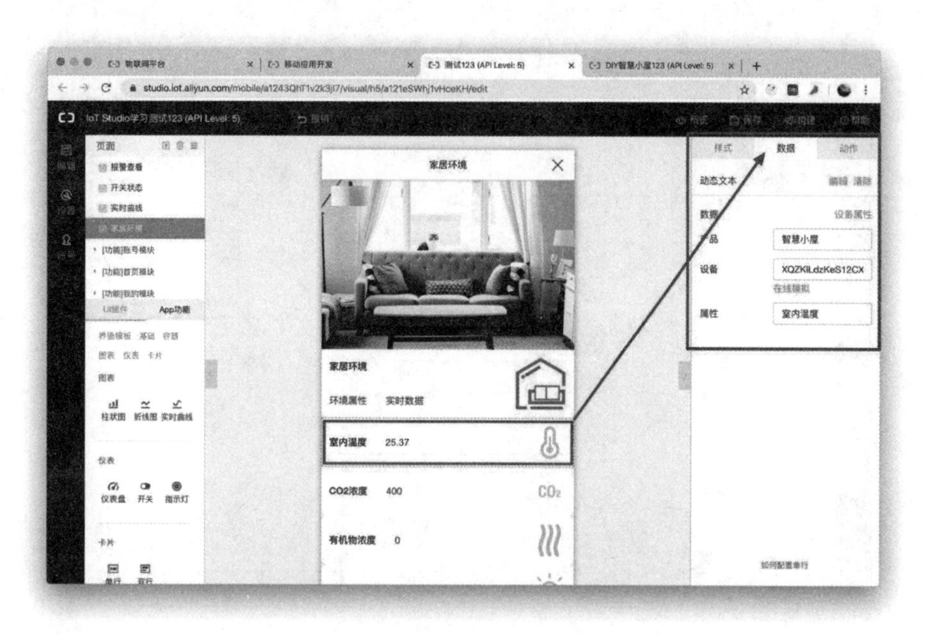

图 8.44　家居环境单行卡片的数据配置

“实时曲线”页面展示温度、有机物气体浓度、烟雾传感器读数的实时曲线，使用实时曲线可视化组件和图片组件搭建，在选中可视化组件后，在配置区域中的数据绑定智慧小屋的设备信息，如图 8.45 所示。

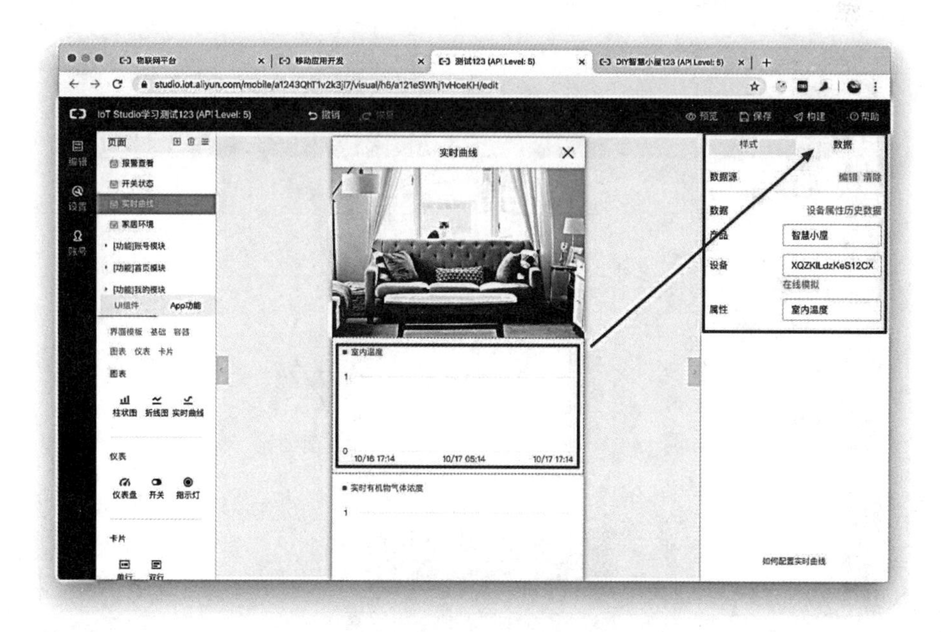

图 8.45　曲线图组件绑定设备属性

“开关状态”页面显示智慧小屋各类执行开关的状态，通过容器组件对页面进行划分，使用文字组件和指示灯组件对各类开关状态进行展示，指示灯组件选中后，在配置区域绑定智慧小屋的开关属性，如图8.46所示。

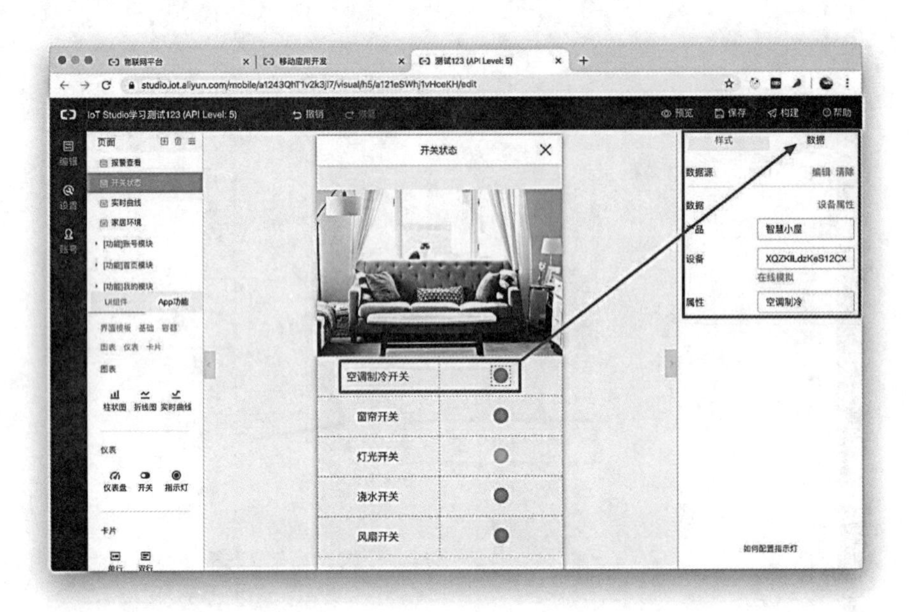

图8.46　开关状态页面指示灯组件数据绑定

“报警查看”页面通过仪表盘显示实时可燃气浓度（有机气体浓度），通过曲线图显示有机物浓度变化曲线，并提供按钮解除蜂鸣器的报警。使用到仪表盘组件、实时曲线组件以及按钮组件，仪表盘和曲线图数据绑定与之前操作一致，按钮组件选中后，在动作配置中选择调用服务—产品与设备信息—设置物的属性，如图8.47所示。

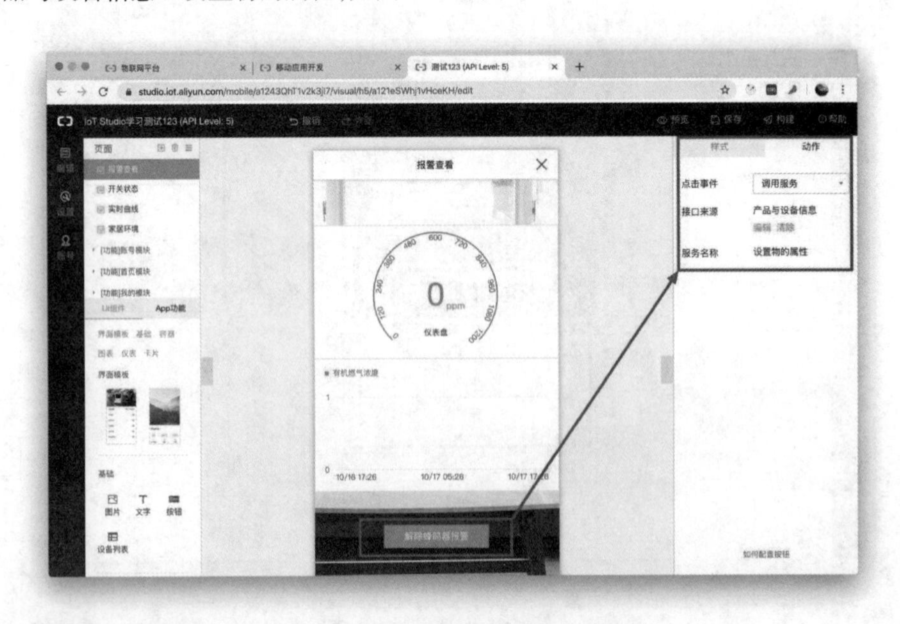

图8.47　配置按钮调用设备服务

在四个页面的编辑中，可以随时单击预览按钮，对已有的页面进行预览查看，在预览页面上可以实时获取到设备上报的数据内容，并且可以在预览页面直接与设备交互，进行调试，如图 8.48 所示。

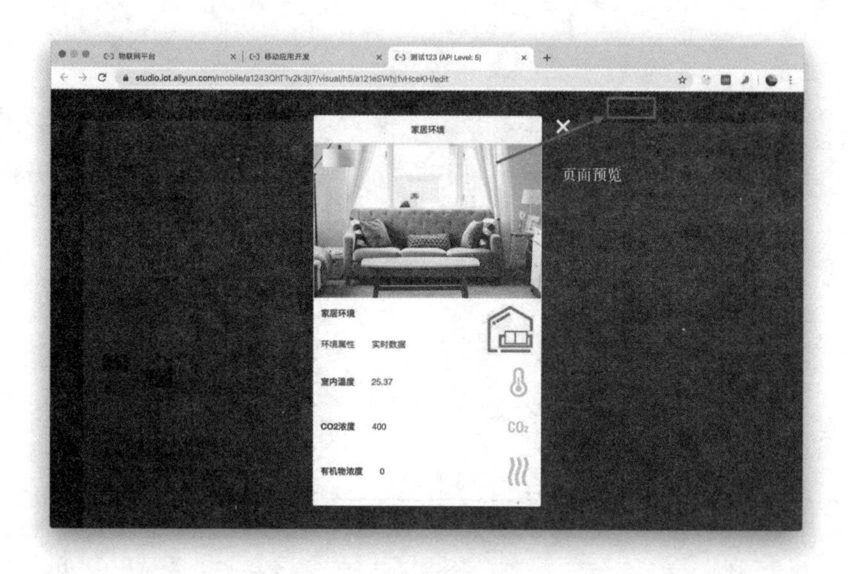

图 8.48　页面预览

页面完成添加后，需要在 App 的导航页面添加创建的四个页面，在页面栏中选择“首页模块”中的列表页，单击“新增页面入口”添加页面信息，在上传四个页面中各个页面的图标、配置页面标题和描述后，通过跳转链接将此导航分别关联到前面创建的四个页面。

在预览调试结束后，可以对 App 进行构建和下载体验，IoT Studio 提供了一键构建 Android 和 iOS 两个平台应用的能力，Android 可以直接在线构建程序 apk 安装包下载安装，iOS 设备会在线生成程序源码，下载源码后需要使用 xcode ide 软件本地编译构建，如图 8.49 所示。

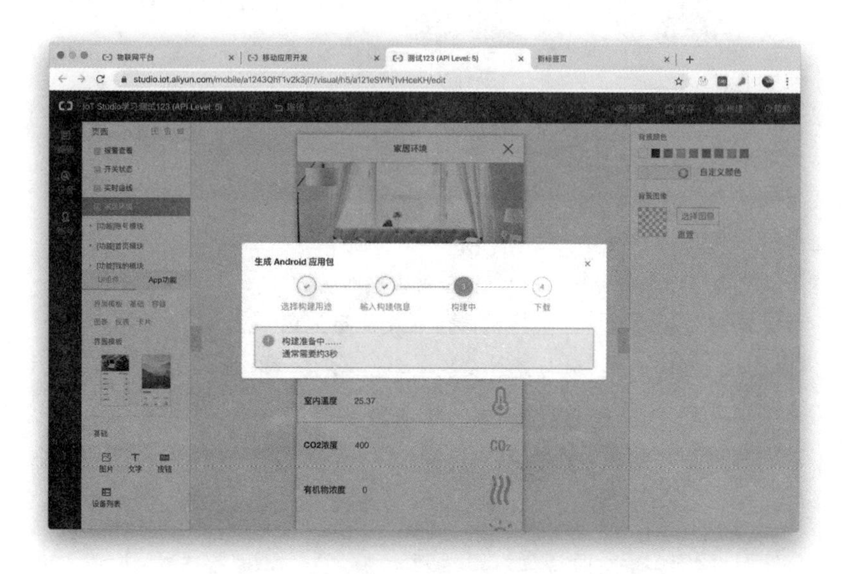

图 8.49　在线构建 Android 版本的 App

App构建完成后，还需要在App可视化开发工作台创建App的使用用户，用户名和密码信息。单击菜单栏中“账号”按钮，在弹出窗口中输入用户昵称、登录手机和密码，在下载App后即可使用此账号登录，访问各个页面，如图8.50所示。

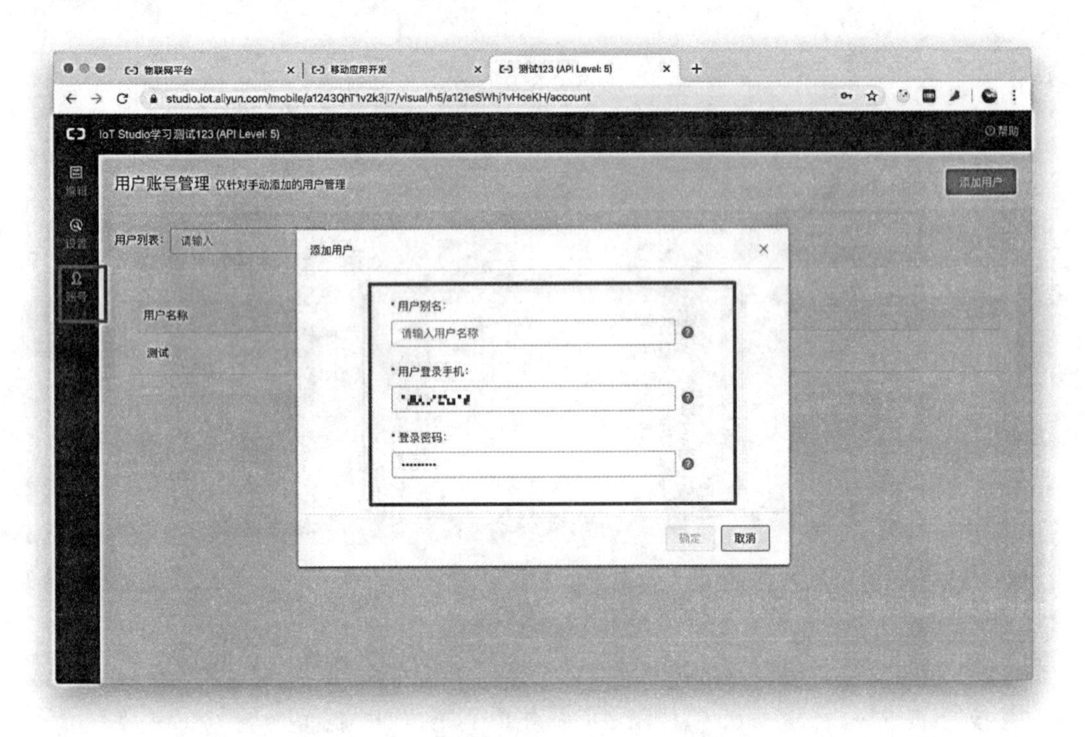

图8.50 创建App用户账号

至此，App的可视化搭建已经完成了，读者可以基于上面的介绍DIY自己的App能力，完善智慧小屋的使用场景。

习 题

(1)什么是物联网，基本组成是什么？

(2)叙述物联网的基本架构与关键技术？

(3)简述生活中常用的物联网感知技术。

(4)简述RFID的原理与组成，举例说明在生活中的应用？

(5)简述常见的无线网络技术，说明各自特点及应用范围。

(6)5G网络相较于4G网络，优势是什么？

(7)以工业中常见的公有云为平台，尝试建立物联网云平台，并实现一定的功能(功能自定)。

附录　图形符号对照表

图形符号对照表见表 A-1。

表 A-1　图形符号对照表

序号	名称	国家标准的画法	软件中的画法
1	电解电容	 +	
2	接地		
3	发光二极管		
4	按钮开关	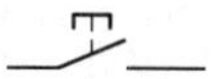	
5	二极管		

参考文献

[1] 崔景春.高压交流金属封闭开关设备高压开关柜[M].北京:中国电力出版社,2016.

[2] 姜磊.供配电技术与应用[M].北京:电子工业出版社,2020.

[3] 王燕锋,李润生.供配电技术及应用[M].北京:电子工业出版社,2020.

[4] 唐志平,邹一琴.供配电技术 [M].4 版.北京:电子工业出版社,2019.

[5] 吴晓.城市轨道交通运输设备 [M].3 版.北京:电子工业出版社,2020.

[6] 赵矿英. 城市轨道交通概论 [M].2 版.北京:电子工业出版社,2018.

[7] 赵丽,张庆玲. 城市轨道交通车辆电气控制[M].北京:电子工业出版社,2017.

[8] 林若云,童泽.自动生产线的拆装与调试 [M].2 版.北京:电子工业出版社,2017.

[9] 班华,李长友. 运动控制系统 [M].2 版.北京:电子工业出版社,2019.

[10] 王斌锐. 运动控制系统[M].北京:清华大学出版社,2020.

[11] 李全利. PLC 运动控制技术应用设计与实践 (西门子)[M].北京:机械工业出版社,2018.

[12] 张治国.生产过程控制系统及仪表[M].北京:电子工业出版社,2021.

[13] 李向舜.计算机过程控制系统[M].北京:电子工业出版社,2019.

[14] 施仁. 自动化仪表与过程控制 [M] .6 版.北京:电子工业出版社,2018.

[15] 王永红. MCGS 组态控制技术[M].北京:电子工业出版社,2020.

[16] 赵冰,李江,李明. PLC 与组态应用技术[M].北京:电子工业出版社,2019.

[17] 袁秀英,石梅香. 计算机监控系统的设计与调试——组态控制技术[M] .3 版.北京:电子工业出版社,2017.

[18] 朱蓉,赵黎明. PLC、变频器、触摸屏及组态控制技术应用[M].北京:电子工业出版社,2016.

[19] 张重雄. 虚拟仪器技术分析与设计[M].4 版.北京:电子工业出版社,2020.

[20] 徐耀松,付华,刘伟玲. 虚拟仪器技术[M].北京:电子工业出版社,2018.

[21] 孙郝丽、赵伟. Labview 虚拟仪器设计及应用——程序设计、数据采集、硬件控制与信号处理[M].北京:清华大学出版社,2018.

[22] 陈丽. 物联网云平台开发实践[M].北京:电子工业出版社,2021.

[23] 张园. 物联网技术及应用基础[M].2 版.北京:电子工业出版社,2020.

[24] 廖建尚. 物联网工程应用技术[M].北京:电子工业出版社,2020.

[25] 徐雪慧. 物联网射频识别(RFID)技术与应用[M].2 版.北京:电子工业出版社,2020.

[26] 刘连浩. 物联网与嵌入式系统开发[M].2 版.北京:电子工业出版社,2017.